U0273881

舌尖上的观察

中国食品行业50舆情案例述评

2021 ▶ 2022

张永建　董国用　郭良　利斌◎编著

·北京·

国家行政学院出版社
NATIONAL ACADEMY OF GOVERNANCE PRESS

图书在版编目（CIP）数据

舌尖上的观察：中国食品行业50舆情案例述评.
2021—2022 / 张永建等编著. -- 北京：国家行政学院
出版社, 2024. 12. -- ISBN 978-7-5150-2969-6

Ⅰ. TS201.6；G219.2

中国国家版本馆 CIP 数据核字第 20249UW694 号

书　　名	舌尖上的观察：中国食品行业50舆情案例述评（2021—2022） SHEJIAN SHANG DE GUANCHA: ZHONGGUO SHIPIN HANGYE 50 YUQING ANLI SHUPING（2021—2022）
作　　者	张永建　董国用　郭良　利斌　编著
策划编辑	刘韫劼
责任编辑	李　东
责任校对	许海利
责任印制	吴　霞
出版发行	国家行政学院出版社
	（北京市海淀区长春桥路6号　　100089）
综 合 办	（010）68928887
发 行 部	（010）68928866
经　　销	新华书店
印　　刷	北京中科印刷有限公司
版　　次	2024年12月第1版
印　　次	2024年12月第1次印刷
开　　本	185毫米×260毫米　16开
印　　张	21.75
字　　数	394千字
定　　价	68.00元

本书如有印装质量问题，可随时调换，联系电话：（010）68929022

"中国食品行业舆情与品牌传播研究"
课题组主要成员

顾问

张永建

组长

董国用

执行组长

郭 良 王 城 刘 洋

主要成员

利 斌 邱德生 李 楠 任禹西

王 忻 钱琪莹 董玥均

前　言

从数量扩张向素质提升转变和以能量供给为主向满足复合需求转变的"双转变"，是"十三五"以来我国食品产业发展的显著特征，这个转变的实质是中国食品产业迈向高质量发展。

在影响食品产业高质量发展的诸多因素中，舆情正在成为影响中国食品产业和食品企业发展的一个特别因素。一方面，舆情在客观反映食品产业和食品企业发展状况，客观反映市场和消费者需求，客观反映管理部门及法规的相关要求等方面起到了积极和不可替代的作用；另一方面，一些不客观、不准确甚至恶意的舆情成为"黑天鹅"事件的导火索，如果对这样的舆情管理和应对不力，不仅对涉事企业造成灾难性的后果，还影响中国食品产业和食品企业的健康发展，甚至给国家形象产生不良影响。

对食品领域的舆情及媒体表现进行观察和研究，是中国社会科学院工业经济研究所食品药品产业发展与监管研究中心"中国食品行业舆情与品牌传播研究"课题组的常设研究项目。在对舆情传播的研究中，课题组设计制定了50个舆情监测点位。17个基于"食品消费"视角的点位：食品消费、健康、营养、味道、三减、减盐、减糖、减油、食品热量、蛋白/蛋白质、脂/脂肪、食品标签、低GI、投诉、价格、有机、绿色；9个基于"食品生产"视角的点位：食品加工、食品科技、食品研发、食品原料、食品添加剂、食品包装、食品储存、食品原料+天然、食品运输；6个基于"食品监管"视角的点位：食品、安全、监管、标准、四个最严（最严谨的标准、最严格的监管、最严厉的处罚、最严肃的问责）、企业主体责任；18个基于"食品细分行业与细分品类"视角的点位：食用油、乳制品、白酒行业、饮料行业、肉制品、熟肉制品、方便食品、调味品、咖啡、烘焙、保健食品、特殊医学用途配方食品、婴幼儿配方奶粉、预制菜、冻干食品、奶酪、益生菌、食品IPD。课题组对监测的数据从信息总量、媒体类型、情感属性、热点信息、敏感信息、发布地区和涉及地区等7个维度进行相关分析。这项研究致力于探讨食品行业舆情的特点、规律以及对食品市场与食品消费的影响，同时还更深入地观察和研究企业面对舆情时的应对和表现，等等。《舌尖上的观察——中国食品行业50舆情案例述评》就是这项研究的成果之一。

民以食为天。食品领域是媒体关注度比较高的领域，每年的信息量都以亿计，这些信息不仅反映了媒体关注的程度，也反映着社会公众的关注程度。课题组将每年信息量最大的50个相关内容整理后，通过公众投票，按照票数的多少选出前25个，然后组织相关领域专家和课题组主要成员对这些案例进行点评，并由国家行政学院出版社出版。研究和出版的目的在于扬优汰劣，净化市场环境，促进公平竞争，助力中国食品产业健康发展，同时也留下生动鲜活的历史记录。2023年第一本《舌尖上的观察——中国食品行业50舆情案例述评（2019—2020）》出版后，引起了多方面的关注和肯定，新华网、人民网、中国经济网和光明网等权威媒体也纷纷予以报道。

入选2021—2022年的50个案例共获得49991票，占93656张有效票数的53.38%，范围涉及食品的消费、种植养殖、食品生产加工、餐饮、食品市场、食品进出口、政府监管、法律法规、食品标准、食品科技等，涵盖了从田间到餐桌的全过程和多个影响因素，内容丰富翔实并且具有很强的史料价值。

具体来说，在这50个案例中，涉及政策法规的有21个，占42%；涉及细分行业的有13个，占26%；涉及企业或品牌的有16个，占32%。从情感属性看，50个案例中的正面属性有13个，占26%；中性属性有27个，占54%；负面属性有10个，占20%。进一步细分后的观察显示：（1）在涉及政策法规的21个案例中，正面属性的有6个，占28.57%；中性属性的有15个，占71.43%；没有负面属性的案例。（2）在涉及细分行业的13个案例中，正面属性的有4个，占30.77%；中性属性的有8个，占61.54%；负面属性的有1个，占7.69%。（3）在涉及企业或品牌的16个案例中，正面属性的有3个，占18.75%；中性属性的有4个，占25%；负面属性的有9个，占56.25%。这些结果在一定程度上反映了投票者的认知和偏好：一是对政策法规多持正面客观的态度，二是对细分行业以正面客观态度为主，三是对企业或品牌的态度相对前两者就比较严厉。这也从另一个侧面提示企业需要更加重视品牌建设和传播，更加重视舆情的风险管控，及时发现和解决问题，及时做好风险交流工作。

对这些风险进行预防和管理，已经成为食品企业经营管理中不可忽视的重要工作。食品领域的舆情往往具有以下几个特征：一是食品领域信息的公开透明度非常高。二是不同舆情都会对市场和企业生产经营产生各式各样的影响，特别是负面舆情的影响往往更大。三是由于种种复杂的原因，消费者对食品的认知和相关信息的选择具有客观的局限性；这种局限性对食品需求和食品消费选择产生不同程度的影响。四是互联网去中心化和量级递增的传播特征，大大增加了监管的难度，使得信息在很短的时间就有可能形成很大的声量。五是对食品领域舆情的相关机制和规律的认识与研究亟待深入。六是面对品牌与舆情危机，企业在预防、识别和应对等诸多环节，仍有非常大的改进空间。

鉴于以上特点，我们认为应对舆情风险不仅关乎食品企业的能力，更影响着食品企业的生存发展。对食品企业来说，针对舆情风险管理和应对能力的建设已经不是选修课，而是提高风险防范能力，维护品牌声誉，保障企业健康发展的必修课。

我们的研究显示，对于绝大多数非主观恶意的问题，大多是可以通过及时的风险交流来缓和舆情，特别是涉及消费者认知偏差的情况，及时的风险交流可以缓解和消除消费者的焦虑和认知误区。企业进行风险交流要及时、客观、准确，还要选择传播效率高的平台，将风险交流的信息及时传播出去。

张永建

2024 年 10 月

目 录

案例一 白酒新国标正式实施 调香酒不再属于白酒范围

案例概述

2021年5月21日，国家标准化管理委员会发布"2021年第7号中国国家标准公告"，由国家市场监管总局、国家标准化管理委员会发布的《白酒工业术语》（GB/T 15109—2021）（简称《白酒工业术语》）和《饮料酒术语和分类》（GB/T 17204—2021）（简称《饮料酒术语和分类》）两项国家标准（以下简称新国标），于2022年6月1日正式开始实施。两项新国标清晰界定了清香、浓香、酱香等各香型白酒工艺特征，规定了白酒和饮料酒相关术语和定义，明确了饮料酒分类原则，便于消费者在选购时了解各类酒产品的特点，助推酒产品技术和工艺的进步与创新。

1.新国标重新定义白酒

新国标重新对白酒的定义进行了规范，白酒的定义为"以粮谷为主要原料，以大曲、小曲、麸曲、酶制剂及酵母等为糖化发酵剂，经蒸煮、糖化、发酵、蒸馏、陈酿、勾调而成的蒸馏酒"。

新国标对白酒的规定也可以简单地理解为，无论是固态法白酒，还是固液法、液态法白酒，以后都不允许使用食品添加剂，如果使用就不能叫白酒。

新国标同时新增术语"调香白酒"，指含有食品添加剂调配而成的"具有白酒风格的配制酒"，这也意味着，含食用香精等食品添加剂的酒精饮品被剔除"白酒"领域。新国标还确定了白酒英文名字为"baijiu"，从国家标准层面上进一步明确了英文术语和专用语言。

例如枝江大曲的柔和金枝江，其产品配料表上明确标有"食用香料"。依据新标准，这些将被划为"调香白酒"，不得再"简单"称为"白酒"。此外，剑南春、老村长等品牌，也有部分酒有类似情况。比如剑南春绵竹大曲、老村长香满堂等，它们的产品标签配料表中均标有食用香料成分，因此也属于"调香白酒"。

2. 新国标冲击低端白酒市场

过去几年，光瓶酒市场持续扩容，向着跨价位、跨品类、跨消费、跨场景加速发展。数据显示，到2025年，中国白酒市场规模将达9500亿元，而光瓶酒的市场规模将占到整体体量的1/9。在此背景下，五粮液、泸州老窖、汾酒、舍得等名酒纷纷加码，高线光瓶酒的天花板被不断刷新。

根据消费档次和价格档位，基本可以将光瓶酒产品细分为三大类：其一为低价低质类，单价在每瓶15元以下；其二为物美价廉类，单价在每瓶15元至30元；其三为每瓶30元及以上，属于中高线光瓶类。由于新国标对光瓶酒细分市场影响程度不同，不同档位受到的政策影响程度各有不同。

属于调香白酒的泸州老窖二曲酒系列是泸州老窖低端白酒的代表产品，售价仅十几元。2021年，因新国标的压力而停产，同时推出了新品黑盖二曲，不过新品市场预期并不理想。

2021年泸州老窖销量下滑了35.64%，在A股白酒公司中排倒数第一。其中低端产品更是遭遇了产销量断崖式下滑，财报中"其他酒类"产量下滑47%，销量下滑52%，营收下滑8.74%。虽然泸州老窖凭借1573在高档白酒领域冲入前三，但其低端短板仍需补齐。

以低端酒为主的顺鑫农业的增长逻辑则是"市占率提升＋全国化"，顺鑫农业是牛栏山的母公司。在光瓶酒市场，牛栏山占据20元以下价格带，是这个价位带的龙头。然而，新国标出来之后，牛栏山白瓶二锅头将不再属于白酒范围。另外，在2021年，顺鑫农业的销量已经下滑超5%。

3. 白酒提高准入标准，必须以粮谷为主要原料酿造

《饮料酒术语和分类》还规定，液态法白酒和固液法白酒不得使用非谷物食用酒精和食品添加剂。

很多人觉得粮食酿造酒比较好，但国家标准对"粮食酿造酒"并没有一个确切的定义，因为所有的白酒，广义上说都是粮食酿造的。这次新修订的两部国标，对白酒进行了正式的定义，这其中关键的一点是明确了白酒必须以粮谷为主要原料。

而粮谷指的是谷物和豆类的原粮和成品粮，谷物包括稻谷、小麦、玉米、高粱、大麦、青稞等，不包括薯类。对于固态法白酒，规定不得添加食用酒精及非自身发酵产生的呈色呈香呈味物质。对液态法白酒和固液法白酒，则规定可添加谷物食用酿造酒精，不能使用非自身发酵产生的呈色呈香呈味物质。这意味着新国标实施以后，消费者购买的白酒都将是无添加的纯粮酒，三种白酒制造方法对原料的要求如表1所示。

表1　不同白酒制造方法对原料的要求

名称	分类	谷物食用酒精	其他原料食用酒精	食品添加剂
白酒	固态法白酒	×	×	×
	固液法白酒	√	×	×
	液态法白酒	√	×	×
配制酒	调香白酒	√	√	√

传统上，白薯等薯类常被用作生产食用酒精的原料，其成本比用粮谷酿造的酒要低。以前也有企业采用粮谷酿造的酒作为基酒，与用薯类生产的食用酒精勾兑，降低成本。而根据新国标，这样生产的酒将被划入配制酒行列，不再算是白酒。

例如，《白酒工业术语》对浓香型白酒的定义是："以粮谷为原料，采用浓香大曲为糖化发酵剂，经泥窖固态发酵，固态蒸馏，陈酿、勾调而成的，不直接或间接添加食用酒精及非自身发酵产生的呈色呈香呈味物质的白酒。"如果某种标称浓香型白酒，所用的原料不是粮谷，直接或间接添加食用酒精、添加剂，则属于弄虚作假欺骗消费者的行为。

4.调香白酒划分为配制酒，与纯粮白酒作出清晰界定

在两项新国标中，增加了调香白酒的定义，即以固态法白酒、液态法白酒、固液法白酒或食用酒精为酒基，添加食品添加剂调配而成，是具有白酒风格的配制酒。新国标把调香白酒从白酒分类中剔除，以后只能按配制酒出售，不能再与新国标定义的白酒混淆。

为填补新国标下调香白酒的品类标准空白，规范调香白酒产品市场秩序，促进该产量大、份额高、种类丰富的酒种的有序发展，2022年5月30日，中国酒业协会团体标准审查委员会批准发布了《调香白酒》(T/CBJ 2111—2022)团体标准的通

告，该标准自 2022 年 6 月 15 日起实施。

5.消费者该如何正确区分价格低和低端酒

逢年过节，离不开喝酒；走亲访友，离不开送酒。针对白酒的价格，上到几千元，下到几块钱，同样是酒，它们的区别究竟在哪里？

一是酿造工艺有区别。从工艺上讲，高端白酒都是用纯粮酿造的，根据各种不同的香型特征，通过独特的工艺酿制而成，简单而言就是需经过长期的发酵，再经过高温蒸馏，这种酒酿造的时间久，成本相对高。而很多低端白酒都是没有经过酿造，直接用食用性酒精经过勾兑技术进行调兑，这种勾兑方法成本低、效率高。

二是储藏时间不同。储藏工艺，高端白酒在贮存上陈酿时间长，大家都知道白酒越陈越香，好酒的关键点之一在于陈酿，而且白酒在储藏的时候酒精也有一定的散发，使酒基变少，甚至在陈酿过程中会出现坛碎的现象。而那些低端白酒都是用食用性酒精进行勾兑的，没有陈酿的价值，反而可能会出现越贮存酒越不好喝的情况。

三是包装成本有差异。所谓人靠衣裳马靠鞍，一些高端白酒的外包装十分华丽，都是通过专业人士精心开发设计，能勾起人的购买欲望。更有一些名酒为了防止买家买到假酒，不惜代价地布置上防伪标识和一些隐藏的防伪。为了控制成本，低端白酒大多数都是裸瓶装或者简易包装。

四是品饮后的身体反应不同。在饮后反应上，身体是不会骗人的。喝高端白酒的时候感觉醇厚协调，舒适度高；高端白酒饮用后一般都不会上头，不会出现头痛、头晕之类的现象，而低端白酒特别是一些低品质的酒，喝后容易让人头疼、呕吐等。

此外，2022 年 6 月 1 日后生产的白酒，商品标签也随着新国标实施而变化——市面上生产出售的白酒，只要瓶身或包装上标明"白酒"二字，就是粮谷酿造、无添加的白酒。这就意味着消费者在购买时，要认真仔细甄别酒瓶上的标签，看它是否符合白酒标准。

可以说，新国标对白酒的界定清楚、清晰，凡纯粮谷类酿造的无任何添加的蒸馏酒才是白酒，其他一律归为配制酒，也就是酒饮料。如此一来，白酒行业更加细分，酿酒行业门槛进一步提高，酒产品市场更加规范。

案例点评 •••

　　白酒是中国特有的一种蒸馏酒，在中国传统文化中有其独特的地位，拥有庞大的消费群体和浓厚的历史底蕴。中国白酒已经进入以质量为导向、以品牌为基础的价值时代，提升产业结构、优化产业竞争环境、提升行业集中度有利于国家食品安全管控，有利于行业健康发展。两项白酒新国标的制定是酒类标准的顶层设计，也是行业的基础标准，新国标的出台将对整个行业的发展产生深远影响。

1.推动中国白酒行业产业结构升级和消费升级

　　"酒是粮食精"在白酒消费人群中流传很广，可见在广大消费者眼中"粮食酿造"是白酒生产的底层逻辑。与旧版白酒国家标准相比，此次新国标最大变化之一在于重新定义了白酒，其中明确规定了白酒必须是纯粮食酒，不得使用非谷物食用酒精和食品添加剂进行调香。按新国标规定，这一类调香白酒不再称为白酒，而是被划入配制酒品类，从原白酒品类中剔除。此前，白酒市场尤其是在调香、勾兑方面没有明确定义和规范，许多白酒生产企业往往在白酒中添加适量的符合规定的食品添加剂或风味成分以弥补酒体在风格、口味方面的不足，虽然这样依靠调香生产出来的白酒能够符合食品安全的要求，但其与消费者传统认知存在明显分歧。新国标中对白酒与调香白酒作出的明确界定，正是顺从了消费者的传统认知，顺应白酒市场发展趋势，对行业发展起到规范化的引领作用。

　　随着消费者对品质生活追求不断提升，消费者品质与健康意识正在不断提高，对白酒的追求更加趋向于高品质，高品质的纯粮酒正迎来更广阔的增量空间，成为大众消费"向上""向高"发展的重要引领。而调香白酒无论是其成本还是风格都与白酒名不副实，新国标的出台将低成本、低品质的调香白酒从白酒中剔除，有助于推动白酒消费向高品质、高附加值方向发展，推动白酒市场消费升级，同时为有效打击粮食酒造假、以次充好等"酒精门""勾兑门"问题提供了法理依据和统一的执行标准规范，对减少市场乱象、净化行业风气具有积极意义。

2.提高行业门槛，推动企业产品品质提升和产品结构优化升级

　　新国标将低成本、低品质的调香白酒从白酒品类中剔除，严格限定白酒为

无食品添加剂和无非谷物食用酒精的纯粮白酒，这一规定对酒企的生产端、原料选择和酿造技术等环节都提出了更高要求，倒逼白酒生产企业提升产品品质。同时调香白酒被排除在白酒品类之外，也必将会促进白酒生产企业在中低端产品方面进行产品结构和品质的升级改革以应对新国标出台后的市场变化，引导食品添加剂在酒饮中的合理使用，规范白酒企业的生产经营，加快白酒行业进入品牌化、品质化新时代。

3.增强透明度，维护知情权，保障消费者健康

之前，虽然多数正规品牌酒企对白酒成分也进行了严格标注，但消费者仍不能完全区分调制酒与传统白酒。新国标对白酒、调香白酒等作出准确定义，对品类特点进行清晰化表达。新国标的实施，有助于让消费者在面对市场上琳琅满目的产品时，可以通过查看产品标签，更清晰地了解产品属性，提升消费者的消费意识和辨别能力，避免被虚假宣传所误导。同时，新国标也为配制酒等其他酒类产品的发展提供了空间，消费者在购买时将有更多选择，满足不同场合和口味的需求，丰富消费者选择场景。

另外，一些白酒产品中可能添加了非粮谷原料或食品添加剂，这些成分可能对消费者的健康造成潜在风险。新国标的实施有助于减少这类产品的存在，降低消费者的健康风险。

4.彰显文化自信，加速中国白酒国际化进程

新国标的重要修订内容之一就是将传统酒种的英文翻译进行了修改，将白酒英文标注为"baijiu"。一方面是为了体现自主产品的命名权，体现出中国的文化自信；另一方面，也表明中国白酒在世界蒸馏酒中应有的地位，加快中国白酒的国际化进程。

品类并没有高低贵贱之分。新国标是将品类特点进行清晰化表达，明确了品类的工艺、原料特点，并对白酒产品的品质提出了更高的要求，这对带动国内白酒行业的品质提升、规范白酒企业的生产经营有着重要作用。此外，无论哪种工艺、哪种香型，都必须符合国家食品安全标准。

案例二 国家卫健委发布36项新标准 食品安全国家标准已有1455项

案例概述

2022年7月28日，国家卫健委、国家市场监管总局发布《饮料》（GB 7101—2022）等36项食品安全国家标准和3项修改单的公告，共包含3项食品产品标准，3项食品相关产品标准，11项食品添加剂质量规格标准，9项食品营养强化剂质量规格标准，1项污染物标准，9项检验方法标准及3项食品添加剂质量规格修改单。

国家卫健委表示，上述食品安全国家标准的制定、修订符合法律法规规定，充分考虑群众健康权益，兼顾食品产业发展需求，参考国际相关法规、标准和通行做法，为食品安全监管所需，标准制定、修订过程充分征求了社会各方意见并向世贸组织通报。上述标准文本可在食品安全国家标准数据检索平台（https://sppt.cfsa.net.cn:8086/db）查阅下载。

1.我国已发布食品安全国家标准1455项

此前，2021年10月25日，国家卫健委、国家市场监管总局联合印发2021年第8号公告，发布17项新食品安全国家标准和1项修改单，主要包括《预包装食品中致病菌限量》（GB 29921—2021）等2项微生物限量标准、《速冻面米与调制食品》（GB 19295—2021）1项食品产品标准、《食品添加剂 五碳双缩醛（又名戊二醛）》（GB 1886.349—2021）等6项食品添加剂质量规格标准、《食品营养强化剂 氯化高铁血红素》（GB 1903.52—2021）等3项营养强化剂质量规格标准、《食品中总汞及有机汞的测定》（GB 5009.17—2021）等5项检验方法与规程标准，以及《运动营养食品通则》（GB 24154—2015）第1号修改单。

而此次2022年发布的36项新食品安全国家标准和3项修改单，具体名录包括《食品中污染物限量》（GB 2762—2022）1项污染物标准、《饮料》（GB 7101—2022）等3项食品产品标准、《洗涤剂》（GB 14930.1—2022）等3项食品相关产品标准、《食品添加剂 丁香酚》（GB 1886.129—2022）等11项食品添加剂质量规格标准、《食品营养强化剂 二十二碳六烯酸油脂（金枪鱼油）》（GB 1903.26—2022）等9项食品营养强化剂质量规格标准、《食品中二氧化硫的测定》（GB 5009.34—2022）等9项检验方法标准，以及《食品添加剂 蜂蜡》（GB 1886.87—2015）第1号修改单等3项食品添加剂质量规格修改单。

截至2022年6月27日，我国已发布食品安全国家标准1419项，加上此次发布的36项，食品安全国家标准达到1455项。这其中，包含2万余项指标，涵盖了从农田到餐桌、从生产加工到产品全链条、各环节主要的健康危害因素，保障包括儿童老年人等全人群的饮食安全。

2.关于食品安全标准的定义

按照《中华人民共和国食品安全法》（以下简称食品安全法），我国食品标准可分为强制性的食品安全标准和非强制的食品质量标准，食品安全标准是对食品中各种影响消费者健康的危害因素进行控制的技术法规。食品安全法规定了食品安全标准的范围，并对其定性为"强制执行的标准"，且"除食品安全标准外，不得制定其他的食品强制性标准"。世界各国都对食品中影响健康的危害因素进行强制性要求，但大多数发达国家并未将食品安全标准和食品质量标准划分明显界限，这是我国食品标准管理与发达国家明显不同的地方。

根据食品安全法规定，国务院卫生行政部门应当对现行的食用农产品质量安全标准、食品卫生标准、食品质量标准和有关食品的行业标准中强制执行的标准予以整合，统一公布为食品安全国家标准。本法规定的食品安全国家标准公布前，食品生产经营者应当按照现行食用农产品质量安全标准、食品卫生标准、食品质量标准和有关食品的行业标准生产经营食品。

食品安全法第二十六条规定食品安全标准应当包括下列内容：食品、食品添加剂、食品相关产品中的致病性微生物，农药残留、兽药残留、生物毒素、重金属等污染物质以及其他危害人体健康物质的限量规定；食品添加剂的品种、使用范围、用量；供婴幼儿和其他特定人群的主辅食品的营养成分要求；对与卫生、营养等食品安全要求有关的标签、标志、说明书的要求；食品生产经营过程的卫生要求；与食品安全有关的质量要求；与食品安全有关的食品检验方法与规程；其他需要制定为食品安全标准的内容。

3.食品安全标准的原则和要求

食品安全标准是指相关的专业机构在一定科学技术和经验的基础上，为保护食品安全秩序，并经相应的机构批准而形成的。"吃得安全""吃得健康"是人民群众美好生活的重要内容。食品安全和营养关系到每个家庭、每个人的健康。食品安全标准是强制性技术法规，包括食品安全国家标准、地方标准和企业标准，是生产经营者基本遵循和监督执法重要依据。

根据食品安全法第二十四条的规定，制定食品安全标准，应当以保障公众身体健康为宗旨，做到科学合理、安全可靠。食品安全标准具有科学性、合理性和可靠性的特点，具体如下：

一是科学性，即在科学的基础之上制定食品安全标准，促进食品生产的进步与发展。二是合理性，即制定标准必须符合社会一般的规定与标准，不能脱离实际。不仅要保证食品标准的可行性、现实性，还要尊重客观规律，结合我国当前的生产技术水平。三是可靠性，即制定食品安全标准必须进行食品安全生产评估，保障食品的安全性。

食品安全法第二十九条规定，对地方特色食品，没有食品安全国家标准的，省、自治区、直辖市人民政府卫生行政部门可以制定并公布食品安全地方标准，报国务院卫生行政部门备案。食品安全国家标准制定后，该地方标准即行废止。

食品安全法第三十条规定，国家鼓励食品生产企业制定严于食品安全国家标准或者地方标准的企业标准，在本企业适用，并报省、自治区、直辖市人民政府卫生行政部门备案。

4.关于政府及其部门职责

食品安全国家标准由国家卫健委会同国务院有关部门公布，由国家标准化管理委员会提供编号。

国家卫健委组织成立食品安全国家标准审评委员会，负责审查食品安全国家标准，对食品安全国家标准工作提供咨询意见等。审评委员会设专业委员会、技术总师、合法性审查工作组、秘书处和秘书处办公室。国家卫健委依法会同国务院有关部门负责食品安全国家标准的制定、公布工作。各省、自治区、直辖市人民政府卫生健康主管部门负责食品安全地方标准制定、公布和备案工作。

食品安全法第三十一条规定，省级以上人民政府卫生行政部门应当在其网站上公布制定和备案的食品安全国家标准、地方标准和企业标准，供公众免费查阅、下载。对食品安全标准执行过程中的问题，县级以上人民政府卫生行政部门应当会同有关部门及时给予指导、解答。

5.食品安全标准四大类体系

近年来，按照"最严谨的标准"要求，国家卫生健康委完善了以风险监测评估为基础的标准研制制度，建立了多部门多领域合作的标准审查机制，持续制定、修订、完善食品安全标准。

目前我国的食品安全标准体系分为通用标准、产品标准、检验方法和生产经营规范四大类，覆盖从原料到餐桌全过程。例如：食品中污染物、真菌毒素、标签和食品添加剂使用等通用标准；乳品、肉制品等产品标准，主要限定各类食品及原料中安全指标；检验方法标准是配套安全指标制定的检验方法；生产经营规范标准侧重过程管理，对食品生产经营过程提出规范要求。四类标准相互衔接，从不同角度管控食品安全风险。

食品安全和营养关系到每个家庭、每个人的健康，居民营养状况也是反映国家经济社会发展和人群健康素质的重要指标。

2022年6月27日，国家卫健委在新闻发布会上介绍，依据新食品安全法规定，国家卫健委牵头将原来分散在15个部门管理、涉及食品的近5000余项相关标准进行了全面的清理，把食用农产品安全标准，食品卫生、规格质量以及行业标准中强制执行内容进行了整合，重点解决"标准一大堆、不知用哪个"的问题。

食品安全标准的立项应注意三个方面的问题：一是注重标准制定与风险监测、评估衔接，及时将监测评估发现的安全问题转化为标准规定；二是持续开展食品安全标准跟踪评价，及时发现标准实施中的问题，动态修订完善标准；三是注重与监管、产业健康发展需求衔接，动态调整细化标准并指导实施，助力高质量发展。

案例点评

食品安全标准是我国唯一强制执行的食品标准，是保障食品安全、促进行业发展和保障公平贸易的重要手段，是食品安全监管的重要技术依据。习近平总书记提出"用最严谨的标准、最严格的监管、最严厉的处罚、最严肃的问责，确保广大人民群众'舌尖上的安全'"。"四个最严"从制度建设的角度科学地提出了建设我国食品安全管理体系的指导思想、基本原则。站在科学的角度看

"四个最严"，最严谨的标准是前提和基础，最严格的监管是关键，最严厉的处罚是利器，最严肃的问责是保障。国家卫健委持续深化对"最严谨的标准"的理解，坚持以科学为基础、以目标为导向，强化多部门多领域合作标准审查机制，依托标准跟踪评价等机制不断完善标准体系。

2022年7月28日，国家卫健委会同国家市场监管总局发布《饮料》（GB 7101—2022）等36项食品安全国家标准和3项修改单的公告。此次标准的制定与修订，遵循提升科学性、适应新变化、增强协调性的原则，既充分考虑群众健康权益，兼顾食品产业发展需求，又有利于推动我国食品产业高质量发展。

1.提升食品安全标准的科学性，加强食品安全风险评估结果在标准制定修订中的应用

通过风险评估评价目标物质对于我国各类消费人群的健康风险，结合我国居民特有的膳食习惯，科学设置限量指标和管控相应食品。如《食品中污染物限量》（GB 2762—2022）中限量指标的修订即根据最新风险监测和风险评估结果，结合国际近年来污染物管理动态，重点就对我国居民健康构成较大风险的食品污染物和对居民膳食暴露量有较大影响的食品种类设置限量规定，包括食品中的铅、稻米中的镉等限量，更好地保障各类人群健康。《洗涤剂》（GB 14930.1—2022）在原国家卫生计生委《食品用洗涤剂原料（成分）名单（第一批）》的基础上，基于风险评估结果新增了A类洗涤剂产品允许使用的原料（成分）名单，从原料角度管控应用于食品的洗涤剂产品的安全性。《食品接触用纸和纸板材料及制品》（GB 4806.8—2022）基于风险评估结果，结合我国行业实际情况，新增了1，3-二氯-2-丙醇（1，3-DCP）和3-氯-1，2-丙二醇（3-MCPD）的残留限量，以有效控制其污染。

2.适应新变化，适应消费者对营养健康的新需求和行业创新发展需求

如此次发布的《再制干酪和干酪制品》（GB 25192—2022）通过修订细化了再制干酪类产品的分类，将再制干酪类产品按照原料干酪比例划分为再制干酪和干酪制品，进一步与国际同类产品标准接轨，满足行业创新需求。《炼乳》（GB 13102—2022）针对市场上日益增多的低脂、脱脂炼乳产品以及乳品行业新原料形式（食品工业浓缩乳）的出现，通过修订涵盖了食品工业用浓缩乳，

以及淡炼乳、加糖炼乳、调制炼乳等各类炼乳产品，进一步扩大了标准的覆盖面，使产品分类更清晰。《饮料》（GB 7101—2022）通过修订进一步扩大标准适用范围，纳入了市场上出现的添加菌种饮料、饮料浓浆、添加果蔬汁、添加大豆蛋白等新型饮料形式，更好地规范此类新型产品市场。

3.进一步加强各类标准之间的衔接，进一步提升食品安全标准体系的协调性

如此次发布的《食品添加剂　丁香酚》（GB 1886.129—2022）等11项食品添加剂质量规格标准、《食品营养强化剂　二十二碳六烯酸油脂（金枪鱼油）》（GB 1903.26—2022）等9项食品营养强化剂质量规格标准进一步完善食品添加剂和食品营养强化剂质量规格要求，更好地与通用标准《食品添加剂使用标准》和《营养强化剂使用标准》相配套；发布《食品中二氧化硫的测定》（GB 5009.34—2022）等9项检验方法标准，进一步提高方法标准准确性和适用性，提升方法标准与限量指标的配套衔接。

案例三 央视3·15晚会曝光河北省青县"瘦肉精羊"

案例概述

2021年央视3·15晚会曝光了河北省青县肉羊养殖户违禁使用瘦肉精问题。为进一步加强瘦肉精监管，切实保障畜产品质量安全，2021年3月19日，农业农村部印发《关于开展瘦肉精专项整治行动的通知》(以下简称《通知》)，部署在全国开展为期3个月的瘦肉精专项整治行动，严厉打击违禁使用瘦肉精行为。

1.河北青县养羊添加瘦肉精

数据显示，目前我国有超过49万家羊养殖相关企业。从地域分布上看，河北的羊养殖相关企业数量最多，超过5.3万家，占全国的10.9%。

据央视3·15晚会报道，凌晨三点，在河南郑州几个农产品商贩在夜色中出现，他们并不在市场内销售羊肉，而是在附近货车上交易。商贩表示，因羊在饲养的过程中被喂了药，这些羊肉无法通过检测。羊肉经销商表示，羊是青县来的。青县是河北省一个重要的养羊基地，每年大约出栏70万只羊。关于如何养羊，青县的养殖户对陌生人基本是三缄其口。在熟悉了相当长一段时间之后养殖户才透露，在饲养羊的过程中添加了瘦肉精。

有贩羊的经纪人称，用含瘦肉精的饲料喂养的羊，"一只可多卖五六十元"。据河北省青县一名饲料推销员称，在饲料中添加瘦肉精这种事已约有十年。这些问题羊肉被销往无锡、天津、河南等多个地区，为了避免监管，在运输过程中，羊贩会在运羊车上装载几只未喂过瘦肉精的羊来遮掩。

我国早在2002年就已经严禁瘦肉精作为兽药和饲料添加剂。饲养者把一定剂量的瘦肉精添加到饲料中，药物进入动物体内后，可使猪、牛、羊等牲畜的心率加快，体温上升，基础代谢率升高，从而抑制脂肪的合成和积累，增加瘦肉量。瘦肉精在动物体内蓄积而不会被分解，尤其在动物肝脏中含量最多。最关键的是，其化学性质稳定，一般的烹调加热方法并不能除去肉中残余的瘦肉精。

人食用这种含有瘦肉精的肉类后，就可能会引起急性中毒，出现心跳过速，头面部、颈部及四肢肌肉颤抖，头晕、头痛、恶心、呕吐等症状。而且一旦中毒，没有特效解毒药物。中毒后仅靠多喝水，解毒效果非常有限，只能靠洗胃、输液，以促使毒物排出。

2. 多地开展瘦肉精羊肉专项排查和整治

央视3·15晚会报道河北省青县肉羊养殖户违禁使用瘦肉精问题后，当地连夜开展调查处置，河南、天津等地也对青县问题羊肉开展排查。农业农村部高度重视，立即责成河北省、河南省迅速组织开展查处工作，并作出相应部署。

（1）控制涉事养殖户、屠宰场负责人

青县瘦肉精羊肉问题被曝光后，2021年3月15日晚，当地连夜开展调查处置工作。当晚9点半，青县有关部门召开会议，迅速安排布置，组织由农业农村、市场监管、公安、新兴镇等单位100多人参加的联合执法队伍，以零容忍的态度开展全面排查封控工作，依法严厉打击违法行为，严防问题羊肉流出县境。据沧州市人民政府微信公众号"沧州发布"发布最新消息称：目前，执法组对被曝光的养殖户和肉业公司（屠宰场）负责人进行了控制，对问题羊肉进行封存，正在追溯瘦肉精来源。

（2）河南天津等地排查瘦肉精羊肉

问题被曝光后，青县所在的沧州市政府迅速成立处置工作领导小组，举一反三，迅速在全市对违法添加瘦肉精问题进行全面排查，彻底整治，切实保障人民群众食品安全。

此次排查的范围是沧州全市而不只是青县，活羊一旦被检出有瘦肉精，也将被封存。同时，已流入市场的问题羊肉将被召回。最终，当地农业农村局将统一对瘦肉精羊肉、瘦肉精羊进行无害化处理，防止问题羊肉流入市场。

青县瘦肉精羊肉被曝光后，除了当地外，河南、天津、石家庄桥西区等地也迅速作出响应，对瘦肉精羊肉开展专项排查。截至2021年3月17日，天津、石家庄桥西区暂未发现来自河北省的瘦肉精羊肉。

3·15晚会曝光青县部分经销商贩售的瘦肉精羊肉流入郑州个别市场，河南省市场监管局与郑州市政府启动联合应急机制，郑州连夜组织公安、市场监管、农业农村等部门开展排查。河南省市场监管局连夜下发通知，要求全省彻查青县瘦肉精羊肉。

（3）集中力量开展3个月的瘦肉精专项整治

农业农村部发出《通知》要求，各地农业农村部门要充分调动系统内各方面力量，迅速组织对肉牛肉羊养殖场（户）、贩运经营者和屠宰企业进行全面排查，做到不留漏洞和死角。排查过程中，随机抽取样品进行瘦肉精筛查。同时，毫不放松抓好生猪瘦肉精监管，持续强化关键环节抽检把关。在做好肉牛和肉羊问题排查的同时，各地要毫不放松抓好生猪瘦肉精监管，持续强化风险监测和隐患排查，落实好关键环节抽检把关等措施。

《通知》强调要组织实施飞行检查。在各地全面排查的基础上，农业农村部将组织国家饲料质量监督检验中心（北京）、农业农村部屠宰技术中心等有关检测机构，针对主产区和问题多发地区开展瘦肉精飞行检查。对现场快速筛查出阳性样品的养殖场（户）、屠宰场所，当地农业农村部门要及时依法对其活畜及其产品采取临时控制措施。各省级农业农村部门要结合实际，组织开展瘦肉精监督抽检，对问题多发地区加大抽检频次。

《通知》强调要严厉打击违法行为。各地要强化检打联动，从快、从严查处，严厉打击各类涉瘦肉精违法行为。在养殖、收购贩运和屠宰环节发现瘦肉精违法问题的，按照瘦肉精涉案线索移送与案件督办工作机制，一律移送公安机关立案调查，依法从重追究法律责任。要紧盯专项整治行动中发现的瘦肉精问题线索，积极协调配合公安机关追查瘦肉精制售源头和问题产品销售链条，坚决打掉生产黑窝点和地下销售网络。要完善跨省案件协查机制，在屠宰检测中发现含瘦肉精的活畜来自外省份的，要在取得确证结果后的1个工作日内通报产地农业农村部门，产地农业农村部门要在接到通报后1个工作日内，对涉嫌使用瘦肉精的养殖场（户）进行监督检查和取样检测，并及时反馈调查处理情况。发现监管人员存在为监管对象通风报信、在抽样检测中弄虚作假等问题线索的，要依纪依法追究相关人员责任，坚决打掉"保护伞"。

2021年5月8日，国家市场监管总局网站发布《关于央视3·15晚会曝光案件线索查处情况的通报》。相关文件指出，对于被曝光的河北省青县瘦肉精羊肉问题，当地市场监管部门积极配合农业农村、公安部门对相关案件开展查处工作。河北省市场监管部门已责令依法注销涉事的河北天一肉业有限公司食品经营许可证。河南省郑州市市场监管部门会同公安、农业农村等部门开展排查，重点检查牛羊肉经营者的检验检疫证明、索证索票等情况并抽样送检，检验暂未发现不合格产品。天津市市场监管部门组织对羊肉开展全面排查，静海区2家市场主体2批次羊肉检出瘦肉精，已被立案调查。经查，2家市场主体均从同一家批发商处购进，已将问题羊肉查封，并将该批发商移送公安机关。

案例点评

2021年3·15晚会曝光了河北省青县"瘦肉精羊"事件，再次引发了人们对肉类食品安全的担忧。近些年来，在肉用动物养殖过程中，非法使用瘦肉精导致肉类食品被检出瘦肉精的事件多次发生，严重危害食品安全和消费者健康，也对养殖行业的发展产生了不良影响。要杜绝瘦肉精肉食品的出现、有效保障肉类消费安全，必须加大监管力度，并对违法使用瘦肉精的行为加大处罚力度。

1.为什么不断有人违法使用瘦肉精

近年来，对猪、牛、羊等肉用动物投喂含瘦肉精饲料的违法事件屡屡发生，这是明显的危害公众健康的行为，国家已多次打击，但为什么还是不断有人冒着坐牢的风险干这种违法勾当呢？

原来，用瘦肉精饲料喂养猪、牛、羊，可获得更多的非法利润。一是瘦肉精进入猪、牛、羊等动物体内后，可促进骨骼肌蛋白质的合成、加速脂肪的转化和分解，从而提高动物的瘦肉率、增肌减脂，也就是多长瘦肉。而瘦肉的价格更高，养殖者可从中获得更高收益。二是使用瘦肉精后，可有效提高饲料的转化率，加快猪、牛、羊等动物的生长速度，降低养殖成本。

不过，用瘦肉精饲料喂养肉用动物，会损害人体健康。人过量食用含瘦肉精的畜肉后，会诱发急性食物中毒，表现为肌肉震颤、四肢麻痹、心悸、心动过速、乏力、头痛、腹痛、恶心、眩晕等症状。尤其是高血压、心脏病等人群过量摄入瘦肉精后，很容易产生急性中毒，严重的会死亡。

2.瘦肉精监管法规在不断完善

瘦肉精是 β－肾上腺素受体激动剂这类药物的统称，包括盐酸克伦特罗、莱克多巴胺、沙丁胺醇、西马特罗等。瘦肉精既不是兽药，也不是饲料添加剂。在饲料中添加瘦肉精，属于危害食品安全的行为。

为保障肉食品安全和消费者健康，我国不断出台瘦肉精监管法规，并加以完善。从2001年起，原农业部就对畜产品中的瘦肉精残留实施例行监测，并以饲料和养殖环节为重点，持续开展专项整治。2002年2月，原农业部、原卫生部、国家药监局联合发布公告第176号，公布了《禁止在饲料和动物饮用水中使用的药物品种目录》（以下简称《禁用药物目录》），禁止将盐酸克仑特罗、沙丁胺醇、硫酸沙丁胺醇、莱克多巴胺、盐酸多巴胺、西马特罗、硫酸特布他林等7种肾上腺素受体激动剂用于饲料和动物饮用水中，并对违反者作出如下处罚规定：

生产、销售《禁用药物目录》所列品种的医药企业或个人，违反药品管理法第四十八条规定，向饲料企业和养殖企业（或个人）销售的，由药品监管部门按药品管理法第七十四条的规定处罚；生产、销售《禁用药物目录》所列品种的兽药企业或个人，向饲料企业销售的，由兽药行政管理部门按《兽药管理条例》第四十二条的规定处罚；违反《饲料和饲料添加剂管理条例》第十七条、第十八条、第十九条规定，生产、经营、使用《禁用药物目录》所列品种的饲料和饲料添加剂生产企业或个人，由饲料管理部门按《饲料和饲料添加剂管理条例》第二十五条、第二十八条、第二十九条的规定处罚。其他单位和个人生产、经营、使用《禁用药物目录》所列品种，用于饲料生产和饲养过程中的，上述有关部门按谁发现谁查处的原则，依据各自法律法规予以处罚；构成犯罪的，要移送司法机关，依法追究刑事责任。

为依法惩治非法生产、销售、使用盐酸克仑特罗等禁止在饲料和动物饮用水中使用的药品等犯罪活动，保护公众健康，2002年8月，最高人民法院和最高人民检察院联合发布《关于办理非法生产、销售、使用禁止在饲料和动物饮用水中使用药品等刑事案件具体应用法律若干问题的解释》。该司法解释共6条，如存在下列违法行为，均依照刑法第一百四十四条的规定，以生产、销售有毒、有害食品罪追究刑事责任：使用盐酸克仑特罗等禁用物质养殖供人食用的动物，或销售明知是使用该类禁用物质养殖的供人食用的动物的；明知是使用盐酸克仑特罗等禁用物质养殖的供人食用的动物，而提供屠宰等加工服务，或销售其制品的。

2002年12月，原农业部发布《动物性食品中兽药最高残留限量》明确规定克仑特罗、沙丁胺醇、西马特罗这几种瘦肉精物质在所有食品动物的所有可食用组织中均不得检出。该公告内容后被《食品中兽药最大残留限量》(GB 31650—2019)、《食品动物中禁止使用的药品及其他化合物清单》等文件替代。

我国出台的国家和地方层面的瘦肉精监管法规还有很多。除上述法规外，国家层面的监管法规包括但不限于以下内容：《农业农村部办公厅关于开展"瘦肉精"专项整治行动的通知》，《农业农村部办公厅关于印发2021年国家屠宰环节质量安全风险监测计划的通知》，《农业农村部办公厅关于印发2019年屠宰环节"瘦肉精"监督检测和风险监测方案的通知》，国家食品药品监管总局办公厅发布的《总局办公厅关于严厉打击经营含"瘦肉精"牛羊肉违法行为的通知》，《餐饮服务环节"瘦肉精"专项整治实施方案》，《"瘦肉精"涉案线索移送与案件督办工作机制》，《农业部等五部门联合组织开展"瘦肉精"和含"瘦肉精"饲料的清查收缴工作的公告》，《工业和信息化部关于贯彻落实〈"瘦肉精"专项整治方案〉的通知》，《关于开展严厉打击食品非法添加和滥用食品添加剂专项工作的紧急通知》，《关于进一步加强"瘦肉精"监管工作的意见》，《农业部办公厅关于严厉打击非法生产销售和使用瘦肉精行为的紧急通知》等。

3.对肉制品进行全产业链监管

多年以来，在猪、牛、羊等肉用动物生产过程中，违法使用瘦肉精的问题屡被曝出。要遏制这种问题的发生，必须加大执法监管和打击力度，既要打击违规用瘦肉精直接喂养肉用动物的行为，也要打击非法生产和销售瘦肉精的行为；同时，还要加强屠宰环节瘦肉精检测的监管。通过对生产经营各个环节的现场检查、抽样检测等方式方法，对肉制品全产业链进行细致、全面的监管，严把质量安全关。

案例四　《中华人民共和国食品安全法》修正案颁布　仅销售预包装食品不需许可只需备案

案例概述

2021年4月29日，经第十三届全国人大常委会第二十八次会议审议决定，中华人民共和国主席令（第八十一号）颁布食品安全法修正案，其内容就是针对第三十五条进行修改。主要变化是：仅从事预包装食品经营的不再办理经营许可，仅需办理备案即可。

为贯彻落实新修正的食品安全法规定和"证照分离"改革要求，2021年12月3日，国家市场监管总局发布了《关于仅销售预包装食品备案有关事项的公告》（以下简称《公告》）。

1. 食品安全法第三十五条修改

根据主席令，食品安全法第三十五条第一款修改为："国家对食品生产经营实行许可制度。从事食品生产、食品销售、餐饮服务，应当依法取得许可。但是，销售食用农产品和仅销售预包装食品的，不需要取得许可。仅销售预包装食品的，应当报所在地县级以上地方人民政府食品安全监督管理部门备案。"

相比修订前，本次修订主要是确定了预包装食品销售经营活动不再需要取得食品经营许可证，而改为备案制。预包装食品是预先定量包装在包装容器中的食品，特点就是包装内体积或质量固定。相对散装食品、现制现售食品、餐饮食品而言，预包装食品食品安全风险较小，销售中不易出现二次污染，所以社会上一直存在着取消预包装食品销售许可制度的呼声。

2019年5月，《中共中央　国务院关于深化改革加强食品安全工作的意见》提出，要深化食品经营许可改革，优化许可程序，实现全程电子化。同年10月，国务院颁布新修订的《中华人民共和国食品安全法实施条例》，规定承包经营集中用餐单位食堂的，应当依法取得食品经营许可。可以说，从2019年开始，国家市场监管总局就在全国部分省市开展"预包装食品许可改备案"试点行动，直至2021年尘埃落定，终于从法律层面加以确定，进一步简化了食品经营流程。

2."证照分离"改革全覆盖

2021年6月3日，《国务院关于深化"证照分离"改革进一步激发市场主体发展活力的通知》（以下简称《通知》）印发，要求在全国范围内推行"证照分离"改革全覆盖，并将仅销售预包装食品许可改备案工作，列入中央层面设定的涉企经营许可事项改革清单。

《通知》提出，要大力推动照后减证和简化审批。中央层面设定的523项涉企经营许可事项，在全国范围内直接取消审批68项，审批改为备案15项，实行告知承诺37项，其余事项采取下放审批权限、精简条件材料、优化审批流程、压减审批时限等优化审批服务的措施；在自贸试验区增加试点直接取消审批14项，审批改为备案15项，实行告知承诺40项，自贸试验区所在县、不设区的市、市辖区的其他区域参照执行。同时，省级人民政府可以在权限范围内决定采取更大力度的改革举措。地方层面设定的涉企经营许可事项，由省级人民政府统筹确定改革方式。

3.国家市场监管总局发布《公告》

2021年12月3日，为深入贯彻食品安全法新规定和国务院"证照分离"改革要求，细化仅销售预包装食品备案的相关办理要求和监管要求，指导食品经营者依法依规开展仅销售预包装食品经营活动，督促各地强化事中事后监管，在广泛征求各有关方及社会各界意见建议基础上，国家市场监管总局起草并发布了《公告》，主要内容包括以下八点：

一是从事仅销售预包装食品的食品经营者在办理市场主体登记注册时，同步提交《仅销售预包装食品经营者备案信息采集表》，一并办理仅销售预包装食品备案。

二是目前持有营业执照的市场主体从事仅销售预包装食品活动，应当在销售活动开展前完成备案。已经取得食品经营许可证的，在食品经营许可证有效期届满前无需办理备案。

三是从事仅销售预包装食品活动的食品经营者应当具备与销售的食品品种、数量等相适应的经营条件。不同市场主体一般不得使用同一经营场所从事仅销售预包装食品经营活动。

四是备案信息发生变化的，应当自发生变化之日起15个工作日内向市场监管部门提交《仅销售预包装食品经营者备案信息变更表》进行备案信息变更。终止食品经营活动的，应当自经营活动终止之日起15个工作日内，向原备案的市场监管部门办理备案注销。食品经营者主体资格依法终止的或存在其他应当注销而未注销情形的，市场监管部门可依据职权办理备案注销手续。

五是从事仅销售预包装食品活动的食品经营者应当严格落实食品安全主体责任，建立健全保障食品安全的规章制度，定期开展食品安全自查，保障食品安全。通过网络仅销售预包装食品的，应当在其经营活动主页面显著位置公示其食品经营者名称、经营场所地址、备案编号等相关备案信息。

六是各地市场监管部门应当将仅销售预包装食品备案纳入"多证合一"范围，并实施备案编号管理。收到《仅销售预包装食品经营者备案信息采集表》，市场监管部门应当对填报内容是否完整规范进行核对。核对无误的，及时予以备案。填报内容不完整或不规范的，应当一次性告知补充修改的内容和要求。已经受理相关许可申请的，应当终止相关许可审批程序并转为备案。

七是各地市场监管部门要加快推进备案工作信息化建设，推动实现仅销售预包装食品备案系统与登记注册系统的共享联动，并将信息及时推送至国家企业信用信息公示系统供公众查询。

八是各地市场监管部门要加强仅销售预包装食品备案政策宣传解读，引导网络食品交易第三方平台依法开展对仅销售预包装食品的入网食品经营者的审核把关。

4.《公告》涉及三方面要求

（1）明确备案办理要求

《公告》第一、二、四条提出备案办理、备案信息变更、备案注销等相关程序和时限要求。《公告》明确强调四方面内容：一是市场主体应当在仅销售预包装食品经营活动开展前完成备案；二是经营者在办理市场主体登记注册时，可以同步办理仅销售预包装食品备案；三是已取得食品经营许可证的市场主体，在食品经营许可证有效期届满前无需办理备案；四是已经受理相关食品经营许可申请的，市场监管部门将终止相关许可审批程序并转为备案。

（2）强化食品安全主体责任

《公告》第三、五条明确仅销售预包装食品经营者落实食品安全主体责任的相关要求，重点强调了经营者应当"定期开展食品安全自查"。明确强调食品安全法的修正，仅改变市场主体的准入方式，并未降低对食品安全的各项要求。因此，市场主体在备案前，应学习掌握食品安全法对从事食品经营活动应当符合的标准和要求以及食品安全主体责任的各项规定，如不得与不同市场主体使用同一经营场所从事仅销售预包装食品经营活动；经营场所应当与有毒、有害场所以及其他污染源保持规定的距离等，确保合法合规开展经营活动。

（3）规范事中事后监管要求

《公告》第六、七、八条明确各地市场监管部门备案办理及监管相关程序要求，强调市场监管部门对经营者填报的备案信息进行核对，确认无误后，应当及时予以备案，并要加快推进备案工作信息化建设，将信息及时推送至国家企业信用信息公示系统供公众查询，强化信用监管。

以贯彻落实新修正的食品安全法为契机，国家市场监管总局下一步将重点开展四项工作。一是进一步加强宣传，组织地方市场监管部门和行业协会多渠道开展政策解读，让社会各界充分了解备案改革精神、落实备案改革要求，营造社会共治良好氛围。二是跟进指导，督促各级市场监管部门依法落实备案改革各项要求，切实把新要求新规定落地落实落细。三是进一步完善创新监管机制，不断强化事中事后监管。综合运用智慧监管、信用监管等手段，督促企业全面落实食品安全主体责任。四是加大违法打击力度，严惩重处企业违法违规行为，做到"处罚到人"，严守食品安全底线。

业内人士表示，在后续改革中，随着备案流程及相关指南落地，食品等方面的行政审批流程有望进一步简化，给经营行为带来更多的便利。

案例点评 ••

> 明确将仅销售预包装食品的经营者市场准入方式，由食品经营许可制度改为备案制度，属于一种新型的更加有效的市场准入方式，有利于降低食品销售者运营成本、激发食品市场主体发展活力。不过，市场准入方式的创新，并不意味着食品安全要求的降低。食品安全监管部门还应加强监管，确保食品经营者严格按规定开展仅预包装食品的销售工作，同时对违法违规销售预包装食品的行为进行严厉打击。

1.严格监管，促进销售环节食品安全

要顺利推进仅销售预包装食品备案制的实施，除了销售者加强自律外，食品安全监管部门还要加强监管，保障销售环节食品安全。除了对销售企业的食品安全管理制度、食品安全人员配备、经营场所布局和环境卫生等加强监督检查外，还应重点检查食品标签的合规性。

食品标签具有直观可见、理解相对简单的特点，是消费者选购食品的重要参考。在仅销售预包装食品之前，经营者应认真审核食品标签，不采购和销售标签不合格的预包装食品。只有符合食品安全法、食品安全国家标准的预包装食品，才能上市销售。

根据相关规定，预包装食品包装上应当有标签。标签必须标注食品的以下信息：①名称、规格、净含量、生产日期；②成分或配料表；③生产者的名称、地址、联系方式；④保质期；⑤产品标准代号；⑥贮存条件；⑦所使用的食品添加剂在国家标准中的通用名称；⑧生产许可证编号；⑨法律法规或食品安全标准规定应标明的其他事项；⑩专供婴幼儿和其他特定人群的主辅食品，还应标明主要营养成分及其含量。

预包装食品标签还应符合一些禁止性规定，包括以下五方面：一是标签、说明书不得有虚假内容，不得涉及疾病预防、治疗功能；二是保健食品之外的食品标签、说明书不得声称具有保健功能；三是食品与其标签、说明书的内容不符时，不得销售；四是日期标示不得另外加贴、补印或篡改；五是进口的预包装食品没有中文标签、中文说明书或标签、说明书不符合法律法规和标准相关规定时，不得进口和销售。

食品安全法规定，生产经营无标签的预包装食品或标签、说明书不符合该法规定的食品，按以下方法处罚：由食品安全监管部门没收违法所得和违法生产经营的食品，并可没收用于违法生产经营的工具、设备、原料等物品；违法生产经营的食品货值金额不足一万元的，并处五千元以上五万元以下罚款；货值金额一万元以上的，并处货值金额五倍以上十倍以下罚款；情节严重的，责令停产停业，直至吊销许可证。

生产经营的食品的标签、说明书存在瑕疵但不影响食品安全且不会对消费者造成误导的，由食品安全监管部门责令改正；拒不改正的，处二千元以下罚款。

2.加强管理，推进备案制实施

为落实食品安全主体责任，保障食品安全和消费者健康，仅预包装食品销售企业除严格备案外，还应从以下三方面发力。

第一，建立健全食品安全管理制度。食品销售企业要明确和落实以下工作：制定从验厂、检验、采购、入库、贮藏、促销、出库到市场巡查甚至召回的全过程食品安全质量管理体系；加强从业人员食品安全知识培训；配备、培训和考核食品安全管理人员，并记录培训和考核情况；科学开展食品检验工作；等等。

第二，明确食品安全管理人员的职责。食品销售企业应依法配备与企业规模、食品类别、风险等级、管理水平、安全状况等相适应的食品安全总监、食品安全员等食品安全管理人员，明确企业主要负责人、食品安全总监、食品安全员等的岗位职责。企业主要负责人对本企业食品安全工作全面负责，建立并落实食品安全主体责任的长效机制。食品安全总监、食品安全员应按岗位职责，协助企业主要负责人做好食品安全管理工作。企业主要负责人应支持和保障食品安全总监、食品安全员开展食品安全管理工作，在作出涉及食品安全的重大决策前，应充分听取食品安全总监和食品安全员的意见和建议。食品安全总监、食品安全员发现有食品安全事故潜在风险时，应提出停止相关食品经营活动等否决建议，企业应立即分析研判，采取处置措施，消除风险隐患。食品安全总监、食品安全员应具备下列食品安全管理能力：掌握相应的食品安全法律法规、食品安全标准，具备识别和防控相应食品安全风险的专业知识，参加企业组织的食品安全管理人员培训并通过考核，其他应具备的食品安全管理能力等。

第三，保持经营场所环境卫生，并合理布局。一是食品销售场所应与有毒、有害场所以及其他污染源保持规定的距离。二是销售场所应有良好的通风、排气装置，并避免日光直接照射。三是销售场所的地面应硬化、平坦防滑、易于清洁消毒，并有适当措施防止积水、积霜。四是食品分类分架、离墙离地放置，不得将食品挤压存放。五是食品应有固定的存放位置和标识。六是食品销售场所和贮存场所应与生活区分开。

3.正确认识，促进预包装食品销售

只有准确认识食品经营备案（仅销售预包装食品）的范围，才能更好地节

约仅销售预包装食品企业的运营成本，确保食品销售环节安全。

《预包装食品标签通则》（GB 7718—2011）规定，预包装食品的定义为：预先定量包装或制作在包装材料和容器中的食品，包括预先定量包装以及预先定量制作在包装材料和容器中且在一定限量范围内具有统一的质量或体积标识的食品。食品安全法规定，预包装食品是指预先定量包装或制作在包装材料、容器中的食品。

从我国食品生产经营和执法监管实践来看，预包装食品强调的并不是食品产品最终状态的"包装"，而是强调食品起始状态和生产加工过程，特指具备食品生产加工资质的食品生产主体（含企业、小作坊及个人等）生产出来的带有包装的产品。

为顺利推进食品销售备案制的实施，我国各省级市场监管部门纷纷出台了"关于仅销售预包装食品备案有关事项的通告"。综合来看，备案范围主要包括以下几类食品销售主体：一是仅销售预包装食品（含保健食品、特殊医学用途配方食品、婴幼儿配方乳粉及其他婴幼儿配方食品等特殊食品）的食品经营者；二是在生产加工场所或通过互联网销售不是本生产单位生产的预包装食品的食品生产者；三是向医疗机构、药品零售企业销售特定全营养配方食品的经营企业。

正确开展备案，是促进预包装食品销售和保障预包装食品安全的基础。为细化仅销售预包装食品备案的相关办理要求和监管要求，指导食品经营者依法依规开展仅销售预包装食品经营活动，督促各地强化事中事后监管，国家市场监管总局发布了《公告》。《公告》规定，持有营业执照的市场主体从事仅销售预包装食品活动，应在销售活动开展前完成备案。从事仅销售预包装食品活动的食品经营者应具备与销售的食品品种、数量等相适应的经营条件。不同市场主体一般不得使用同一经营场所从事仅销售预包装食品经营活动。

案例五 三部门联合治理面向未成年人营销色情低俗食品现象

案例概述

2022年1月19日，为深入贯彻落实《中华人民共和国未成年人保护法》和《国务院未成年人保护工作领导小组关于加强未成年人保护工作的意见》有关要求，保护未成年人身心健康，全面治理校园及周边、网络平台等面向未成年人无底线营销色情低俗食品现象，国家市场监管总局、教育部、公安部联合印发《关于开展面向未成年人无底线营销食品专项治理工作的通知》(以下简称《通知》)，并部署相关工作。此次专项工作由多部门联合开展，强化执法协作，聚焦案件查办，全面打击面向未成年人无底线营销食品的违法行为，对违法分子形成有效震慑。

2022年6月23日，国家市场监管总局对全国人大代表《关于推动专门针对未成年人食品包装标识的立法完善或国家、行业标准建设的建议》作出答复，以进一步保障未成年人食品安全。

1.背景情况

未成年人由于生理和心理都处于未成熟阶段，缺乏判断力，自制力不强，容易受到外界不良信息的误导。因此，防治色情等有害信息对未成年人的影响，是依法保护未成年人工作的重中之重，这也理应成为全社会的共识和实践。

然而，一些无良企业和商家为了谋取利益，不择手段，把一些低俗手段用于儿童食品的生产和营销上。他们打着"创意"的幌子，靠低俗包装、恶搞食品在网上引起热销，一度成为网红零食，或在校园周边的小卖部公然销售，堂而皇之吸引未成年人跟风消费。美其名曰创意营销，实则暗藏低俗诱导，未成年人很容易被这样的"无底线营销"误导，扭曲"三观"，影响身体健康和学业，其危害不容小觑，相关整治行动刻不容缓。

比如，生产销售模仿"计生用品"的"套套糖果""姨妈巾棉花糖"，把一些食品取名为"老婆乖乖丸""老公温顺颗粒"等。这些有软色情之嫌的行为，在成年人看来或许只是付之一笑的恶俗伎俩，但却可能影响未成年人的认知和行为，产生不良的后果。这是我国未成年人保护法、广告法等法律法规所绝不允许的。

此次《通知》要求全面落实食品生产经营者、电子商务平台责任，发挥有关部门职能作用，严厉查处违法违规行为，加强对青少年的宣传教育和思想引导。其中不少内容具有很强的针对性和可操作性。比如，既整治校园及周边的食品经营者，也关注电子商务平台及平台上的经营者；对于一些违法行为，符合条件的会被列入严重违法失信名单，涉嫌犯罪的一律移交公安机关查处。相关雷厉风行措施必将有力打击和震慑违法违规者。

2.从三方面深入治理无底线营销食品行为

为保障未成年人权益，《通知》提出以下三点要求。

（1）全面落实主体责任

一是压实食品生产经营者食品安全主体责任。食品生产经营者要严格执行相关规范要求，加强生产经营过程控制和标签标识管理，主动监测上市产品质量安全状况，对存在的隐患及时采取风险控制措施。校园及周边的食品经营者要进行全面自查，严格落实进货查验责任和义务，严禁采购、贮存和销售包装或标签标识具有色情、暴力、不良诱导形式或内容危害未成年人身心健康的食品。凡发现存在宣传违反公序良俗、损害未成年人身心健康的食品，经营者要立刻下架。二是压实电子商务平台管理责任。电子商务平台要加强对平台内经营者经营行为的管理，发现违法违规行为，应立即提醒和制止，并向监管部门报告。

（2）严厉查处违法违规行为

《通知》要求市场监管部门充分发挥市场监管的"工具箱"作用，综合运用登记注册、日常监管、执法稽查、信用监管等手段实施联合惩戒，重点加强校园及校园周边等区域食品安全日常监管和抽检监测，严厉查处以下违法违规行为：

一是未经许可从事食品生产，生产经营不符合食品安全标准和标签标识不合法的食品；二是对商品性能、功能作虚假或者引人误解的商业宣传；三是发布恶搞、低俗以及含有色情、软色情内容等违反公序良俗、损害未成年人身心健康的广告；四是为"三无"产品等法律、行政法规严禁生产、销售的产品设计、制作、代理、发布广告；五是生产经营侵犯注册商标专用权的商品；六是电子商务平台经营者不履行法定核验登记义务、对违法情形未采取必要处置措施或未向主管部门报告。

此外，对于违法情形符合《市场监督管理严重违法失信名单管理办法》规定的，一律列入严重违法失信名单，涉嫌犯罪的一律移交公安机关查处。公安机关要及时梳理违法犯罪线索，依法严厉打击生产经营有毒有害食品、传播淫秽物品等危害未成年人身心健康的违法犯罪行为，及时受理行政部门移送的涉嫌犯罪案件。

（3）加强对青少年的宣传教育和思想引导

《通知》还要求，各地教育部门和学校要认真贯彻落实《学校食品安全与营养健康管理规定》等文件对学校食品安全与营养健康相关部署，面向全体学生加强教育引导，自觉抵制无底线营销对青少年健康成长的不良影响，养成文明健康、绿色环保生活方式。

市场监管部门和公安部门要积极配合教育部门做好学生教育引导，持续加大对学生食品安全与营养健康知识的宣传教育力度，倡导学生养成健康的饮食习惯和消费理念，增强未成年人自觉识别、抵制无底线营销食品的能力，形成社会共治良好局面，杜绝以食品名义宣传软色情、低俗信息等有违公序良俗的擦边球行为。

3.国家市场监管总局回复人大代表建议，健全标准建设

在三部门联合开展专项治理行动之时，全国人大代表在十三届全国人大五次会议第1011号代表建议中提出《关于推动专门针对未成年人食品包装标识的立法完善或国家、行业标准建设的建议》。2022年6月23日，国家市场监管总局作出答复：国家市场监管总局高度重视未成年人食品安全监管工作，严格食品标签标识管理及监督执法，严防严控相关食品安全风险，积极配合国家卫健委等有关部门，建立完善相关食品安全标准体系，主要包括以下工作：一是为加强婴幼儿食品安全监管，国家市场监管总局对婴幼儿配方食品、保健食品和特殊医学用途配方食品实施特殊食品安全监管，充分兼顾婴幼儿等特殊群体食品安全及营养需求。二是为加强重点品种监管，2021年12月，国家市场监管总局印发《关于加强固体饮料质量安全监管的公告》，规定不得使用文字或者图案进行明示、暗示或者强调产品适用于未成年人等。三是为加强校园食品安全监管，国家市场监管总局加大相关食品抽检和执法力度。四是为保护未成年人身心健康，全面治理校园及周边、网络平台等面向未成年人无底线营销色情低俗食品。

此外，近年来，针对监管工作中发现的食品安全标准问题，国家市场监管总局积极配合国家卫生健康委进行《预包装食品营养标签通则》《预包装食品标签通则》

等标准制修订，推动完善食品安全监管依据。同时，国家市场监管总局积极研究修订《食品标识监督管理办法》，拟增加"鼓励食品生产经营者在食品标识上标注'避免过量摄入盐、油、糖'"等内容，促进未成年人饮食健康。下一步，市场监管等部门将继续加大对学校及校园周边食品经营者的监管力度，对发现的无底线营销等违法违规行为，依法从严查处，筑牢食品安全防线；同时，进一步完善有关食品安全标准，为保障未成年人食品安全提供法律依据。

业内人士指出，孩子是祖国的未来，保护未成年人的合法权益是每个成年人义不容辞的责任。无论在生产还是营销上，任何创新都要有底线、知敬畏，不能把有害信息当作营销道具，绝不允许任何人为了经济利益而牺牲未成年人的权益。这是此次专项治理的工作态度，也是未成年人保护法律法规的坚定立场，广大厂家、商家以及平台经营者务必能够有则改之、无则加勉，与全社会一起携起手来，共同护佑未成年人的健康成长。

案例点评 ◦

在当今这个信息爆炸的时代，儿童与青少年作为社会中最具活力和潜力的群体，他们的成长环境备受关注。然而，近年来食品市场上出现的软色情营销现象，如同牛皮癣一般悄然遍布这片纯净的天地，对儿童和青少年的身心健康造成了不容忽视的影响。

食品本是满足人类基本生理需求的必需品，却在一些商家的"创意"包装下，披上了软色情的外衣。"老婆乖乖丸""老公温顺颗粒"这些充满低俗暗示的商品名称，不仅挑战了社会的道德底线，更在无形中向儿童和青少年传递了错误的价值导向。加之少年儿童好奇心旺盛，学习和模仿能力正处于一生中较强的阶段，他们在未能辨别的情况下会被这些错误导向迅速渗透。一旦这些软色情食品进入他们的视野，就可能成为他们模仿和追求的对象，进而影响到他们的学习、生活和社交等各个方面。对于正处于身心发育关键时期的儿童和青少年来说，这种营销手段无疑是一颗潜在的毒瘤，可能扭曲其性别观念、误导其情感认知，甚至诱发不良行为，因此引发了社会各界的广泛担忧。

在这种情况下，开展专项治理工作，全面清理这些无底线营销的食品刻不容缓。国家市场监管总局、教育部、公安部联合印发《通知》无异于一场及时雨，对当前市场上存在的问题进行了有力回应。

为保障未成年人权益，《通知》明确要求，食品生产经营者要严格执行相关规范要求，加强生产经营过程控制和标签标识管理，主动监测上市产品质量安全状况，对存在的隐患及时采取风险控制措施。这一规定压实了食品生产经营者的主体责任，从源头上杜绝了无底线营销食品的出现。同时，《通知》还强调，校园及周边的食品经营者要进行全面自查，严禁采购、贮存和销售包装或标签标识具有色情、暴力、不良诱导形式或内容的食品，一旦发现立刻下架处理。这一举措直接针对了校园这一重点区域，有效防止了无底线营销食品对未成年人的侵害。

此外，《通知》还明确了电子商务平台的管理责任。要求电子商务平台依法依规落实入网经营者资质核验、登记等义务，加强对平台内经营者身份信息的管理、公示，并以无底线营销用语及行为为监测审查重点，开展全面自查，及时清理相关宣传用语和违法广告。这一规定不仅规范了电子商务平台的经营行为，也为其提供了明确的监管方向，有助于形成线上线下联动的治理格局。

在严厉查处违法违规行为方面，《通知》更是提出了综合运用登记注册、日常监管、执法稽查、信用监管等手段实施联合惩戒的举措。对于未经许可从事食品生产，生产经营不符合食品安全标准和标签标识不合法的食品等行为，将依法予以严惩。特别是对于那些发布恶搞、低俗以及含有色情、软色情内容等违反公序良俗、损害未成年人身心健康的广告的行为，更是零容忍，一律列入严重违法失信名单，涉嫌犯罪的一律移交公安机关查处。这一系列的严厉措施，无疑将对违法违规行为形成强大的震慑力。

在加强宣传教育方面，《通知》也提出了明确要求。各地教育部门和学校要认真贯彻落实相关文件精神，面向全体学生加强教育引导，倡导学生养成健康的饮食习惯和消费理念，提高未成年人自觉识别、抵制无底线营销食品行为的能力。同时，市场监管、教育、公安部门要积极配合、通力协作、形成合力，持续加大宣传力度，适时联合公布治理行动成果，曝光典型案例。通过多方面的努力，共同营造一个健康、文明、绿色的消费环境。

那么，作为普通消费者应该如何发现并抵制食品软色情营销？

一是保持警惕，提高辨别能力。无论是少年儿童还是家长，在购买食品时都要关注产品名称与包装，对于那些带有低俗、性暗示或模糊边界的词汇和图案要保持高度警惕——这些可能是商家进行软色情营销的手段。同时，通过阅读产品标签、说明书或询问销售人员等方式，全面了解产品信息，避免被不实或误导性的宣传所蒙蔽。

二是坚决抵制，拒绝购买。消费者一旦发现食品存在软色情营销行为，应立即拒绝购买该产品，并向商家表达不满和抗议，通过实际行动表明自己的立场和态度。同时，还可以在社交媒体、朋友圈等平台上分享自己的发现和抵制经历，呼吁更多人关注并加入抵制软色情营销的行列中来。

三是积极反馈，参与监督。如果发现商家存在严重的软色情营销行为，可以向市场监管部门、消费者权益保护组织等相关部门举报，提供线索和证据，协助他们进行调查和处理。积极参与社会监督活动，关注食品安全和消费者权益保护方面的新闻报道和讨论，为营造健康、安全的消费环境贡献自己的力量。

四是提升自我保护意识。家长和少年儿童都可以通过多方面学习，来提高自己对媒体信息的辨别和批判能力，不轻易相信或传播未经证实的消息和谣言，培养健康、积极的生活态度和价值观，自觉抵制低俗、不良信息的诱惑和侵蚀。

总的来说，《通知》的发布和实施，是国家对于未成年人保护工作的一次重要部署和实际行动，体现了国家对未成年人身心健康的深切关怀和对违法违规行为的坚决打击。在这层保护之下，消费者应该时刻保持警惕和理性，积极发现和抵制食品软色情营销行为。相信通过全社会共同的努力，面向未成年人无底线营销食品的现象将得到有效遏制，儿童与青少年的成长环境将更加健康、更加美好。

案例六 国家市场监管总局发布新《食品生产经营监督检查管理办法》

案例概述

2021年12月24日，国家市场监管总局发布修订后的《食品生产经营监督检查管理办法》（以下简称《办法》）。《办法》经2021年11月3日国家市场监管总局第15次局务会议通过，自2022年3月15日起施行。

据悉，为加强和规范对食品生产经营活动的监督检查，督促食品生产经营者落实主体责任，国家市场监管总局组织对原《食品生产经营日常监督检查管理办法》进行修订。《办法》强化监管部门监管责任，构建检查体系，确定检查要点，充实检查内容，明确检查要求，严格落实食品生产经营主体责任，切实把全面从严贯穿于食品安全工作始终。在强调"四个最严"的同时，《办法》也注重科学治理，让执法更具有可操作性和实效性。

1.《办法》强调四项工作内容

一是落实"四个最严"要求，实施"全覆盖"检查。规定县级以上地方市场监督管理部门应当每两年对本行政区域内所有食品生产经营者至少进行一次监督检查。对检查结果对消费者有重要影响的，要求食品生产经营者按照规定，在食品生产经营场所醒目位置张贴或者公开展示监督检查结果记录表。对发现食品生产经营者有《中华人民共和国食品安全法实施条例》中规定的情节严重情形的，依法从严处理；对情节严重的违法行为处以罚款时，依法从重从严。同时，将监督检查情况记入食品生产经营者食品安全信用档案；对存在严重违法失信行为的，按照规定实施联合惩戒。

二是划分风险等级，强化食品安全风险管理。结合食品生产经营者的食品类别、业态规模、风险控制能力、信用状况、监督检查等情况，将食品生产经营者的风险等级从低到高分为 A、B、C、D 四个等级，并对特殊食品生产者以及中央厨房、集体用餐配送单位等高风险食品生产经营者实施重点监督检查，根据实际情况增加日常监督检查频次。同时，按照风险管理的原则，制定食品生产经营监督检查要点表，并综合考虑食品类别、企业规模、管理水平、食品安全状况、风险等级、信用档案记录等因素，编制年度监督检查计划。

三是落实"六稳""六保"，营造法治化营商环境。针对监管实践中对食品安全法规定的"标签瑕疵"认定难题，细化食品安全法的规定，综合考虑标注内容与食品安全的关联性、当事人的主观过错、消费者对食品安全的理解和选择等因素，统一瑕疵认定情形和认定规则。同时，落实新修订的行政处罚法，完善监督检查结果认定标准，依据是否影响食品安全并结合监督检查要点表确定的一般项目、重点项目，依法启动执法调查处理程序或者责令整改。对属于初次违法且危害后果轻微并及时改正的，可以不予行政处罚；对当事人有证据足以证明没有主观过错的，不予行政处罚。

四是强化法治保障，以制度力量压实监管责任。落实党中央、国务院《关于深化改革加强食品安全工作的意见》，将飞行检查、体系检查的监督检查方式纳入法治轨道，规定市场监督管理部门可以根据工作需要，对通过食品安全抽样检验等发现问题线索的食品生产经营者实施飞行检查，对特殊食品、高风险大宗消费食品生产企业和大型食品经营企业等的质量管理体系运行情况实施体系检查。同时，落实食品安全法及其实施条例，进一步完善监督检查的程序性规定以及责任约谈、风险控制等方面的管理要求。

2.《办法》提出八个监督检查要点

（1）国家市场监管总局根据法律法规、规章和食品安全标准等有关规定，制定国家食品生产经营监督检查要点表，明确监督检查的主要内容。按照风险管理的原则，检查要点表分为一般项目和重点项目。

（2）省级市场监督管理部门可以按照国家食品生产经营监督检查要点表，结合实际细化，制定本行政区域食品生产经营监督检查要点表。省级市场监督管理部门针对食品生产经营新业态、新技术、新模式，补充制定相应的食品生产经营监督检查要点，并在出台后 30 日内向国家市场监管总局报告。

（3）食品生产环节监督检查要点应当包括食品生产者资质、生产环境条件、进货查验、生产过程控制、产品检验、贮存及交付控制、不合格食品管理和食品召回、标签和说明书、食品安全自查、从业人员管理、信息记录和追溯、食品安全事故处置等情况。

（4）委托生产食品、食品添加剂的，委托方、受托方应当遵守法律法规、食品安全标准以及合同的约定，并将委托生产的食品品种、委托期限、委托方对受托方生产行为的监督等情况予以单独记录，留档备查。市场监督管理部门应当将上述委托生产情况作为监督检查的重点。

（5）食品销售环节监督检查要点应当包括食品销售者资质、一般规定执行、禁止性规定执行、经营场所环境卫生、经营过程控制、进货查验、食品贮存、食品召回、温度控制及记录、过期及其他不符合食品安全标准的食品处置、标签和说明书、食品安全自查、从业人员管理、食品安全事故处置、进口食品销售、食用农产品销售、网络食品销售等情况。

（6）特殊食品生产环节监督检查要点，除应当包括《办法》第十五条规定的内容，还应当包括注册备案要求执行、生产质量管理体系运行、原辅料管理等情况。保健食品生产环节的监督检查要点还应当包括原料前处理等情况。特殊食品销售环节监督检查要点，除应当包括《办法》第十七条规定的内容，还应当包括禁止混放要求落实、标签和说明书核对等情况。

（7）集中交易市场开办者、展销会举办者监督检查要点应当包括举办前报告、入场食品经营者的资质审查、食品安全管理责任明确、经营环境和条件检查等情况。对温度、湿度有特殊要求的食品贮存业务的非食品生产经营者的监督检查要点应当包括备案、信息记录和追溯、食品安全要求落实等情况。

（8）餐饮服务环节监督检查要点应当包括餐饮服务提供者资质、从业人员健康管理、原料控制、加工制作过程、食品添加剂使用管理、场所和设备设施清洁维护、餐饮具清洗消毒、食品安全事故处置等情况。餐饮服务环节的监督检查应当强化学校等集中用餐单位供餐的食品安全要求。

3.飞行检查和体系检查成为监督检查方式

此次新修订《办法》特别引人注意的地方是，飞行检查和体系检查成为监督检查方式。原国家食品药品监管总局于2016年3月发布《食品生产经营日常监督检查管理办法》，规范食品生产经营日常监督检查工作，在此基础上，探索实施飞行检查及体系检查，均取得较好的效果。广东、江西、黑龙江、福建、广西等地方食品监管部门先行一步，相继制定了食品生产企业飞行检查试行办法。

在上述基础上，此次《办法》将飞行检查、体系检查的监督检查方式纳入法治轨道，规定市场监督管理部门可以根据工作需要，对通过食品安全抽样检验等发现问题线索的食品生产经营者实施飞行检查，对特殊食品、高风险大宗消费食品生产企业和大型食品经营企业等的质量管理体系运行情况实施体系检查。

此外，《办法》还对食品安全生产、销售、餐饮等环节检查内容进行了细化，要求也更为严格。比如在食品生产环节监督检查要点新增"标签和说明书、食品安全自查、信息记录和追溯等情况"；食品销售环节检查要点新增"经营场所环境卫生、温度控制及记录、过期及其他不符合食品安全标准的食品处置、食品安全自查、网络食品销售等情况"；对特殊食品生产环节和销售环节的监督检查要点进行了单独明确；对温度、湿度有特殊要求的食品贮存业务的非食品生产经营者的监督检查要点应当包括备案、信息记录和追溯、食品安全要求落实等情况；明确集中交易市场开办者、展销会举办者监督检查要点应当包括举办前报告、入场食品经营者的资质审查、食品安全管理责任明确、经营环境和条件检查等情况。

据国家市场监管总局相关负责人介绍，市场监管部门将以实施《办法》为契机，强化食品安全风险意识，进一步加大监督检查力度，压实监管部门责任，督促问题隐患整改到位，坚决筑牢食品安全防线，坚决守护人民群众"舌尖上的安全"。

案例点评 ···

近年来，食品安全工作不断取得新进展、开创新局面，全国食品安全形势保持总体稳中向好的态势，主要农产品质量安全监测合格率连续稳定在97.4%以上，食品安全评价性抽检合格率稳定在98%以上。得益于各级食品安全监管部门以及各方主体的共同努力，食品安全在法治建设和政策改革等方面积极推进。其中，市场监管部门对食品（含食品添加剂）生产经营者执行食品安全法律法规、规章和食品安全标准等情况实施监督检查这项工作，是落实食品安全"四个最严"中"最严格的监管"中的关键工作，也是督促食品生产经营者落实主体责任并保障食品安全的根本性工作。随着食品领域新业态新模式的发展，新问题新挑战不断涌现，《办法》在原国家食品药品监督管理总局发布的《食品生产经营日常监督检查管理办法》（以下简称"原《办法》"）基础上与时俱进，解决了在长期监管实践中发现的有待完善的问题，系统性优化食品生产经营监督检查内容,有力提升食品安全监管效能。

完善检查过程。一方面,《办法》规定县级以上地方市场监督管理部门应当每两年对本行政区域内所有食品生产经营者至少进行一次监督检查,"两年全覆盖"式监督检查新规,确保食品安全监管疏而不漏,为食品安全保驾护航。另一方面,《办法》基于全程控制原则完善检查内容,将原《办法》的"监督检查事项"一章改为"监督检查要点"。并对食品安全生产、销售、餐饮等环节检查内容进行了细化:在生产环节新增"标签和说明书、食品安全自查、信息记录和追溯等情况",在销售环节新增"经营场所环境卫生、温度控制及记录、过期及其他不符合食品安全标准的食品处置、食品安全自查、网络食品销售等情况"、对特殊食品新增"保健食品生产原料前处理等情况"、餐饮环节新增集中用餐单位要求,等等。

构建完善监督检查体系。从文件标题看,最鲜明显著的改动是删去"日常"二字,原因在于《办法》构建了更加完善的检查体系,除按年度监督检查计划开展的常规性、基础性日常检查外,还纳入了已在多地成功试点运行的飞行检查和体系检查方式。飞行检查是指市场监督管理部门根据监督管理工作需要以及问题线索等,对食品生产经营者依法开展的不预先告知的监督检查,是国际上已具有共识的跟踪检查方法,具有突击性、不定期性等特点,目前已有多地出台制定试行办法。体系检查已在特殊食品等领域取得良好成效,以风险防控为导向,是对特殊食品、高风险大宗食品生产企业和大型食品经营企业等的质量管理体系执行情况依法开展的系统性监督检查,能够有效确保企业持续合规发展。飞行检查和体系检查纳入监督检查体系,能够适应当前监管面临的突发情况多发、大型企业体系化运行的新特点。

强化风险管理。《办法》从品类、风控能力、信用状况等方面充分考虑食品生产经营者的风险等级,实施分级分类精准化监管,实现食品安全监管政治效果、法律效果和社会效果的有机统一。基于风险的监管策略是国际通行做法,能够有效应对当前监管形势下基层监管力量不足的挑战,提升现代化治理水平。

推动解决重点难点问题。在监督检查事权方面,原《办法》在总则中列出各级市场监管部门监督检查事权,而《办法》对监督检查事权单独列为一章,进一步压紧压实各级监管责任,形成监管合力,促进提升高风险、跨区域等食品生产经营者监督检查效能,推动解决监管实践难题。此外,《办法》还对瑕疵相关问题予以细化明确,尽管食品安全法对食品的标签、说明书的法律责任和消费者索赔进行相应规定，但在很长一段时间里，法律法规规章一直没有就如何认定"瑕疵"作出规定，实践中因不同理解导致结果不同，而此次修订后的《办法》对此进行明确，不仅规定应综合考虑标注内容与食品安全的关联性、当事人的主观过错、消费者对食品安全的理解和选择等因素，还根据长期监管实践清晰列出具体情形，为市场监管部门实施行政处罚、消费者索赔提供了明确依据。

统筹监管力度与温度。近年来，获利与罚款数额相差过于悬殊的案例屡屡成为关注焦点：不同监督检查情境下对相同不符合项的处置并不统一，对于监管的权威性有负面影响，且不利于生产经营者的合规管理。《办法》新增不予处罚和给予处罚两种情形，是统筹监管力度与温度的重要体现。《办法》落实新修订的行政处罚法，完善监督检查结果认定标准，依据是否影响食品安全并结合监督检查要点表确定的一般项目、重点项目，依法启动执法调查处理程序或者责令整改。实际上，市场监管部门在统筹执法力度与温度方面已取得重要成效。2023年，全国市场监管部门共查办各类违法案件140.62万件，比上年增长10.6%；罚没金额105.35亿元，下降22%；办案数量和罚没金额自2018年以来首次出现"一增一减"。

案例七 **国家市场监管总局发布《企业落实食品安全主体责任监督管理规定》**

案例概述

为进一步落实食品安全法，督促企业落实食品安全主体责任，强化企业主要负责人食品安全责任，规范食品安全管理人员行为，2022年9月22日，国家市场监管总局发布《企业落实食品安全主体责任监督管理规定》（以下简称《规定》），自2022年11月1日起施行。《规定》的出台，有利于推动企业进一步建立健全食品安全责任制，完善食品安全主体责任体系。

1.《规定》的四项主要内容

《规定》的主要内容有四项，即健全企业责任体系、完善风险防控机制、明确履职保障措施、完善相关法律责任。

（1）健全企业责任体系

《规定》要求，食品生产经营企业应当建立健全食品安全管理制度，落实食品安全责任制，依法配备与企业规模、食品类别、风险等级、管理水平、安全状况等相适应的食品安全总监、食品安全员等食品安全管理人员，明确企业主要负责人、食品安全总监、食品安全员等的岗位职责。企业主要负责人对本企业食品安全工作全面负责，建立并落实食品安全主体责任的长效机制。食品安全总监、食品安全员应当按照岗位职责协助企业主要负责人做好食品安全管理工作。

（2）完善风险防控机制

《规定》明确，食品生产经营企业应当建立基于食品安全风险防控的动态管理机制，结合企业实际，落实自查要求，制定食品安全风险管控清单，建立健全日管控、周排查、月调度工作制度和机制。

企业应当建立食品安全日管控制度。食品安全员每日根据风险管控清单进行检查，形成《每日食品安全检查记录》。发现食品安全风险隐患的，应当立即采取防范措施，按照程序及时上报食品安全总监或者企业主要负责人；未发现问题的，也应当予以记录，实行零风险报告。

企业应当建立食品安全周排查制度。食品安全总监或者食品安全员每周至少组织一次风险隐患排查，分析研判食品安全管理情况，研究解决日管控中发现的问题，形成《每周食品安全排查治理报告》。

企业应当建立食品安全月调度制度。企业主要负责人每月至少听取一次食品安全总监管理工作情况汇报，对当月食品安全日常管理、风险隐患排查治理等情况进行工作总结，对下个月重点工作作出调度安排，形成《每月食品安全调度会议纪要》。

（3）明确履职保障措施

《规定》要求，企业要支持和保障食品安全总监、食品安全员依法开展食品安全管理工作。食品安全总监、食品安全员发现有食品安全事故潜在风险的，应当提出停止相关食品生产经营活动等否决建议。食品企业要将主要负责人、食品安全总监、食品安全员的设立调整及履职情况记录存档，作为市场监管部门监督检查的重要内容。

食品生产经营企业应当组织对本企业职工进行食品安全知识培训，对食品安全总监、食品安全员进行法律法规、标准和专业知识培训、考核，并对培训、考核情况予以记录，存档备查。

同时，食品生产经营企业应当为食品安全总监、食品安全员提供必要的工作条件、教育培训和岗位待遇，充分保障其依法履行职责。鼓励企业建立对食品安全总监、食品安全员的激励机制，对工作成效显著的给予表彰和奖励。

（4）完善相关法律责任

《规定》明确，食品生产经营企业未按规定建立食品安全管理制度，或者未按规定配备、培训、考核食品安全总监、食品安全员等食品安全管理人员，或者未按责任制要求落实食品安全责任的，由县级以上地方市场监督管理部门依照《食品安全法》第一百二十六条第一款的规定责令改正，给予警告；拒不改正的，处五千元以上五万元以下罚款；情节严重的，责令停产停业，直至吊销许可证。法律、行政法规有规定的，依照其规定处理。

食品生产经营企业等单位有食品安全法规定的违法情形，除依照食品安全法的规定给予处罚外，有下列情形之一的，对单位的法定代表人、主要负责人、直接负责的主管人员和其他直接责任人员处以其上一年度从本单位取得收入的一倍以上十倍以下罚款：故意实施违法行为；违法行为性质恶劣；违法行为造成严重后果。食品生产经营企业及其主要负责人无正当理由未采纳食品安全总监、食品安全员依照食品安全风险原则提出的否决建议的，属于故意实施违法行为的情形。食品安全总监、食品安全员已经依法履职尽责的，不予处罚。

《规定》指出，食品生产经营企业主要负责人是指在本企业生产经营中承担全面领导责任的法定代表人、实际控制人等主要决策人。直接负责的主管人员是指在违法行为中负有直接管理责任的人员，包括食品安全总监等。其他直接责任人员是指具体实施违法行为并起较大作用的人员，既可以是单位的生产经营管理人员，也可以是单位的职工，包括食品安全员等。

2.《规定》首次明确食品安全总监岗位及职责要求

《规定》首次明确提出食品安全总监岗位及职责要求，"一定规模的食品生产经营企业应当依法配备食品安全总监"。在依法配备食品安全员的基础上，下列食品生产经营企业、集中用餐单位的食堂应当配备食品安全总监：一是特殊食品生产企业；二是大中型食品生产企业；三是大中型餐饮服务企业、连锁餐饮企业总部；四是大中型食品销售企业、连锁销售企业总部；五是用餐人数300人以上的托幼机构食堂、用餐人数500人以上的学校食堂，以及用餐人数或者供餐人数超过1000人的单位。

此外，网络食品交易第三方平台、大型食品仓储企业、食品集中交易市场开办者、食品展销会举办者可以参照《规定》执行。

3.《规定》强调企业需重点落实的三大事项

（1）抓住三类人

依法配备，培训考核，合格上岗，发挥作用。一是企业主要负责人（承担全面领导责任的法定代表人、实际控制人等主要决策人），二是食品安全总监（直接负责的主管人员），三是食品安全员（其他直接责任人员）。

（2）建立三机制

一是日管控，二是周排查，三是月调度。

（3）健全三本账

一是《每日食品安全检查记录》，二是《每周食品安全排查治理报告》，三是

《每月食品安全调度会议纪要》。

下一步，国家市场监管总局将以推动《规定》实施为契机，督促企业落实主体责任，提升风险防控能力，切实保障人民群众"舌尖上的安全"。

案例点评

2022年9月，国家市场监管总局发布《企业落实食品安全主体责任监督管理规定》，进一步贯彻党中央、国务院决策部署，落实食品安全法及其实施条例相关规定，督促企业落实食品安全主体责任，推动企业建立健全食品安全责任制，完善食品安全主体责任体系。食品安全首先是生产，企业承担着食品安全最基本、最直接和最主要的责任，是食品安全第一道防线。食品安全法及其实施条例均明确了企业主要负责人和配备食品安全管理人员的要求，包括在全程控制、管理制度、体系建设、人员培训考核等方面要求，而《规定》则进一步在实践层面上对企业进行了更加清晰明确的食品安全合规指导。这是市场监管部门担当作为、履职尽责的重要体现，有利于督促指导食品企业走向更加安全的可持续发展道路。《规定》颁布两年来，社会各界高度关注，食品安全主体责任体系进一步完善，食品安全现代化治理水平不断提升。

1.建立健全食品安全责任体系

《规定》构建了包括责任主体、工作机制、风险防控、履职保障等方面在内的食品安全责任体系。《规定》明确了"三类人""三机制"有机统一的责任落实体系，即企业主要负责人、食品安全总监、食品安全员通过日管控、周排查、月调度机制分级负责食品安全工作，具体的岗位职责均在《规定》中予以明确。在风险防控方面，食品安全员在日管控过程中根据风险清单进行检查并形成每日检查记录，食品安全总监在周排查过程中组织风险排查治理并形成每周报告，主要负责人每月听取工作记录并调度而形成每月会议纪要。《规定》在明确食品安全责任主体的同时，通过清单管理、一票否决、尽职免责、存档备查、处罚到人、奖惩并举等方面对于履职保障也加以强化。

2.政策落实仍有待加强

《规定》施行以来，全国食品安全工作开创了崭新局面，总体上看，食品安全总监和食品安全员基本配备到位、企业食品安全管理制度逐渐完善、责任到岗到人逐步落实，食品安全主体责任体系进一步完善。应当注意的是，在政策实践中落实食品安全主体责任工作艰巨复杂，部分企业在进一步落实《规定》的系列要求上还需持续发力。在相关调研中发现，部分企业在落实过程中仍存在一些问题，企业主体责任落实流于形式，出现被动套用风险管控模板导致与实际"两张皮"情况，甚至照搬风险防控清单模板，而真正记录在案的食品安全风险点少之又少且无足轻重，只为应付检查和方便整改。部分企业的主要负责人"第一责任"悬空，食品安全员和食品安全总监的配备和日管控、周排查、月调度工作机制"有名无实"，岗位设置与职权匹配度有待提高，食品安全主体责任体系运行保障机制相对薄弱，食品安全总监、食品安全员等人员的激励奖惩机制仍需进一步优化等。

3.问题破解与对策建议

企业在落实《规定》的过程中暴露的问题，恰恰反映了企业在食品安全主体责任落实方面的薄弱，也充分说明了《规定》施行的必要性。部分企业在政策落实过程中出现的"两张皮"现象的根源在于没有理解《规定》的实质，没有将食品安全这一职责入脑入心。事实上，《规定》的重点和实质在于督促食品企业负责人以及所有员工重视食品安全这个底线：只有食品安全责任履行到位，食品企业这艘大船才算真的能安全妥当地前行；长期忽略食品安全这个"房间里的大象"，企业做得再大再强、利润再可观，都会因食品安全底线没守住而顷刻翻覆。因此，企业落实《规定》的重中之重是将食品安全责任体系有机融入日常管理中，除了形式上合规，更需要企业增强履行食品安全责任的内生动力。

目前来看，政策实践中存在的问题均有破解之道。一是加强督促指导企业落实主体责任。可通过培育榜样典型、交流成功经验、企业间互查互评、提供督导服务等多种方式，采取信息化追溯、智慧监管、信用监管、品牌引领、强化监管执法等震慑措施，督促指导企业把落实《规定》要求嵌入日常管理全过程，不断完善真正适合企业运行实际的风险管控清单。二是加强科普宣传，不断增强企业履行主体责任的强烈意识。在体系建立方面，对于已在质量合规等方面建立完善体系的企业来说，完全不需要另建系统，可以将《规定》的要求有机融入企业日常的食品安全管理体系中。在岗位设置上，食品安全总监的设置对于企业规模有细化，《规定》明确了特殊食品生产企业、大中型食品生产企业等应当配备，并非所有企业都需要配备食品安全总监，并且负责合规、质量控制的中高层可兼任，也可以单独设岗。再者，《规定》针对的是企业主体，其他食品生产经营者可以参考且并未作强制要求。三是加强对企业主要负责人、食品安全总监和食品安全员的培训，增强其履职能力，真正把食品安全责任落到实处。

央视3·15晚会曝光使用土坑腌制酸菜乱象

案例概述

光脚踩、手拿烟，酸菜制作过程无安全保障，卫生状况堪忧，存在食品安全隐患……2022年3月15日，中央电视台3·15晚会报道涉及的湖南插旗菜业有限公司、湖南锦瑞食品有限公司和岳阳市君山区雅园酱菜食品厂、海霞酱菜厂、湖南坛坛俏食品有限公司5家酱腌菜生产企业，存在进货货源部分为收购来的土坑酸菜问题。

晚会报道后，当地政府紧急行动，对涉事问题企业进行调查处理。以涉事企业加工的酸菜为原料的统一、康师傅等食品企业纷纷发布紧急声明。截至2022年6月25日，被3·15晚会曝光的土坑酸菜5家涉事企业均受到了相应的行政处罚。

1.脏乱差的土坑酸菜加工情况

光脚踩在酸菜上、一边抽烟一边干活、疯狂加入防腐剂……2022年3·15晚会曝光湖南几家酸菜企业的加工过程，令人触目惊心。

涉事企业包括湖南插旗菜业、湖南锦瑞食品等多家食品加工企业。据报道，湖南插旗菜业和湖南锦瑞食品等企业生产所用酸菜，部分源自附近农田土坑腌制。湖南插旗菜业在官网自称，其合作伙伴包括康师傅等。据媒体相关报道，湖南插旗菜业还是统一等知名食品企业的原材料供应商。

3·15晚会曝光的视频显示，媒体记者跟随湖南插旗菜业的货车，在附近一片农田里，找到了腌制酸菜的土坑。工人们有的穿着拖鞋，有的光着脚，踩在酸菜上，有的甚至一边抽烟一边干活，抽完的烟头直接扔到酸菜上。而这些酸菜在被收购时，湖南插旗菜业并未对卫生指标进行检测。调查还发现，由于酸菜的腌制时间短，包装好后，一两个月左右就会发黑变烂，为了增加保存时间，在加工过程中，企业有时会超量添加防腐剂。

天眼查App显示，湖南插旗菜业涉及多条法律诉讼，案由包括产品责任纠纷、劳动纠纷等。双随机抽查检查信息显示，2021年10月，该公司食品生产安全监督检查未发现问题、待后续处理。除湖南插旗菜业外，岳阳市君山区雅园酱菜食品厂、湖南锦瑞食品也收购农户土坑里的酸菜，而这些土坑酸菜生产卫生条件极差，甚至夹杂羽毛、烟蒂。

2.土坑腌酸菜其实早已存在

湖南省华容县一家蔬菜再加工企业，为多家知名企业代加工酸菜制品，也为一些方便面企业代加工老坛酸菜包，号称老坛工艺，足时发酵。然而，在这家企业的清洗车间，一袋袋酸菜被随意堆放在地上，经过机器清洗、切碎、拌料、包装、杀菌，就做成了老坛酸菜包。

更令人吃惊的是，企业有标准化腌制池，池里正规生产的酸菜用来加工出口产品，而老坛酸菜包里的酸菜，却另有来源，系从外面收购的土坑酸菜，即农户在土坑里腌制的酸菜。这些蔬菜并不清洗，有些甚至带着枯萎发黄的叶子放置好后，加水、盐等，用薄膜盖上，盖上土直接腌制。

在其他几家蔬菜再加工企业，也存在类似的现象，收购土坑酸菜来以次充好。相关企业生产负责人承认，从农户那里收来的土坑酸菜，会经过清洗、切碎等多道工序，原本的一些杂质肉眼很难发现。

这种土坑酸菜的生产其实并不隐秘。在华容县一些农田里，有很多腌制酸菜的土坑。"这一路都是，都是土坑。"可见土坑酸菜在当地是公开行为，企业收购土坑酸菜也并不避讳。

3.岳阳全面叫停土坑腌酸菜

3·15晚会曝光后，湖南岳阳市等涉事地党政主要领导率领由市场监管、公安等部门组成的联合执法组，连夜赶赴涉事企业，对所有产品全部就地封存，对企业相关人员予以控制，对外销产品立即启动追溯召回措施，并全面停止农户土坑腌制行为。

针对3·15晚会报道涉及的湖南插旗菜业、湖南锦瑞食品两家酱腌菜生产企业存在进货货源部分为收购来的土坑酸菜问题，当晚21时，岳阳市华容县领导带队，县市场监管局、公安局执法人员到达华容县插旗菜业和锦瑞食品，认真排查整治，责令停产整顿,封存全部产品,启动立案调查。随后,当地连夜召集县内30余家酱腌菜企业负责人召开整治大会,通报情况,要求所有企业开展自查自纠,立行立改。

针对3·15晚会报道涉及的岳阳市君山区雅园酱菜食品厂,君山区市场监管局执法大队也于当晚前往涉事工厂开展调查、取证,查封厂内全部酸菜产品,将追回已销售的酸菜产品。

4.相关企业发表声明

3·15晚会报道后,统一企业迅速回应,连发三份声明。2022年3月15日当晚,统一发布公告称:立即终止湖南锦瑞食品的酸菜供应商资格,并封存全部涉事产品,准备进行质量检测;而湖南插旗菜业自2012年12月起,已不再是统一酸菜包原料的供应商。当晚,统一补发了第二份声明:老坛酸菜牛肉面是其首发的拳头产品,统一企业内部对其有严格的监管体系,同时派专人到酸菜包供应商处现场全程监管,酸菜自腌自用,不允许外购酸菜。2022年3月16日,统一在发布的《致广大消费者说明函》中表示,经对统一企业酸菜包供应商锦瑞食品连夜调查,确认原料菜全部来源于厂内自腌自用,未使用3·15晚会报道的土坑酸菜。《致广大消费者说明函》刊载了锦瑞食品出具的承诺函:"生产的统一酸菜包产品原料菜全部来源于厂内自有环氧树脂腌制池腌制的原料菜,在统一集团监管下不存在使用任何一颗(棵)土池菜到统一酸菜包中的可能性。"

锦瑞食品则进一步表示,3·15晚会报道的土坑,系某食品企业向锦瑞食品长期租用周转使用,与锦瑞食品供给统一的酸菜包产品不存在任何关联。

2022年3月16日凌晨,康师傅发表声明,主要内容如下:康师傅已第一时间成立专门小组,采取最严措施,并配合政府监管部门对相关企业和产品进行调查和检测。湖南插旗菜业有限公司是康师傅酸菜供应商之一,康师傅已立即中止其供应商资格,取消一切合作,封存其酸菜包产品,配合监管部门调查与检测。康师傅从未使用过湖南锦瑞食品有限公司、岳阳市雅园酱菜食品厂、坛坛俏食品有限公司的酸菜,也从未使用过以上3家公司的任何产品。此次事件是管理的失误,辜负了消费者的信任,康师傅对此深表歉意,并将引以为戒。后续,公司将积极整改。

与此同时,为避免恐慌情绪,酸菜鱼、酸菜火锅等餐饮公司更是主动发文,"求生欲"拉满。3月16日,太二在微信公众号中发布酸菜安全报告称,太二使用的酸菜系四川民福记食品有限公司和吉香居食品股份有限公司生产，均拥有腌制专用车间。目前，太二已成立工作小组前往供应商处，全面检查并监督供应商全部生产环节。五谷道场则澄清其与五谷渔粉并非关联企业，从未与涉事企业有过任何采购合作；此外，渝是乎、鱼你在一起等企业亦表示与被曝光生产企业无任何合作关系。

5.土坑酸菜5家涉事企业被罚共约991万元

据2022年6月25日媒体报道，被当年3·15晚会曝光的土坑酸菜5家涉事企业，均受到了岳阳市市场监督管理部门的行政处罚，累计罚款共约991万元，具体如下：

湖南插旗菜业及相关责任人共被处罚548.8万元，已缴清罚款，并于该年5月初恢复生产；锦瑞食品因食品安全风险被停产，企业法定代表人、生产厂长被罚款共200万元；岳阳市君山区雅园酱菜食品厂因未按规定实施生产过程控制要求、虚假商业宣传等问题，被罚55万元并吊销食品生产许可证；湖南坛坛俏食品有限公司因涉嫌生产经营的食品中钠含量超过标签标示的含量、食品标签含有虚假内容等行为，被罚款77.58万元，没收违法所得0.421万元；岳阳市君山区海霞酱菜厂，被罚款109.46万元，并被吊销食品生产许可证。

案例点评 ··

发展酸菜加工与生产，在增加食物风味、促进食品消费和推动农民增收方面，都具有十分重要的作用。不过，近年来，作为酱腌菜的酸菜多次被曝出食品安全问题，如土坑腌制酸菜脏乱差、产品的微生物和食品添加剂超标等问题多次刺激消费者的神经，导致不少消费者质疑"我还能放心吃酸菜方便面吗？"

食品安全问题从来都不只是一个或几个行业产业的问题，要解决我国食品安全所面临的严峻问题，不仅要在食品生产制造方面下功夫，还要强化政府在监督与管理方面的作用，完善相关的政策，建立健全的法律法规，并提高生产商及广大消费者群体对于食品安全的重视程度，增强自身在解决食品安全问题方面的责任感，了解食品安全问题的严重后果，从根本上解决我国的食品安全问题。

1.建立健全食品安全管理制度

要想保障酸菜等酱腌菜食品安全，生产企业必须建立健全食品安全管理制度。这种管理制度是一个系统性制度，包括人员管理、采购管理及进货查验记录、工艺流程、生产过程控制、检验管理及出厂检验记录、运输和交付管理、食品安全追溯管理、食品安全自查、不合格品管理及不安全食品召回、食品安全事故处置等多方面的管理体系文件。

科学设计工艺流程，是保障酱腌菜食品安全的基础措施之一。首先，应合理制定生产工艺流程，以预防生产过程中出现交叉污染。酸菜等酱腌菜的具体食品类别、产品配方、工艺流程应与产品执行标准相适应。其次，要科学制定酱腌菜生产所需的产品配方、工艺规程等工艺文件，明确生产过程中的食品安全关键环节和控制措施。

2.配备食品安全管理人员

人是最活跃且最重要的生产力，要保障食品安全，食品企业必须配备食品安全管理人员，并积极对员工进行食品安全培训。

为将食品安全管理制度落到实处，切实提高食品安全水平，酱腌菜食品生产企业应配备与企业规模、食品类别、风险等级、管理水平、安全状况等相适应的食品安全总监、食品安全员等食品安全管理人员，明确企业主要负责人、食品安全总监、食品安全员等人员的岗位职责。其中，企业主要负责人对本企业食品安全工作全面负责，建立并落实食品安全主体责任的长效机制。食品安全总监、食品安全员应当按照岗位职责协助企业主要负责人做好食品安全管理工作。

同时，酱腌菜食品生产企业应对食品安全总监、食品安全员、生产人员、销售人员、仓储人员等食品安全相关人员，进行食品安全培训，并进行考核。由于不同员工所从事的具体工种不同，所以应根据不同从业人员的不同岗位，进行分类培训和考核。只有经过培训和考核合格的员工，才能从事食品安全相关工作。

企业开展的食品安全培训和考核的内容包括以下六方面：一是国家和所在地地方的食品安全法律法规、规章和标准，二是食品安全基本知识和管理技能，三是食品安全加工操作技能，四是食品生产经营过程控制知识，五是食品安全事故应急处置知识，六是其他需要掌握的食品安全知识。

企业在对员工进行食品安全培训和考核时，应记录相关情况，并存档备查，以便开展食品安全追溯。

3.加强食品原料质量管控

好原料才能造出好食品。为向消费者提供美味又安全的酸菜，酱腌菜食品生产企业应从多方面加强原料质量管控。

一是严把原料采购关。在采购原料前，应先查验供货商的许可证和产品合格证明文件。对无法提供合格证明文件的食品原料，酱腌菜生产企业应按食品安全标准，进行检验。例如，有些小农场缺乏食品质量自检能力，对于这种来源的蔬菜，酱腌菜企业应先进行检验，合格后再采购和使用。酱腌菜生产的主要原料是新鲜蔬菜，对于每一批蔬菜，都应进行感官检测，要求蔬菜新鲜、饱满，无枯萎、无腐烂、无霉变。对于农户提供的没有质检报告的蔬菜，酱腌菜生产企业除应批批检测感官项目之外，还应采用快检方法，批批检测农残含量；同时，生产企业还应定期按照食品安全国家标准规定的方法，对这种蔬菜原料进行农残、污染物等物质的含量进行检测。对于由规模型供应商提供的蔬菜等原料，即使供应商提供了检验合格报告，酱腌菜生产企业也应定期按照食品安全标准，对原料的农残、污染物、生物毒素、食品添加剂等项目进行检测，以了解和预防食品安全风险。

二是正确运输和贮存食品原料。在运输和储存时，应避免日光直射，并配备防雨防尘设施。运输食品原料的工具和容器应保持清洁，必要时应消毒。食品原料不得与有毒、有害物品同时装运，避免被污染。对于蔬菜类原料，应配置保温、冷藏、保鲜等设施。

三是做好原料仓库管理。应设专人管理酱腌菜食品原料仓库，定期检查原料质量和环境卫生，及时清理变质或超过保质期的食品原料。在原料出库时，应根据先进先出的原则操作。

四是共建绿色食品原料生产基地。绿色食品原料基地建设是保障食用农产品质量安全的基础，而食用农产品又是酱腌菜等大多数食品加工的主要原料，所以酱腌菜生产企业与农户共建绿色食品原料基地，可获得品质更加安全的绿色食品原料，有助于提高酸菜等酱腌菜食品安全质量。为获得稳定的绿色食品类蔬菜原料，酱腌菜生产企业应安排企业内的生物农业专家或外聘专家，从土壤选择和改良、蔬菜种子的选择和处理、肥料的选择和使用、农药的选择和使用、蔬菜的采收和储存等方面，指导农户科学种植和收储优质蔬菜，为酱腌菜食品安全保障提供原料支撑。

4.加强生产过程控制

在近年来多次披露的酸菜等酱腌菜食品安全事件中，加工环境卫生条件差、产品中微生物和食品防腐剂超标的情况出现过多次。酱腌菜产品微生物超标的一个重要原因是加工车间卫生条件差，空气中的细菌、霉菌、酵母菌等微生物含量过多，污染了半成品和成品，最终导致产品的微生物含量偏高。有的食品生产企业为防止微生物超标，便在加工时擅自增加防腐剂用量，这又导致产品的防腐剂超标。

酱腌菜的微生物之所以超标，还有一个重要原因是为保障产品的良好色泽和爽脆的口感。很多酱腌菜在生产过程中，不进行加热预处理和后加热杀菌，没有杀灭蔬菜原料和酱腌菜产品中存在的微生物，这些微生物在包装、出厂后的酱腌菜中生长繁殖，最终引发微生物超标问题。

加强生产过程的卫生控制，是保障酱腌菜食品安全的关键措施，可从原料消毒、车间卫生条件改善等方面进行。

一是认真清洗蔬菜原料并进行消毒。在加工酱腌菜之前，先用卫生干净的自来水清洗蔬菜。之后，将蔬菜放入装有臭氧水的水池中进行杀菌消毒。臭氧是一种气体，也是一种高效杀菌剂，具有强烈的消毒灭菌作用，杀菌彻底迅速。在消毒灭菌的同时，臭氧可自行还原为氧气，无二次污染，环保安全。将臭氧通入水中，可制得臭氧水，用臭氧水对蔬菜进行浸泡消毒，可减少蔬菜上的微生物数量，有助于提高酱腌菜食品安全质量。臭氧水中臭氧的浓度、消毒时间等数据，需根据实际情况而定。

二是改善酱腌菜生产车间卫生条件。在酱腌菜生产过程中，在蔬菜腌制和酱腌菜包装这两个环节，对微生物的控制更为重要。为此，在确保厂址选择、工厂设计和布局、厂内卫生条件等符合食品生产通用卫生规范的同时，应将蔬菜腌制和酱腌菜包装这两个车间设为净化车间，采用高效杀菌消毒和过滤装置，对车间内空气进行净化，以提高生产环境的卫生质量，阻断空气中的微生物对酱腌菜及其半成品的污染，用高洁净度的生产环境来保障酱腌菜食品安全。

案例九　农业农村部印发《"十四五"奶业竞争力提升行动方案》

案例概述

为加快扩大国产奶业生产，全面推进奶业振兴，2022年2月16日，农业农村部制定并发布《"十四五"奶业竞争力提升行动方案》（以下简称《方案》）。《方案》要求，到2025年，全国奶类产量达到4100万吨左右，百头以上奶牛规模养殖比重达到75%左右。

1.《方案》发布背景

"十三五"期间，我国奶业振兴取得了显著成效。农业农村部数据显示，2020年，全国奶类产量3530万吨，百头以上奶牛规模养殖比重达67.2%，分别比2015年提高了7个和18.9个百分点。奶牛年均单产达到8.3吨，比2015年提高了2.3吨。规模牧场生鲜乳乳蛋白、乳脂肪等指标达到奶业发达国家水平，乳制品抽查合格率位居食品行业前列。全国年人均乳品消费量折合生鲜乳达38.2公斤，比2015年增长6.3公斤。

从总体上看，奶业生产水平明显提升，质量安全达到较高水准，乳品消费仍在快速增长，实现奶业全面振兴具备了良好条件。但是，由于奶业生产成本高、产销衔接不紧密、产业链利益联结机制不完善等原因，产业整体竞争力不足，进口乳品冲击严重。

据统计，2020年乳制品进口比2015年增长了70.4%，但与此同时，奶源自给率下滑了9.6个百分点，国产奶源市场份额下降与消费市场日益扩大形成了强烈反差，亟待采取有效措施提升奶业竞争力。

2022年中央一号文件提出要全力抓好粮食生产和重要农产品供给，明确加快扩大奶业生产，保障"菜篮子"产品供给。

2.九项重点任务

据报道,在编制《方案》的过程中,农业农村部重点突出问题导向和目标导向。首先是考虑要稳定生产,以降本、增效、绿色发展为原则,按照整县推进的方式实施奶业生产能力提升行动,提升奶业大县综合生产能力,夯实主产区发展的基础。其次是以提高资源利用率和劳动生产率为着力点,推进种养结合、草畜配套,提升奶牛养殖数字化智能化水平,增强产业发展后劲。最后是着眼于利益分配合理化和提升奶农地位,推动奶业产业链调整完善,培育第三方生鲜乳质量安全检测,推动形成公平合理的生鲜乳收购价格机制,建立健全现代奶业生产经营体系。支持有条件的奶农发展乳制品加工,提高奶业增值收益和抗市场风险能力。为此,《方案》提出九项重点任务:

一是优化奶源区域布局。立足于河北、内蒙古、黑龙江等3个实施千万吨奶工程的省份,打造奶业发展优势产区,推动奶业生产提质增量。同时,支持南方主销区奶源产能开发,总结形成一批可复制可推广的南方奶业发展模式。

二是提升自主育种能力。健全奶牛生产性状关键数据库,建立奶牛育种数据平台,建设国家奶牛核心育种场,增强良种自主供应能力。

三是增加优质饲草料供给。实施振兴奶业苜蓿发展行动,支持内蒙古、甘肃、宁夏建设一批高产优质苜蓿基地,推进农区种养结合,支持粮改饲政策实施范围扩大到所有奶牛养殖大县。推进饲草料种植和奶牛养殖配套衔接,降低饲草料投入成本。

四是支持标准化、数字化规模养殖。推动基于物联网、大数据技术的智能统计分析软件终端在奶牛养殖中的应用。实现养殖管理数字化、智能化。推进精准饲喂管理,提高资源利用效率。

五是引导产业链前伸后延。推进奶业一、二、三产业融合发展,支持乳品企业自建、收购养殖场,提高奶农自有奶源比例,并通过与奶农相互持股、二次分红、溢价收购、利润保障等方式,稳固奶源基础,鼓励有序发展乳制品加工。

六是稳定生鲜乳购销秩序。加强生鲜乳第三方检测,推动形成以质论价、公平合理的生鲜乳市场购销秩序。

七是提高生鲜乳质量安全监管水平。完善乳品质量安全法规标准体系,创新监管方式,提升生鲜乳质量安全监管小笼包,保障乳品质量安全。

八是支持乳制品加工做优做强。提高乳清、蛋白浓缩物等奶酪副产品加工利用水平，开发羊奶、水牛奶、牦牛奶等特色乳制品。用好"本土"优势，打好"品质""新鲜"牌。培育一批具有影响力的国产乳品品牌。

九是加强消费宣传引导。加大奶业公益宣传，扩大乳品消费科普，普及乳制品营养知识，培育多样化、本土化的消费习惯。支持奶牛休闲观光牧场发展，深化消费者对国产奶业发展成效的认知，提升国产乳品消费水平。

《方案》还要求，到2025年，规模养殖场草畜配套、种养结合生产比例提高5个百分点左右，饲草料投入成本进一步降低，养殖场现代化设施装备水平大幅提升，奶牛年均单产达到9吨左右。养殖加工利益联结务必更加紧密、形式更加多样，进一步提升国产奶业竞争力。

3. 五大保障措施

《方案》明确了五大保障措施：

一是加强组织领导。严格落实省总负责和"菜篮子"市长负责制，制定细化落实方案，明确目标任务，抓好项目组织实施。

二是加大资金投入。采取中央和地方财政补助资金、金融资本、实施主体自筹等多种方式。财政补助资金可采取"先建后补、以奖代补"的形式，对项目任务予以统筹支持。引导金融、社会资本参与项目实施，积极争取信贷资金、基金等支持，形成多元化的投入格局。支持企业通过并购和参股等方式参与奶业竞争力提升行动。

三是完善配套政策。各地要结合实际，统筹用好粮改饲等扶持政策，出台地方支持政策，落实好养殖用地、奶牛活体抵押贷款试点等政策，扩大奶牛政策性保险覆盖范围。引导农业信贷担保公司支持产业养殖、生产和加工等。鼓励各地整合政策资源，打造一批奶业竞争力提升示范项目。对项目实施适时开展科学评价。支持牧场购置符合条件的饲草料加工机械等纳入农机购置补贴范围。

四是强化技术服务。建立专家指导服务制度，加强对项目的技术指导服务，推动产学研结合的奶业科技创新体系，提高奶业生产技术水平。

五是营造良好氛围。充分调动各方主体积极性，宣传项目实施对保障奶类供给、推进奶业振兴的重要作用。充分利用好各类媒体资源，适度宣传报道项目成效和推进经验，树立典型，扩大影响，营造良好社会氛围。

案例点评 ●········

习近平总书记强调："发展产业是实现脱贫的根本之策。要因地制宜，把培育产业作为推动脱贫攻坚的根本出路。"奶业是健康中国、强壮民族不可或缺的产业，对促进农村经济发展、增加农民收入具有重要作用。《"十四五"奶业竞争力提升行动方案》印发实施后，对于促进我国奶业产业发展、提高产品质量、形成民族品牌、推动奶业全面振兴和实现高质量发展发挥了极其重要的作用。

1.我国奶业产业发展成就斐然

一是奶业产业发展水平得到较大提升。经过不断地积累发展，我国奶业产业规模跃上新台阶。与世界奶业发达国家相比，有相当长的时期奶业规模和产业都比较滞后。1949年我国奶类产量只有21.7万吨，2022年全国奶类产量达到4026.5万吨，相比1949年增长了184.6倍，且奶牛规模化养殖比例为72%，规模化牧场100%实现机械化挤奶，95%以上配备全混合日粮搅拌设备。随着信息化、智能化和智慧化稳步提升，奶业产业水平已基本比肩国际一流水准，产业综合竞争能力进一步增强。

二是奶业产品质量安全处于较高水平。多年来，奶业积极推进诚信信用体系建设，推进奶业标准体系升级，推进奶业生产风险管理，扎实打造坚实的质量安全防线，奶业总体质量安全水平得到有效提升和保障。2022年，生鲜乳抽检合格率100%，三聚氰胺等重点监测违禁添加物抽检合格率连续14年保持100%。乳制品总体抽检合格率99.88%，婴幼儿配方乳粉抽检合格率99.98%。生鲜乳、乳制品抽检合格率在食品行业中长期保持领先水平。

三是奶业品牌建设快速发展。品牌是一个地区、一座城市、一个企业竞争力的综合体现。实施奶业品牌战略，激发企业积极性和创造性，培育优质品牌，引领奶业发展。发挥骨干乳品企业引领作用，促进企业大联合、大协作，提升中国奶业品牌影响力。近年来，我国奶业品牌建设工作有序推进、成效卓越非凡。从国内来看，内蒙古伊利实业集团股份有限公司、内蒙古蒙牛乳业（集团）股份有限公司、光明乳业股份有限公司、君乐宝乳业集团等20强企业，

2022年销售收入共计3441.2亿元，占规模以上乳制品加工企业销售总收入的72.9%；从国际来看，在2022年全球乳业20强中，伊利中国乳业以2021年销售额182亿美元，保持第5名，蒙牛中国销售额137亿美元，升至第7名。

2.推进奶业竞争力提升需要加强的工作

为实现奶业可持续、高质量发展，需要重点加强以下四方面工作：

一是重视并加强奶牛种业基地建设。良种是产业发展特殊而重要的生产资源，种业是基础性产业，也是战略性产业，种业振兴是产业振兴的基础和关键。我国奶业虽溯源历史悠久，但真正作为产业发展历程不长，其种业发展基础比较薄弱，目前尚存在奶牛优质种源自给率过低、缺乏科技创新能力等问题。需推进实施高产奶牛种源基地建设工程，依托美国、新西兰、澳大利亚等国际领先奶牛育种企业，加强奶牛胚胎、冻精良种引进繁育和种源基地建设，培育具有自主知识产权的奶牛优良品种。

二是构建完善奶业全产业链标准体系。整体构建涵盖优质牧草种植标准体系、优质奶牛养殖标准体系、优质奶产品加工标准体系和牧场粪污资源化循环利用标准体系，形成奶业全产业链标准体系。其中，优质牧草种植标准体系涵盖牧草产地环境标准、牧草种苗繁育标准、牧草投入品使用标准、牧草栽培技术规程标准、牧草病虫害防治标准、牧草节水灌溉标准、牧草机械化采收标准、牧草初加工标准、牧草储运标准等；优质奶牛养殖标准体系涵盖奶牛良种繁育标准、奶牛养殖环境要求、奶牛养殖技术规程、奶牛信息化管理方法标准等；优质奶产品加工标准体系包括优质奶加工设备要求、优质奶加工技术规范、优质奶厂管理技术要求、优质奶包装标准、优质奶收储标准、生鲜乳检测方法标准等；牧场粪污资源化循环利用标准体系涵盖粪污处理设备标准、粪污处理技术方法标准、粪污质量标准、粪污循环利用标准等。逐步形成以乳制品安全、绿色、优质和营养为梯次的，管理标准、技术标准、方法标准协调统一的全产业链标准体系。

三是推进种养循环优质奶业发展模式。提升奶品质量，加强优质饲草种植。把饲草产业作为农业结构调整的重要抓手，推进饲草料种植和奶牛养殖配套衔接，引导牧场与饲草种植加工企业组建产业联盟，实行订单化生产，保障奶业振兴可持续发展。按照绿色循环发展理念，以减量化、无害化、资源化、综合利用为原则，构建奶业绿色循环发展"生态链"。推进变废为宝资源化利用，开展粪肥收集处理施用全过程专业化服务，加快粪肥就地就近还田应用。深入推动农牧结合、种养循环，推广"养殖场＋有机肥企业"或"社会化服务组织＋种植农户"模式，提高资源化利用和无害化处理程度，以营造加强养殖废弃物资源化利用和推进绿色生态循环发展模式的良好环境，建立现代农业示范园区绿色循环发展的有效机制。

四是奶品质量安全监管与品牌发展共同推进。质量安全关系广大人民群众的身体健康和生命安全，优质奶品品牌事关国产奶品的消费信心和国民营养健康。虽然2008年三鹿奶粉事件已过去十多年，但是事件所造成的负面影响依然存在，切实保障好奶品质量安全，才能实现奶业全面振兴及高质量发展。一方面加强畜产品安全监管体系建设，建立从养殖环节到生鲜乳收购、运输全过程一整套的监管机制、责任体系，实现全过程、无缝隙监管。建成奶站视频监控联网系统和生鲜乳运输车GPS定位系统，对生鲜乳收购、运输、储存等环节实行全程监管，生鲜乳质量安全监管水平达到全国一流。另一方面加强品牌建设，打造国际奶业品牌集群，品牌化水平显著提高，品牌市场占有率、消费者信任度明显提升，品牌带动产业发展和效益提升作用明显增强。支持蒙牛、伊利等国内20强奶业企业参与国际权威奖项评选，全面提升我国乳品质量和美誉度，扩大市场竞争力和影响力。

案例十　**国务院办公厅印发《关于进一步加强商品过度包装治理的通知》**

案例概述

2022年9月8日，国务院办公厅印发《关于进一步加强商品过度包装治理的通知》（以下简称《通知》），部署强化商品过度包装全链条治理，在生产、销售、交付、回收等各环节明确工作要求。《通知》特别明确到2025年，月饼、粽子、茶叶等重点商品过度包装违法行为得到有效遏制，人民群众获得感和满意度显著提升；到2025年，基本形成商品过度包装全链条治理体系，相关法律法规更加健全，标准体系更加完善，行业管理能力明显提升，线上线下一体化执法监督机制有效运行，商品过度包装治理能力显著增强。

1.为落实过度包装治理提出更新更高的要求

治理商品过度包装早已不是一个新鲜话题。早在2007年2月，中宣部、国家发展改革委、商务部等部门就发布过强调节约资源、保护环境，反对商品过度包装的通知。2009年《国务院办公厅关于治理商品过度包装工作的通知》下发，推动治理工作取得积极进展。

此次发布的《通知》，提出要防范商品生产环节过度包装，从三个方面为企业特别是食品企业落实过度包装治理要求进一步指明了方向。

一是严格执法。《固体废物污染环境防治法》规定，生产经营者应当遵守限制商品过度包装的强制性标准，避免过度包装。近年来，反对商品过度包装理念已深入人心，但仍有部分生产企业重"颜值"轻"品质"，使商品包装超出包装正常功能。《通知》明确要求强化监管执法，部署市场监管部门针对重要节令、重点行业和重要生产经营企业，依法严格查处生产、销售过度包装商品的违法行为。

二是切实贯标。强制性国家标准《限制商品过度包装要求　食品和化妆品》

（GB 23350—2021）已发布。新标准规范了31类食品、16类化妆品的包装要求，规定了食品和化妆品的包装空隙率、包装层数、包装成本等方面的技术要求。《通知》部署工信等有关部门督促指导商品生产者严格按照限制商品过度包装强制性标准生产商品，细化限制商品过度包装的管理要求，建立完整的商品包装信息档案，记录商品包装的设计、制造、使用等信息；引导商品生产者使用简约包装；督促商品生产者严格遵守标准化要求，公开其执行的包装有关强制性标准、推荐性标准、团体标准或企业标准的编号和名称。

三是月饼等重点商品先行。为加强月饼、粽子等重点商品过度包装治理，国家已出台限制商品过度包装的强制性标准第1号修改单，规定了更加严格的要求，将强制性标准实施日期提前至2022年8月15日，要求月饼和粽子生产企业先做起来。《通知》将月饼、粽子、茶叶等列为过度包装执法监督的重点商品，并明确了这些产品过度包装治理的目标，要求到2025年，月饼、粽子、茶叶等重点商品过度包装违法行为得到有效遏制。相关生产企业要积极行动起来，快速"瘦身"。

2. 对商品流通企业作出明确部署

根据《通知》精神，为避免销售过度包装商品，有关部门务必要督促指导商品销售者细化采购、销售环节限制商品过度包装有关要求，明确不销售违反限制商品过度包装强制性标准的商品。商品流通企业需要做好以下三方面工作：

一是严格遵守强制性标准，不销售过度包装商品。商品流通企业应严格按照《限制商品过度包装要求　食品和化妆品》强制性国家标准及其修改单要求，认真开展商品的自查、自检工作，确保标准实施到位。应制定相应制度或措施，细化采购、销售环节限制商品过度包装有关要求，将拒绝过度包装落实到供应商选择及商品选品中。应向供应方提出有关商品绿色包装和简约包装要求，引导供应商执行《限制商品过度包装　通则》（GB/T 31268）国家推荐性标准。

二是履行主体责任，强化重点领域自律。目前，电商、外卖等消费新业态是商品过度包装问题的高发区，相关企业应完善管理要求，切实履行企业责任。电商企业不应销售违反强制性标准的过度包装商品，实现与线下销售企业要求一致。电商平台企业要加强平台内经营者主体资质和商品信息审核，积极配合监管执法。外卖平台企业要完善平台规则，对平台内经营者提出外卖包装减量化要求。餐饮经营者要对外卖包装依法明码标价。

三是引导绿色消费，避免不正当竞争。商品流通企业在营销活动中不应以商品包装为噱头诱导或者误导消费者作出购买行为，不对商品另行过度包装，不利用过度包装进行不正当竞争。应开展常态化、多样化的宣传，引导消费者树立绿色消费观，关注商品内在品质，购买和选用简约适度包装的商品。

3.遏制商品过度包装新举措

近年来，随着消费新业态快速发展，商品过度包装现象显著，治理工作仍存在不少薄弱环节和突出问题，为此《通知》特别明确了5方面14项新的政策举措，遏制商品过度包装现象。

一是高度重视商品过度包装治理工作。各部门务必充分认识进一步加强商品过度包装治理的重要性和紧迫性，在生产、销售、交付、回收等各环节明确工作要求，为促进生产生活方式绿色转型、加强生态文明建设提供有力支撑。

二是强化商品过度包装全链条治理。要加强包装领域技术创新，推动包装企业提供设计合理、用材节约、回收便利、经济适用的包装整体解决方案。在生产环节，要防范商品生产环节过度包装，督促指导商品生产者严格按照限制商品过度包装强制性标准生产商品，细化管理要求，建立完整的包装档案，公开其执行的包装有关标准编号和名称。在销售环节，要避免销售过度包装商品。有关部门要督促指导商品销售者细化采购、销售环节限制商品过度包装有关要求，明确不销售违反限制商品过度包装强制性标准的商品。在交付环节，推进商品交付环节包装减量化，指导寄递企业制修订包装操作规范，细化限制快递过度包装要求，并通过规范作业减少前端收寄环节的过度包装。在回收环节，要加强包装废弃物回收和处置，进一步完善再生资源回收体系，提高包装废弃物回收水平，进一步完善生活垃圾清运体系，持续推进生活垃圾分类工作。

三是加大监管执法力度。加强行业管理，进一步细化商品生产、销售、交付等环节限制过度包装配套政策，加强对电商、快递、外卖等行业的监督管理。强化执法监督，针对重要节令、重点行业和重要生产经营企业，聚焦月饼、粽子、茶叶、保健食品、化妆品等重点商品，依法严格查处生产、销售过度包装商品的违法行为，尤其要查处链条性、隐蔽性案件；对酒店、饭店等提供高端化定制化礼品中的过度包装行为，以及假借文创名义的商品过度包装行为，依法从严查处。压实电商平台主体责任，坚持线上线下一体化监管，建立健全对电商渠道销售过度包装商品的常态化监管执法机制。畅通消费者投诉渠道，适时向社会曝光反面案例。

四是完善支撑保障体系。健全法律法规，鼓励有条件的地方制修订限制商品过度包装地方法规。完善标准体系，制定食用农产品限制过度包装强制性标准，适时修订食品和化妆品限制过度包装强制性标准。强化政策支持，加强行业自律，将限制商品过度包装纳入行业经营自律规范、自律公约。

五是强化组织实施，有关部门要加强协同，加大指导、支持和督促力度，建立工作会商机制。地方各级人民政府要严格落实责任，健全工作机制，加强组织实施。各地区、各有关部门要加强宣传引导，鼓励购买简约包装商品，营造绿色消费的良好社会氛围。

经过政府部门长期努力，多数厂商和消费者对商品过度包装的危害性有了充分了解，然而时下的过度包装为何屡禁不止？这背后有消费心理、市场需求和消费新业态不断发展的影响，治理工作中的薄弱环节和突出问题也不容忽视。本次发布的《通知》，内容全面系统，目标明确、责任清晰、操作性强，为进一步加强商品过度包装治理工作提供重要指引，对做好新形势下商品过度包装治理工作具有重要意义。

案例点评

我国2009年版《限制商品过度包装要求 食品和化妆品》标准实施以来，在限制食品和化妆品过度包装方面发挥了积极作用，取得了初步成效。但是，部分食品和化妆品企业为追求高额利润，商品过度包装现象仍然存在，如设计和使用层数过多、空隙率过大、成本过高的包装等。国务院办公厅于2022年9月8日印发的新版《关于进一步加强商品过度包装治理的通知》，有助于更好地整合各方力量，共同推进食品简约适度包装行动的实施，避免资源浪费和环境污染，维护消费者合法权益。

1. 制止过度包装，政府部门需要严格执法

为遏制屡禁不止的食品过度包装现象，需要不断完善法律法规，并严格执法。

为制止食品等领域的过度包装，近年来，在我国出台的一系列法律法规和标准中，都有关于避免过度包装的规定，包括固体废物污染环境防治法、循环

经济促进法、清洁生产促进法、《国务院办公厅关于治理商品过度包装工作的通知》《国务院办公厅关于进一步加强商品过度包装治理的通知》，以及多项国家标准，如《绿色包装评价方法与准则》《限制商品过度包装要求　食品和化妆品》(含第1、2号修改单)、《限制商品过度包装要求　生鲜食用农产品》《〈限制商品过度包装要求　生鲜食用农产品〉强制性国家标准"十问"》《限制商品过度包装　通则》等。

为解决食品化妆品过度包装问题，有关部门对2009年版标准进行了修订，制定发布了新的2021年版《限制商品过度包装要求　食品和化妆品》国家标准。新标准规定了包装空隙率、包装层数和包装成本，以及相应的计算、检测和判定方法。具体内容包括：一是规范了31类食品、16类化妆品的包装要求；二是极大简化了商品过度包装的判定方法，消费者只需要查看商品本身的重量或体积，并测量最外层包装的体积，通过计算就可初步判定商品是否存在过度包装问题；三是严格限定了包装层数要求。新标准有利于引导绿色生产和消费，也有利于实现有效监管。

2.践行适度包装理念，行业协会应发挥积极作用

在遏制食品过度包装方面，行业协会可发挥重要作用。在这方面，不少协会已采取积极行动。

为更好地从供给端和消费端反对浪费、抵制过度包装，2022年4月25日，中国消费者协会联合中国轻工业联合会、中国包装联合会、中国食品工业协会、中国焙烤食品糖制品工业协会、中国酒业协会等14家主要行业协会，共同向广大经营者与消费者发出"反对商品过度包装　践行简约适度理念"的倡议。

此次倡议主要涉及九大方面，包括自觉履行法律义务、充分认识反对过度包装工作的重要性、严格遵守国家标准、抵制以商品包装误导消费者等。

倡议提出，相关各方要认真学习理解国家提出的"加快推动绿色低碳发展""开展绿色生活创建活动""加快形成绿色低碳生产生活方式""推动绿色低碳发展"等要求，树立绿色低碳新发展理念，充分认识反对浪费特别是反对过度包装等具体工作的重要性和紧迫性。

倡议明确，严格按《限制商品过度包装要求　食品和化妆品》强制性国家标准要求，认真开展自查、自检工作，尽早贯标、用标、达标，确保标准实施时整改到位。对于季节性强、消费人群多、情感因素大的月饼、粽子等食品，

提前执行国家强制性标准，更好规范和引导行业高质量发展，推动产品回归本身的属性。

倡议还倡导消费者树立理性消费观念，尽量购买和选用资源节约型产品，自觉选择简单适度的包装产品，抵制过度包装产品。

3.杜绝包装浪费，食品企业责无旁贷

近年来，食品过度包装的现象很多，造成了极大的浪费。在避免食品包装浪费方面，食品企业应积极承担主体责任，从多方面采取有效措施。

第一，严格按标准生产，拒绝过度包装。食品企业应及时关注标准的修订等变化，按照新的限制过度包装的要求组织生产。在众多食品中，月饼、粽子的过度包装问题更为突出，存在包装层数过多、包装空隙过大等问题，有的产品甚至还存在使用贵重材料、混装高价值商品等问题。为进一步让月饼和粽子包装"瘦身"、细化对月饼和粽子的包装要求，在2021年版《限制商品过度包装要求 食品和化妆品》国家标准的基础上，有关部门制定发布了该标准第1号修改单，自2022年8月15日起实施。第1号修改单的要求更加严格，食品企业应认真执行：一是减少包装层数，将月饼和粽子的包装层数从最多不超过四层减为最多不超过三层。二是压缩包装空隙，将月饼的必要空间系数从12降低为7，相当于包装体积缩减了42%；将粽子的必要空间系数从12降低为5，相当于包装体积缩减了58%。三是降低包装成本，对销售价格在100元以上的月饼和粽子，将包装成本占销售价格的比例从20%减为15%；对销售价格100元以下的月饼和粽子，包装成本占比保持20%不变。同时要求包装材料不得用贵金属和红木材料。四是严格混装要求，规定月饼不应与其他产品混装，粽子不应与超过其价格的其他产品混装。

第二，提升产业链管控水平，从供应端减少包装材料用量。食品是以农产品为主要原料加工而成的一种特殊产品，很多农产品如蔬菜、水果的含水量都很高，有的高达80%~90%。将含水量高的果蔬从农场运到食品加工厂，不仅需要大量的包装材料，还容易因果蔬腐烂而影响食品安全，造成环境污染。另外，运送含水量高的果蔬，要耗费较多的能源。为从原料端减少包装物用量，食品企业可延伸产业链，单独或与供应商合作，在原料即食用农产品生产基地就近建立原料加工厂。这样操作，可产生多方面的积极效应：一是对生鲜农产品进行加工，可缩小原料体积，减少包装物用量和能源消耗，既可节约成本，也有

助于构建低碳环保的绿色生产模式。二是可减少农产品腐烂的情况，在降低原料成本的同时，还可提高原料质量，更好保障食品安全。

4.不选购过度包装商品，呼吁消费者践行绿色低碳消费观

食品过度包装现象屡禁不止，原因有多方面，部分消费者对过度包装的追捧是其中之一。

过度包装的危害很多：一是造成资源浪费；二是污染环境；三是增加产品包装成本，这部分成本最终由消费者承担，从而损害消费者权益。

行业协会组织应该积极宣传过度包装的危害，助力消费者理性消费。一是树立简约适度、绿色低碳的生活理念，抵制奢靡、浪费的消费方式。二是抛弃"面子"心理，拒绝为过度包装食品买单。在购买月饼、粽子、茶叶、保健食品等食品时，应重点关注日期新鲜、配料健康、品牌信誉等实实在在的因素，主动选择简约适度包装、绿色环保、可循环利用的产品。不盲目追求"奢侈""高端""名贵"食材，让月饼、保健食品等产品消费回归正轨。三是不超量购买，以免食品过期变质而导致钱款损失和资源浪费。四是对市场上出现过度包装食品的销售情况，及时向有关部门举报，共同推进反浪费行动的实施。

总之，政府部门及行业组织等应该共同行动起来，在呼吁企业在过渡期内尽快整改达标的同时，也呼吁消费者尽量不选购过度包装的商品，以自身行动践行绿色低碳消费理念。

案例十一 "科技与狠活"走红网络引多方关注

案例概述

"合成山楂果茶""合成勾兑酱油""人工合成牛排""合成牛肉干"……2022年10月前后，在短视频平台，博主辛吉飞发布了一系列用食品添加剂勾兑制作食品的视频，其中多次提到"海克斯科技""科技与狠活"。同一时期，另一视频博主刘怂也因"一勺三花淡奶"揭露"速成浓汤"秘诀受到关注。二者共同将食品添加剂引向热议。有网友认为这是制造焦虑、博眼球和赚流量，也有网友称"学到不为人知的内幕"。他们到底是揭内幕还是贩卖焦虑？

1.只要量不超标，食品添加剂对人体就没有伤害

在电商平台搜索辛吉飞视频中提到的"肉味精""乙基麦芽酚"等食品添加剂或含食品添加剂的香精香料等调味料，会发现有的商家在页面直接宣称"烤鸭不香，来点狠的，客户排队购买的秘密""吃了还想吃，千里回头客"等，有的甚至称可除去一些变质异味。

事实上，并非所有的食品添加剂都是有害的。国家食品安全风险评估中心主任李宁介绍，"只有工艺技术上确实有必要，而且经过风险评估（属于）安全可靠的食品添加剂，才会批准使用"。我国对食品添加剂的使用采取了严格的审批管理制度，同时，对食品添加剂的适用范围和使用量，国家食品安全风险评估中心也有严格的规定。换言之，在合理范围内使用符合规定标准的食品添加剂，对人体并无危害。就像辛吉飞曾在视频中提到的"呈味核苷酸二钠"，其实就是一种增鲜剂，在各类食品中适量的添加是符合我国《食品添加剂使用卫生标准》的。

"大部分的食品都讲究符合大众口味，食品添加剂能进一步弥补原料的不足，使其符合消费者的期待。只要量不超标，对人体就没有伤害。"重庆体育科学研究所研究员、营养学博士李文建说。李文建认为，食品添加剂不仅可以满足加工工艺

的需要，延长食品的货架期，扩大销售范围，减少食品腐败，防止食源性疾病，还可以满足口味或营养的需求，形成更好的色香味。

2."海克斯科技"放大食品安全焦虑

当然，大众对"海克斯科技"的相信和追捧，也侧面反映了大家对市场上非法添加物的不满和抵制。从三聚氰胺奶粉到瘦肉精猪肉，从塑化剂饮料到苏丹红鸭蛋等，这些非法添加物顶着"食品添加剂"的名头大行其道，成为"妖魔化"食品添加剂的罪魁祸首。非法添加物并不等于食品添加剂，我国对于食品添加剂有着明确的规定和限制。

食品安全一直是一个敏感的话题，而"海克斯科技"的出现彻底将人们的食品焦虑推向了高点，让消费者对食品工业的信任感不断降低。从正面来讲，它让消费者对食品有了更多判断和选择的视角，但是过于片面的讲解，使本就对食品添加剂一无所知的部分群体，再一次失去对食品安全的正确判断。

有关"海克斯科技"话题事件，不仅引起了国内食品安全问题的一次大讨论，更是让食品企业谈虎色变。国内调味品行业的头部品牌海天便首当其冲。在2022年国庆假期期间，海天集团陷入食品添加剂"双标"争议。原因是在国外购买的海天酱油，配料表中只有水、大豆、小麦、食盐等原料，而在国内购买的海天酱油，配料表中含有多种添加剂。尽管企业已经三次公开对外说明，但舆论仍未停息，海天味业股票市值一度蒸发超460亿元。此外，市值万亿的美团、准备上市的蜜雪冰城等企业都被推到了风口浪尖上。

3.食品添加剂"有罪"吗?

毫无疑问，在这场信任危机中，食品添加剂本身并没有问题。

食品添加剂，是指为改善食品品质和色、香、味，以及为防腐和加工工艺的需要而加入食品中的化学合成或天然物质。抗氧化剂、着色剂、增稠剂、乳化剂、保鲜剂都是比较常见的食品添加剂。像β-胡萝卜素、姜黄素、果胶、茶多酚等添加剂还常应用于医药保健品。合法的食品添加剂有人工合成的，也有从植物、动物中提取的。

目前我国允许使用的食品添加剂达2300多种，常用的食品添加剂达900多种（见表2）。食品添加剂能够让食品味道更鲜美、保质期更长、食品种类更丰富。而公众谈食品添加剂色变，更多的原因是混淆了非法添加物和食品添加剂的概念。

表2　部分食品添加剂

序号	添加剂名称	别名	成分主要来源	类别
1	焦糖色	酱色	化合物	着色剂
2	乙酸	醋酸	水果、动物	增味剂、酸化剂
3	氯化钠	食盐	海水	增味剂
4	谷氨酸钠	味精	—	增味剂
5	乙醇	酒精	酒	增味剂
6	乙基麦芽酚	2-乙基-3-羟基-4H-吡喃酮	化合物	增味剂
7	黄原胶	汉生胶	—	增稠剂、悬浮剂
8	魔芋胶	—	魔芋	增稠剂、稳定剂、黏结剂
9	琼脂	冻粉、琼胶	石花菜，江蓠	增稠剂、乳化剂，保鲜剂
10	卡拉胶	麒麟菜胶	红藻类海草	增稠剂、胶凝剂、悬浮剂
11	明胶(吉利丁)	明胶海绵	动物	增稠剂、胶凝剂、稳定剂
12	聚葡萄糖	—	玉米	增稠剂，填充剂，配方剂
13	果胶	—	柑橘等果皮	增稠剂
14	瓜尔胶	瓜尔豆胶	瓜尔豆	增稠剂
15	阿拉伯胶	金合欢胶	金合欢树	增稠剂
16	棉子糖	棉籽糖	果蔬、稻谷	营养强化剂
17	丁香叶油	—	丁香花蕾	香精香料
18	果葡糖浆	—	植物淀粉	甜味剂
19	安赛蜜	AK糖	有机合成盐	甜味剂
20	三氯蔗糖	蔗糖素	蔗糖	甜味剂
21	甜蜜素		合成甜味剂	甜味剂
22	β-胡萝卜素	—	果蔬	色素、营养强化剂
23	姜黄(素)	郁金、宝鼎香	姜黄	色素、营养强化剂
24	大豆磷脂	—	大豆油油脚	乳化剂
25	单双甘油脂肪酸酯	单-双甘酯	化合物	乳化剂
26	磷酸二氢钾	磷酸一钾	无机化合物	膨松剂
27	乳酸钾	2-羟基丙酸单钾盐	化合物	抗氧化剂、增效剂
28	抗坏血酸	维生素C	果蔬	抗氧化剂
29	生育酚	维生素E	植物	抗氧化剂
30	茶多酚	抗氧灵	绿茶	抗氧化剂
31	柠檬酸钾	枸橼酸钾	化合物	防腐剂、pH缓冲剂
32	苯甲酸钠	安息香酸钠	有机化合物	防腐剂
33	山梨酸钾	2，4-己二烯酸钾	有机化合物	防腐剂

序号	添加剂名称	别名	成分主要来源	类别
34	丙酸钙	丙酸钙盐	化合物	防腐剂
35	聚乙二醇	—	高分子聚合物	被膜剂

据了解，食品添加剂根据实际使用情况可以分为三种：允许使用的添加剂，超量使用的添加剂，非法使用的添加剂。

网上曝光的食品安全问题，基本上都是滥用非法添加物导致的，像三聚氰胺、苏丹红、甲醛等。"科技与狠活"视频的传播，让人们认为食品添加剂都是不安全的。显然，某些舆论把一些非法添加物的罪名扣到食品添加剂的头上是不公平的，可能还会误导消费者。

4.违规使用添加剂问题仍存在

当然，并不是说只要是合规的添加剂就没问题，过量使用添加剂也存在食品安全隐患。一旦涉及消费者健康问题，国家不会袖手旁观，一定会给出非常严厉的处罚。例如，人们常听到产品因抽检不合格，某些含量超标被召回和处罚的新闻。2022年上半年，麦趣尔集团股份有限公司（简称"麦趣尔"）就因在生产麦趣尔纯牛奶的前处理环节中，将原奶导入存储罐过程中超范围使用食品添加剂，被罚款约7315.1万元，相当于赔掉近两年净利润。

此外，有一些不法商贩用添加剂来掩盖食物变质或质量缺陷，甚至通过添加剂伪造、掺假等。但是这些都是人为因素导致，不能因为存在过量使用的情况，就对食品添加剂全盘否定。

另外，一些消费者表示，以后只会购买纯天然的食品。然而，纯天然食品的保质期大都很短，食物无法长期保存，食物变质常有发生，而常见的天然防腐剂——糖和盐，多食并不利于人体健康。

实事求是地讲，食品添加剂是食品工业不可或缺的一部分。搜索公开信息发现，截至目前，我国还未发生过因为合法使用食品添加剂而造成的食品安全问题。作为消费者，应提高对食品添加剂的认知，科学地看待食品添加剂的使用。

目前，博主辛吉飞已带着他的"科技与狠活"从短视频平台注销，而他所留下的全民"食安恐惧症"，或许不会随着他的退出而迅速消亡。消化这场极端化"科普"所带来的烦恼，需要后续各方力量的积极参与。

案例点评

近年来，随着短视频平台的兴起，一系列揭秘"合成山楂果茶""合成勾兑酱油""人工合成牛排"的内容爆红网络，一些博主以"海克斯科技""科技与狠活"为标签，向公众展示了各种令人瞠目结舌的"食品魔法秀"：煮羊汤时来一勺"三花淡奶"即可让清汤秒变浓白；烤鱿鱼上涂"满街飘香油"，立马香气四溢引人垂涎……这些关于"食品内幕"的揭秘视频一经播出，如同平地惊雷，瞬间点燃了公众对食品添加剂话题的熊熊烈火。在短视频博主的渲染"揭秘"下，它被错误地等同于"狠活"，即过度使用添加剂、忽视食品安全和健康的做法。这种误解引发了公众对食品添加剂的恐慌和强烈抵触，以至于在购买食物时，他们不再仅仅聚焦于价格，而是更加关注包装背后的配料表，一旦发现含有食品添加剂，立马弃如敝屣，仿佛食品添加剂是威胁健康的"第一杀手"。这些自媒体误导了消费者的食品认知与食品消费，引起了社会严重关注。

首先，我们需要正确看待和认知"狠话网红"。民以食为天，食品关系到居民的健康、家庭的幸福、社会的和谐，是永恒的话题，随时随地均可引起热议。食，可以津津有味，话，可以津津乐道，有食之不尽的食材，有取之不竭的题材，或流传成传说，或演绎成经典。再者，我们有"语不惊人死不休"的信念，狠话狠说，狠话围观。狠话可以自带流量，狠话便自成景观。围观的人多了，自然就红了，红了就能带来利益，因此，熙熙攘攘，利来利往，造就了这有味的、有趣的、有利的"食品魔法秀场"，热闹的、热议的、热烈的"食品安全景观"。消费者自然难辨，特别是让狠话装上科技的芯片，狠话的酸甜麻辣味会更浓、更炫、更虚幻。消费者难辨狠话的真假，自然不识食品是否安全，成了实际的买单人。特别是狠话源于个人目的，为出彩、出风头，追求刺激、兴奋，给个人带来流量、利益，狠话会更为缥缈离奇、神采着迷。但狠话过后，激情消失，一地鸡毛，迷茫的是消费者，受伤的还是消费者。因此，正确看待和认知"食品网红"，核心要看是不是基于人民生命健康的宗旨，是否以消费者利益为中心，对违法添加、违法作假者，我们要依仗法律的武器，维护消费者的利益，而不能让狠话持续发酵，更不能让狠话成为"人文景观"。目前，国内食品安全状况是良好的，发展是向好的。为保证消费者的正当权益，生产要严、监管要严，各类制度需要不断完善，但也不能随意炒作事件、发酵狠话、借题发挥，打压一片，甚至造成恐慌。

其次，正确看待和认知"狠话网红"，需要一双专业的慧眼，加强食品科普。"海克斯科技"引起热议，恰恰映射出消费者食品安全意识的不断增强，这是一个积极的信号。但是，对于"海克斯科技"的理解，我们不能局限于、不能困惑于博主们所展示的"科技与狠活"的表象。这需要大家秉持一种更为科学、理性的态度来审视和判断，需要专业甄别：运用专业的科学知识、专业的识别能力，正确剖析"合成山楂果茶""合成勾兑酱油""人工合成牛排"等现象，正确了解加工食品和食品添加剂的基本概念。根据2009年6月1日施行的食品安全法中的定义，食品添加剂是指为改善食品品质和色、香、味，以及为防腐和加工工艺的需要而加入食品中的化学合成或天然物质。有了食品添加剂，冰淇淋口感才会绵软细腻，食用油才不会氧化变质，培根、火腿才能长时间保存。加工食品中的食品添加剂无处不在，比如我们一日三餐吃的食盐，制作豆腐的卤水，常见的维生素C、维生素D等，也属于食品添加剂中的一类——营养强化剂；食品添加剂使用历史也源远流长，从大汶口文化时期利用转化酶（蔗糖酶）酿酒的巧思，到周朝利用肉桂为食物增添香气的雅致，再到南宋时期"一矾二碱三盐"的黄金比例赋予油条独特风味的技艺，以及宋朝利用亚硝酸盐对腊肉进行防腐护色的创新，无一不彰显着食品添加剂在传统美食制作中的重要作用。从古至今，食品添加剂只是由于时代的变迁和认知的差异，导致其名称和形式各不相同，其目的从来就是让食品更"美"，赋予食品更好的色、香、味，让食品更"德"，赋予食品更好的营养与功能特性。食品本质属性就是一种"美德"，食品的核心价值包括健康维护与精神愉悦。因此，食品添加剂不会威胁健康，只要按照国家标准合理使用，不仅对消费者健康有益，还能保证食物的口感和品质。

人们之所以谈"添"色变，究其原因，主要可归结为两点：一是由非法添加物引发的重大食品安全事故，严重冲击了公众的信任体系，导致消费者错误地将非法添加物与合法食品添加剂的概念混为一谈。这些非法添加物，未经批准便擅自进入食品链，对公众健康造成了巨大威胁，比如震惊全国的三聚氰胺事件。而非法添加物并非食品添加剂，不应让食品添加剂成为非法添加物的替罪羊。二是部分不法商家无视国家法律法规，肆意超量、超范围地使用食品添加剂，扰乱了食品监管与食品消费，又让食品添加剂当了"背锅侠"。实际上，我国对食品添加剂的使用采取了极为严谨的态度，为各类食品添加剂制定了严格的使用范围和剂量标准，并经过了全方位、科学的安全性测试和评估，被列入国家标准的食品添加剂是合法且安全的，它们在正常使用条件下不会对人体产生不良影响。为守护"食品安全"这一民生大计，在加大对食品生产全链条的监管力度的同时，需要在食品安全舆情中及时发声，普及食品安全知识，为公众心中树立起可信赖的安全标准。只有这样，我们才能真正借助"海克斯科技"的力量，守护好"舌尖上的安全"。

案例十二　国家知识产权局：潼关肉夹馍协会无权收取商标加盟费

案例概述

2021年，潼关肉夹馍协会的商标维权案件在社会上引发大量争议。自2021年7月29日起，潼关肉夹馍协会以"侵害商标权"为由，将全国多家招牌上使用了"潼关肉夹馍"字样的小吃店、快餐公司等诉至法院，诉讼地域涉及内蒙古、河南、浙江、天津等全国18个省份。潼关肉夹馍协会要求被诉餐饮业主停止侵权并赔偿损失，也可选择缴纳会费、成为该协会会员。而在此之前，潼关肉夹馍协会申请注册了"潼关肉夹馍"商标，该商标是作为集体商标注册的地理标志。

2021年11月26日，国家知识产权局对此回应："潼关肉夹馍"商标注册人无权收取加盟费。当天下午，潼关肉夹馍协会就潼关肉夹馍商标维权一事发表致歉信，宣布立即停止商标维权行为。

1.全国上千家餐饮店被潼关肉夹馍协会起诉

据2021年11月25日的媒体报道：近日，潼关肉夹馍协会的商标维权案件成为社会热点。媒体搜索发现，从当年7月29日起，潼关肉夹馍协会以"侵害商标权"为由，将多家小吃店、快餐公司等诉至法院，几个月内有210个开庭公告，诉讼地域涉及内蒙古、河南、浙江、天津等全国18个省份。

2021年11月24日，有网友发现，潼关肉夹馍协会的官网疑似被黑，满屏飘满黑底绿字"无良协会"。有餐饮从业者向媒体反映，从2021年10月开始，全国各地多家餐饮商户遭到潼关肉夹馍协会起诉，原因是商户招牌中出现"潼关肉夹馍"字样。协会认为商户侵犯了其商标权，要求赔偿几千元至数万元不等。如果要继续使用"潼关肉夹馍"商标，需要缴纳9.98万元的商标加盟费，并每年缴纳2400元的年费。同时，不少餐饮商户在开庭前接到了协会方面庭外和解的沟通，但协会仍然要求商户赔偿并加入会员。

值得一提的是，"潼关肉夹馍"商标在注册成功后不久，就被授权给了潼关肉夹馍协会会长担任大股东的民营企业，由这家企业负责收取"潼关肉夹馍"加盟费。

河南洛阳某餐饮服务有限公司负责人梁先生告诉记者，仅洛阳市就有不低于200家商户被起诉，全国多地都组建了维权群。梁先生还提供了一份视频资料，资料显示，在潼关肉夹馍协会起诉呼和浩特某肉夹馍店等的公开庭审中，被告辩护律师提到，当时全国被起诉的餐饮店有上千家。

梁先生也收到了法院的传票，被潼关肉夹馍协会起诉，理由是涉嫌侵犯"潼关肉夹馍"商标权。协会要求他不得使用相关的字样，并且赔偿1万多元。

梁先生对此感到无法理解，也觉得非常突然。"此前从未与潼关肉夹馍协会打过交道，对方也没有提前通知，4、5月暗中取证后直接起诉，维权群里很多人甚至都没听说过这个协会。"梁先生说，"很多人一看到法院传票就怕了，而且看到对方拿着一份胜诉的判决书，都选择庭外和解。洛阳已经有不少小吃店撤下了标牌里的'潼关'二字，还有小店直接关门了。"

此外，还有山西河曲、陕西大荔，以及呼和浩特、西安等地的多家餐饮店老板接到了潼关肉夹馍协会的起诉，最早接到传票的商户是在2021年8月。其中一部分人选择赔偿；一部分人拒绝接受，正在积极准备应诉；还有人一审败诉，已提起上诉。

另有山西运城某商户告诉记者："这事儿闹得沸沸扬扬，上午我接到法官的电话，说会参考新闻判决。"

记者了解到，即便认赔，加入潼关肉夹馍协会的餐饮店也不多。在他们看来，"协会是通过维权讹钱，就不是个正经协会"。

此前，陕西潼关县商业部门工作人员向媒体表示，目前此事影响面较广，已经引起关注，潼关县政府相关领导正在和潼关肉夹馍协会开会协商。

2.国家知识产权局：潼关肉夹馍协会无权收取商标加盟费

2021年陕西的潼关肉夹馍掀起"商标风波"。众多卖肉夹馍的小吃店因名带"潼关"二字，被潼关肉夹馍协会起诉并被要求收取数额不菲的所谓加盟费。另据网友在第三方征信机构系统查询，潼关肉夹馍协会最近半年开庭公告达数百起，案由多为"侵害商标权纠纷"。舆论质疑，多地小吃协会起诉商户到底是合理维权还是"敲竹杠"？

天眼查信息显示，潼关肉夹馍协会自2016年6月6日登记注册，组织类型为社会团体。2019年10月31日，该协会登记了一项名叫"潼关肉夹馍+图形"的美术作品著作权，2018年起，不断申请注册"老潼关""潼关肉夹馍"等不同格式的商标信息。

有律师向媒体指出，本案的关键在于，潼关肉夹馍到底是不是通用名称。潼关肉夹馍注册成功的商标为集体商标，协会作为商标持有人有权进行维权。虽然商标的国际分类为方便食品、餐饮店经营行为属于餐饮住宿类，但可能被法院判定为近似侵权。

2021年11月26日凌晨，国家知识产权局回应此事："潼关肉夹馍"是作为集体商标注册的地理标志，其注册依据是《中华人民共和国商标法》《中华人民共和国商标法实施条例》和《集体商标、证明商标注册和管理办法》。经查，原国家工商总局商标局于2015年12月14日核准注册第14369120号"潼关肉夹馍"图形加文字商标，核定使用在第30类"肉夹馍"商品上。原商标注册人为老潼关小吃协会，2021年1月27日公告核准变更商标注册人名义为潼关肉夹馍协会。

而"潼关肉夹馍"是作为集体商标注册的地理标志，从法律上看，其注册人无权向潼关特定区域外的商户许可使用该地理标志集体商标并收取加盟费，同时，也无权禁止潼关特定区域内的商家正当使用该地理标志集体商标中的地名。

查询翻阅该协会"潼关肉夹馍"地理标志集体商标使用管理规则，记者了解到，在该地理标志集体商标的使用条件中明确表述了原产地域范围在潼关县的六个乡镇。受访业内专家认为，只有在上述原产地域范围内的商家加入潼关肉夹馍协会后，才能使用该商标；离开这些区域，即潼关特定区域外，不能使用该地理标志集体商标。

从这个意义上讲，如果潼关特定区域外的商贩使用了"潼关肉夹馍"这一地理标志集体商标，协会的成员是可以正当维权起诉的。但是，因为地理标志集体商标有严格的原产地限制，外地商家既不能入会，也不能异地加盟，自然不可以要求收取数额不菲的所谓会费、加盟费。

3.潼关肉夹馍协会道歉，承诺停止维权行为

2021年11月26日，据河南广播电视台民生频道大参考报道，潼关肉夹馍协会就潼关肉夹馍商标进行维权一事发表致歉信，向全国潼关肉夹馍经营者道歉。

潼关肉夹馍协会在致歉信中表示，给广大肉夹馍经营者带来了严重的困扰和麻烦。"经过全国众多媒体和专家学者的批评、指正和帮助，我们认识到了自身存在的错误，就是把协会'不忘初心、全心全意为潼关肉夹馍经营者服务'的宗旨丢掉了，我们深感自责，在此，诚恳向大家深深致歉！"

致歉信还称，立即停止对全国潼关肉夹馍经营者的维权行为。对前期维权的相关事宜，将会积极妥善处理。协会将继续为全国各地潼关肉夹馍经营者，从操作流程、工艺技术、质量特色等各个方面提供服务。

国家知识产权局也已责成地方相关部门深入了解事件进展，加强对各方保护和使用商标的行政指导，积极做好相关工作，依法依规处理有关商标纠纷，既要依法保护知识产权，又要防止知识产权滥用，处理好商标权利人、市场主体和社会公众之间的利益关系。

案例点评

"潼关肉夹馍"问题，表面上看是是否可以以地名作为商标的问题，但深层次的问题恐怕是是否涉及市场垄断的问题。在全国，类似以当地小吃作为商标注册的情况并不少见，如北京烤鸭、兰州牛肉拉面等，但以某种小吃成立协会，之后以协会的名义注册商标，然后再开始发起大规模的以维护商标权为由的诉讼，起诉其他也经营该种地方小吃的小业主，进行高额索赔，却是近年来频繁发生的事情。"潼关肉夹馍"的商标诉讼就涉及内蒙古、吉林、河南、浙江、安徽、天津、贵州、广东、河北、上海、辽宁等全国多个省区市。

从全国各地法院的判决来看，结果亦不相同，所以就有必要对该类商标问题作一简要分析。是否可以以地名作为商标的问题？这个问题的答案是明确的。商标注册的依据是商标法、《商标法实施条例》和《集体商标、证明商标注册和管理办法》。根据商标法的规定，县级以上行政区划的地名或者公众知晓的外国地名不得作为商标进行注册。然而，如果地名具有其他含义，或者作为集体商标、证明商标的一部分，例如"西湖龙井"或"绍兴黄酒"，则可以被注册为商标。此外，对于县级以下行政区划的地名，法律上没有明确规定不得作为商标，但在商标审查过程中会进行严格审查，以做到公权与私权的平衡，像"西湖龙井""信阳毛尖"之类。而集体商标是指以团体、协会或者其他组织名义注册，专供该组织成员在商事活动中使用，以表明使用者在该组织中的成员资格的标志。"潼关肉夹馍"就是个集体商标，它是当地一些经营"肉夹馍"的商户自己组织了一个协会，然后以协会的名义注册了该商标。该商标有自己的图形，专门设计的字形表达，而"潼关"则是一个通用的地名。所以，这个商标是以一个通用的地名加一个当地的普通小吃"肉夹馍"组成。商标法第五十九条第一款规定："注册商标中含有的本商品的通用名称、图形、型号，或者直接表示商品的质量、主要原料、功能、用途、重量、数量及其他特点，或者含有的地名，注册商标专用权人无权禁止他人正当使用。"该条规定中的"地名"在此应作广义理解，它不仅是行政区划单位属于"地名"，山川湖泊乃至景区名字应属于"地名"，如"泰山""长白山"等。该条款的本质是在一定的情况下，限制注册商标专用权人的权利，以使其与他人的正当利益在发生冲突时，为平衡及公正地保护各方利益，鼓励和保证公平竞争，维护社会经济正常秩序。

　　所以，当地的一些商户组成协会，并以协会的名义注册"潼关肉夹馍"商标本身并不违法。地理标志本属于区域公共资源，地理标志集体商标注册人大多是当地不以经营为目的的团体、协会或其他组织，其利用地理标志集体商标，获取加盟费等，对非会员经营潼关肉夹馍的经营收取会员费，否则就以侵犯商标权发起诉讼，这种行为在商标法上没有依据。潼关肉夹馍协会是以潼关本地商户为特征的地域性行业协会，非潼关籍或非潼关地区商户则无法加入，这是人员组成方面。而以这样一个特定的人员组成的协会去注册一个以本地地名为特点的普通商品的商标，并发表声明"潼关肉夹馍"商标为协会注册商标，声称协会依法享有注册商标专用权，要求其他商户即刻停止使用"潼关肉夹馍"注册商标、商号以及门头外观。这一声明的本质就是禁止他人使用，以达到垄断"潼关肉夹馍"这一地方小吃的经营目的，这显然与商标法第五十九条的规定不符。"潼关肉夹馍"作为商标注册的地理标志，其注册人无权向潼关特定区域外的商户许可使用该地理标志集体商标并收取加盟费，也无权禁止潼关特定区域内的商家正当使用该地理标志集体商标中的地名。

　　《最高人民法院关于知识产权侵权诉讼中被告以原告滥用权利为由请求赔偿合理开支问题的批复》写明，对于恶意提起诉讼的原告，被告依法请求该原告赔偿其因该诉讼所支付的合理的律师费、交通费、食宿费等开支的，人民法院予以支持。在最高人民法院针对"潼关肉夹馍"所引发的大规模诉讼发表上述回应后，潼关肉夹馍协会发表致歉声明，并撤回了相关诉讼。至此，由"潼关肉夹馍"商标引发的大规模诉讼才偃旗息鼓。

当然，关于何为"正当使用"，应从被诉侵权行为的商品性质、使用方式、使用范围等多方面综合判定。比如，大部分这类以地名加普通商品的商标都有自己的独特图形加文字组成的特定标识。而这些标识所组成的整体图案商标是受法律保护的。其他商户如果未经许可直接套用该商标，则构成商标侵权。故商标法第五十九条中，既有保护，又有限制，要完整理解。

案例十三 "辣条一哥"卫龙赴港上市

案例概述

2022年12月15日，卫龙美味全球控股有限公司（以下简称卫龙）正式在香港联合交易所主板挂牌上市，股票代码09985.HK，股票发行价格10.56港元/股。公告显示，卫龙此次拟全球发售9639.7万股股份，最多募资10.99亿港元。

当日上午，经过集合竞价，卫龙开盘价10.2港元/股。开盘跌超3%，收跌5.11%，报收10.02港元，总市值为236亿港元。被业内人士称为"辣条一哥"的卫龙，上市首日即告破发。

1.卫龙的发展历程

1999年，来自湖南的刘卫平来到河南漯河，创建卫龙并身兼董事长。20多年来，卫龙从一根辣条开始，逐步成长为集研发、生产、加工和销售为一体的现代化辣味休闲食品企业。卫龙总公司位于河南省漯河市，2022年，卫龙在上海成立副中心，目前已在全国各地建有多个工业园区和分公司。

根据公司官网介绍，"卫龙辣条"是因一碗牛筋面而诞生的。某天，刘卫平在漯河的一处河堤上遇到一位卖牛筋面的老太太，这碗牛筋面口感软糯劲道、弹牙耐嚼，与湖南老家特有的辣味酱料可谓天作之合，刘卫平当即被牛筋面打动，更是有了批量生产这种美味面食的想法。

经过多次调整改进牛筋面坯体的生产模具和设备，并在白色的胚体基础上加入焦糖和辣椒面后，刘卫平与技术人员共同研发出了颜色看起来有点像鳝鱼的产品，于是就起名叫"鳝鱼条"——第一根辣条由此诞生。后来因为名字写起来比较麻烦，便改成了"鱼条"。

随着产品逐步受到市场的认可，牛筋面生产设备几经升级产量猛增，从一台机器逐步增加到几十台。因其具有的独特辣味，越来越多的消费者称其为"辣条"，行业内也逐渐称此类产品为"辣条"。

2001年，刘卫平正式创办平平食品加工厂。2004年，卫龙商标注册成功，工厂从小作坊迁入漯河工业园，并从2006年起建设第二间工厂，还开发出大面筋、小面筋等产品。从2010年开始，卫龙引入明星代言，并入驻多个电商平台。

信息显示，总部位于漯河经济技术开发区的卫龙，主要从事辣味休闲食品业务，是农业产业化国家级龙头企业。2022年漯河市政府工作报告明确提出，推动卫龙食品、曙光汇知康、天壕生物等企业上市。经过20多年的发展，卫龙专注于做好一根辣条，从小产品做成大市场，逐步发展为集研发、生产、加工、销售为一体的现代化辣味休闲食品领头企业。从最初每天的6包面粉量，到现在每天上万包的面粉量、每年卖出100多亿包，热销30多国，保持"全球销量领先"地位。

卫龙旗下产品线涵盖调味面制品、菜制品、豆制品及其他品类，所涉及的重点产品包括大面筋、小面筋、亲嘴烧、麻辣麻辣、魔芋爽、风吃海带、78°卤蛋、霸道熊猫、小魔女和脆火火等。

2022年12月，卫龙在香港联合交易所正式上市。

2."辣条一哥"上市之路

卫龙的上市路可谓一波三折。2021年，卫龙就曾两度向港交所递交招股书，并于当年11月通过上市聆讯。2022年5月，卫龙上市申请材料失效后重新提交招股书，并在6月通过上市聆讯，11月23日再次更新招股书，此番终于成功登陆港交所，被业内人士称为"辣条第一股"。

招股书称，据弗若斯特沙利文数据，按2021年零售额计，卫龙在中国所有辣味休闲食品企业中排名第一，市场份额达到6.2%，市场份额超过其后四家同类产品企业的份额总和。据招股书显示，卫龙旗下4个单品，包括大面筋、魔芋爽、亲嘴烧及小面筋，年零售额均超过5亿元。

招股书显示，线下渠道仍是卫龙的主要阵地。截至2022年6月30日，卫龙与超过1830家线下经销商合作，销售网络覆盖了中国约73.5万个零售终端。从招股书来看，过去几年里，卫龙不仅收入在持续增长，毛利率也高于行业平均水平，但净利润增速明显放缓，2022年上半年收入也出现下滑。2022年上半年，卫龙收入约22.61亿元，同比下滑1.8%。而2019—2021年，卫龙的收入分别为33.85亿元、41.20亿元和48亿元。其中，贡献了近六成收入的调味面制品，在2022年上半年收入同比下降4.3%，卫龙解释称主要是由于新冠疫情复发影响公司的生产及交付，而公司因在2022年上半年对主要产品类别的新包装、生产工艺、配方或规格进行升级而作出价格调整，致使客户需要一定时间应对该价格调整，所以销量受到了暂时性的影响。

卫龙在2022年4月宣布，由于原材料价格不断上涨，将对部分产品的出厂价与建议零售价进行调整。而此前，卫龙还在2020年和2021年两次提价。招股书披露，2019年至2022年上半年，卫龙的毛利率分别为37.1%、38%、37.4%及38.1%。对此，卫龙指出2020年毛利率增长，主要是由于调味面制品售价上升及产品组合发生变动；而2022年上半年毛利率同比增长，则主要受产品售价上升带动。

招股书披露，2019—2021年，经调整卫龙的净利润分别为6.59亿元、8.21亿元及9.08亿元。2021年，卫龙的净利润同比增速仅10.6%，较2020年24.6%的同比增速低了14个百分点。而从年内利润来看，卫龙2021年的同比增速还不到1%。值得一提的是，2022年上半年，卫龙的期内利润为亏损约2.61亿元，除去与一笔首次公开发售前投资（Pre-IPO）付款等调整外，2022年上半年盈利约4.25亿元；上年同期盈利为3.58亿元。

卫龙发布的发售价及配发结果公告显示，卫龙此次上市募集的资金有五大用途。拟将约57%的上市募集资金用于扩大和升级集团的生产设施与供应链体系，约15%拟用于未来3—5年进一步拓展销售和经销网络，约10%将用于未来3—5年的品牌建设，约10%拟用于未来3—5年的产品研发活动及提升研发能力，约8%将用于未来3—5年推进集团业务的数智化建设。

从发售结果来看，卫龙在中国香港公开发售的股份及国际发售的股份均获超额认购，其中前者超额认购15.3倍，后者超额认购2.6倍。其中，分众传媒、阳光人寿、高瓴资本、腾讯、云锋基金、红杉资本、厚生投资、海松资本等知名投资机构纷纷入局，表明了投资者对卫龙基本面和发展前景的看好。

3.卫龙发展面临的挑战

辣条的本质是一种以面粉为主材料，辅以辛香料的"调味面制品"，由于成本较为低廉，而辣味食品具有一定"成瘾性"，逐渐成为一种广受大众喜爱的经典零食。卫龙经过20余年的发展，成为调味面制品的行业龙头和经典代表，并在发展的过程中将产品范围向其他辣味产品扩张。

从制作工艺和原材料的角度来说，调味面制品是一个几乎不存在入行门槛的产业，因此促进销量增长的因素更多是集中在品牌营销端上。在这方面，卫龙目前是当之无愧的行业龙头。根据招股书显示，截至2021年，公司在辣味休闲食品、调味面制品、辣味休闲素菜三个赛道上均为行业市占率第一，且超过第2至5名企业的市占率之和，大幅领先其他企业。

但放在整个休闲食品市场中，以辣条为代表的调味食品仅仅是休闲食品的一种选择，公司面临的竞争对手并不少。根据弗若斯特沙利文报告，按零售额计算，2021年中国休闲食品行业的市场规模为8251亿元，2016—2021年年复合增长率为6.1%。就上市公司角度来说，类似三只松鼠、洽洽食品等公司在休闲食品的市占率上均有较好的成绩。

对于卫龙来说，过往依赖辣条这一单一产品的经营结构很难支撑公司继续壮大规模，因此在新产品上的研发就成了公司下一步的方向。魔芋爽、海带丝等产品的成功，使得公司获得了进一步的增长曲线，也使公司坚定了拓宽产品路径的决心。除调味面制品外，目前公司已在辣味休闲蔬菜、辣味肉类零食、豆干豆皮及香脆休闲食品领域布局了产品，全面渗透辣味休闲食品。

2021年，卫龙研究院设立，开始了食品营养、健康食品、食品安全、生物技术、分析检测等方面的研究。在2022年的调味面制品行业标准发布会及调味面制品发展研讨会上，卫龙还与大连工业大学、河南工业大学、河南农业大学、郑州轻工业大学、江南大学5大高校，中粮粮谷、中粮油脂等机构签署了战略合作协议，将共同开展产学研合作。

卫龙的核心产品是辣条，产品的结构还不够丰富完善。由于产品线单一，卫龙正在面临增长乏力、缺乏新品接力的问题。卫龙方面表示，未来的发展方向，将秉持重研发、求创新、强质量的理念，继续联合国内外优秀科研机构，不断建立和完善食品管理规范和技术标准，破解行业发展难题，努力推进行业高标准、健康化、可持续发展。

案例点评

卫龙的赴港上市不仅是企业成长的里程碑，也是中国休闲食品行业转型升级的缩影，在全球休闲食品市场竞争日益激烈的背景下，卫龙的成功上市为其他企业提供了借鉴。

1.上市首日破发的原因与影响

破发是指公司首次公开发行股票后，股价跌破发行价。这通常反映了市场对公司未来盈利能力和增长前景的担忧。卫龙在港交所上市首日即告破发，开盘跌超3%，收跌5.11%。这一现象反映了市场对其估值的谨慎态度。尽管卫龙在辣味休闲食品领域具有领先地位，但投资者对其未来增长潜力和市场竞争力仍存疑虑。上市首日破发可能会对公司短期内的融资能力和市场信心产生一定影响，但并不意味着公司没有发展潜力，从长期来看，关键在于公司如何通过实际业绩和战略执行来赢得市场认可。

2.卫龙的品牌建设市场影响

品牌建设是指通过一系列市场营销和推广活动，提升品牌知名度、美誉度和忠诚度的过程。成功的品牌建设不仅能提高产品的市场竞争力，还能增强消费者的购买意愿和忠诚度。品牌建设需要长期地投入和持续地创新，以满足不断变化的市场需求和消费者偏好。

卫龙的品牌建设也值得关注。卫龙自1999年创立至今，逐步成长为集研发、生产、加工和销售为一体的现代化辣味休闲食品企业,其成功的关键在于持续的产品创新和品牌建设。通过不断改进产品配方和生产工艺，卫龙成功推出了多款受市场欢迎的产品，如大面筋、小面筋等。同时，卫龙将传统零食辣条与现代流行文化相结合，并通过明星代言和电商平台的布局，成功塑造了年轻、时尚的品牌形象，提升了品牌知名度和市场影响力。尤其是在年轻消费者中，卫龙的辣条成为一种文化符号，进一步巩固了其市场地位。这启示企业，即便是传统产品，通过创新的品牌定位和文化绑定，也能焕发新生，吸引年轻消费群体。

3.产品创新与市场扩展

卫龙专注于辣味休闲食品细分市场，并通过产品差异化来满足消费者对健康和口味的双重需求，如推出创新产品魔芋爽、海带丝等，成功拓展了产品线。这种多元化的产品策略满足不同市场需求和消费者偏好，不仅提升了公司的市场竞争力，还为其带来了新的增长点。产品多元化可以降低企业的经营风险，增加市场份额和盈利能力，企业应识别并深耕自己的细分市场，不断探索产品创新，以区别于竞争对手。成功的产品多元化需要企业具备强大的研发能力和市场洞察力，以确保新产品能够满足市场需求并获得消费者认可。卫龙在辣味休闲食品领域的成功，证明了产品创新在企业发展中的重要性。

同时，尽管卫龙在辣条市场中占据领先地位，但在整个休闲食品行业中，竞争依然激烈。类似三只松鼠等品牌在市场上也有着不俗的表现。卫龙仍需要不断创新，以应对市场的变化和消费者的需求。

4.渠道扩展与市场覆盖

成功的渠道管理可以提高产品的市场渗透率，增强品牌影响力和销售业绩。企业需要根据市场需求和竞争环境，灵活调整渠道策略，以确保产品能够迅速进入市场并获得消费者认可。

卫龙广泛的线下销售网络和经销商体系，是其市场覆盖和销售增长的基石。同时，面对线上电商的兴起，卫龙也迅速适应，构建了线上线下融合的销售体系，这在当前零售环境中尤为重要。企业应考虑多渠道策略，以适应消费者购物习惯的变化。

5.研发投入与产品升级

作为行业领导者，卫龙不仅要应对休闲食品市场的激烈竞争，还需关注食品安全和行业标准的提升。如何在保持风味的同时，提升产品的健康属性，将是未来发展的关键。卫龙在2021年设立研究院，开始在食品营养、健康食品、食品安全等方面进行研究。这种重视研发投入和产品升级的策略，有助于公司在激烈的市场竞争中保持领先地位。随着消费者对健康和多样化食品需求的增加，卫龙的未来发展值得期待。

长三角：形成食品安全追溯"一张网" 10个品种列入首批追溯名单

案例概述

2022年12月初，2022年度长三角区域食品安全联席会议（以下简称会议）在上海召开。会上，就《长三角地区食品和食用农产品信息追溯　第1部分：通则》（草案）（以下简称《通则》）形成共识的部分予以签署确认。

按照《长三角地区食品安全信息追溯体系建设战略合作协议》，会议明确将6大类10个品种列入首批追溯名单，还明确了长三角地区食品及食用农产品信息追溯的定义、基本要求和设计原则，其中包括追溯内容要求、追溯信息标识要求、追溯信息采集要求、追溯信息调用及相应要求编码规则等内容，为进一步推动追溯工作标准化建设打下良好基础。

1.食品安全信息追溯"一码溯源"

推动建立统一的食品和食用农产品安全数字化信息追溯体系，是长三角区域食品安全专题合作的重要内容。据了解，长三角区域一体化食品安全信息追溯平台将形成"1+X"管理模式。即一个可追溯平台，企业各类可追溯信息均可上传。在完成"托底"基础信息的汇集后，各主体更先进、更深入地追溯信息，都可上传，以鼓励技术的发展。启动长三角食品安全信息追溯平台，主要有4个目的：

一是整合各区域、各环节、各行业、各监管部门的食品安全信息追溯数据，形成区域内统一的食品安全信息库。长三角食品安全信息追溯平台应用大数据、人工智能技术，逐步形成长三角食品安全信息追溯"一张网"。

二是对区域内食品生产经营单位的主体信息、追溯信息、监管信息、抽检信息、舆情信息等方面进行多维度画像，形成可量化、可视化区域食品生产经营企业食品安全"维度图"。长三角食品安全信息追溯平台，通过试点研究制定契合长三角区域的食品安全信息追溯统一技术标准，推进食品安全信息追溯"二维码"等技术应用。

三是完善长三角地区食品安全信息追溯管理机制，形成跨区域食品安全信息追溯体系格局，打造长三角食品安全信息追溯"一网一图"。对于通过食品安全信息追溯所发现的食品安全违法行为进行联合打击，倒逼各类食品企业落实主体责任。

四是依托长江经济带食品安全应急协作机制，进一步加强信息共享通报、事件联合处置、技术互助协作、应急联合演练等措施，共同提升区域内食品安全突发事件处置应对能力。

2.将6大类10个品种列入首批追溯名单

本次会议列入首批追溯名单的6大类10个品种具体包括猪肉、大豆油、粳米（包装）、冷鲜鸡（包装）、豇豆、番茄、土豆、冬瓜、辣椒、婴幼儿配方乳粉。据媒体报道，2020年，上海、南京、无锡、杭州、宁波和合肥6个试点城市共同构建区域联动的食品安全信息追溯体系，已实现追溯信息互联共享。2021年9月，三省一市（浙江、江苏、安徽及上海）市场监管局联合制定《关于推进长三角地区保健食品生产经营企业食品安全信息追溯试点工作的指导意见》（以下简称《意见》），探索开展长三角保健食品安全信息追溯试点工作，加强保健食品生产经营企业食品安全信息追溯管理。

《意见》明确，相关省市场监管局将于2021年9月底前，在上海、南京、无锡、杭州、宁波、合肥等6个首批长三角食品安全信息追溯试点城市的保健食品生产企业中，选择2~3家保健食品生产企业开展试点，每家试点企业选择2~3个试点品种。并于2021年12月起，在试点保健食品生产企业生产的试点品种保健食品外包装上印制或粘贴追溯二维码。

《意见》要求，参与试点的企业应当建立食品安全追溯体系，利用信息化技术手段，确保食品安全追溯信息的真实性、完整性。相关企业生产保健食品或受委托生产保健食品出厂上市前，需在产品外包装上印制或粘贴追溯二维码，方便消费者查询，获取产品追溯信息；保健食品生产企业可以选择采用"一品一码"或"一物一码"的食品安全信息追溯形式。

《意见》指出，2022年将确定试点保健食品生产企业及其试点品种，实现试点企业食品安全信息追溯覆盖率、信息上传率均达到100%的目标。2022年，将确定试点保健食品经营企业，扩大保健食品生产企业试点范围，持续推进长三角地区保健食品生产经营企业食品安全信息追溯，并实现追溯信息共享。

据介绍，上述的"一品一码"或"一物一码"，即指每类产品或每件产品都有一个二维码，消费者扫码后可按生产日期或批次及购买网点查询产品的追溯信息。保健食品生产企业向下游经营企业供货时，可以采取"一单一码"的供货单信息追溯形式，而保健食品生产企业出厂销售产品时，向下游经营企业提供一张含有二维码追溯信息的供货单，下游企业可通过扫描供货单上二维码获取并上传保健食品追溯信息。

据统计，截至2022年12月，长三角食品安全信息追溯（区块链）平台共计接入追溯数据量1.59亿条，已上传追溯信息企业32436家。

3. 食品安全信息追溯常用方法

食品安全信息追溯，是指通过统一的食品安全追溯管理系统，运用现代信息技术手段，依法采集、留存、传递、应用生产经营相关追溯信息，实现规定类别、品种的食品和食用农产品来源、去向、问题可追溯的活动。《食品安全法》第四十二条规定，食品生产经营者应建立食品安全追溯体系，保证食品可追溯。

我国食品安全追溯系统包括政府主导型、第三方认证型和企业自建型三种。如农业农村部的牲畜耳标标识计划、商务部的肉菜追溯系统、中国物品编码中心的食品安全追溯平台及各省自建的食品安全追溯系统、食品生产企业可追溯系统等。

食品安全追溯系统是一套利用自动识别技术和信息化技术，帮助食品生产经营企业监控和记录食品原辅料、包材、生产加工、出厂检验、仓储运输、销售、消费者使用等全过程关键环节的信息，并把这些信息通过互联网、终端查询机、微信、电话、短信等途径，实时呈现给食品生产企业和消费者的综合性管理服务平台。食品安全追溯常用方法主要有以下3种：

一是产品标识方法。产品标识方法包括牲畜耳标（标牌）、纸质档案、一维码、二维码、电子标签、DNA指纹技术、虹膜识别技术、其他超微分析（同位素指纹分析、矿物元素指纹分析、有机成分分析、微生物菌群分析）等。

二是信息采集方法。信息采集方法包括利用无线传感网直接采集环境信息、利用智能化视频监控记录信息、利用RFID电子门禁系统记录操作员、手机拍照记录在记录卡上、检测报告电子化等。

三是终端查询方法。终端查询方法包括电话查询、网站查询、手机二维码识读、手机App订阅、微信公众号查询。

4. 食品安全追溯主要技术

食品安全追溯体系的建立依赖于计算机、互联网、物联网、数据库、云计算、信息识别与采集技术等相关的信息技术支撑。信息技术能最大限度地实现大数据管理和全产业链追溯。通过联网互动，对众多的食品安全信息进行转换、融合和挖掘，实现食品安全追溯信息管理，完成食品供应、流通、消费等诸多环节的信息采集、记录与交换。食品安全追溯主要有以下4种技术：

（1）无线射频。无线射频技术（RFID）也称电子标签。具体而言，就是在食品包装上加贴一个带芯片的标识，产品投料、进出仓库和运输过程中自动采集和读取相关信息，产品流向记录在芯片上，为后续产品流向追踪奠定基础。

（2）一维码。一维码技术即条形码加上产品批次信息（生产日期、生产时间、批号等），具体而言是指将宽度不等的多个黑条和空白，按照一定的编码规则排列，用以表达一组信息的图形标识符。最常见的一维码有EAN条码、128码等，而在商品上最常用的是EAN条码。

（3）二维码。二维码是比一维码更高级的条码，是用特定的几何图形按一定的规律在平面上分布的黑白相间的图形。常见的二维码码制有Datamatrix、QR码、PDF417码、汉信码等。二维码数据容量更大、占用空间小，具有抗损毁能力，且二维码的造价并不高。此外，一维码只包含数字和字母，而二维码则能存储汉字、数字和图片、音频等信息。目前，二维码被广泛应用于各类食品的追溯。

（4）在线赋码。在线赋码即通过打码设备在食品生产企业包装现场为食品外包装加载产品物流身份码。打码机分为油墨喷码机和激光打码机两种，可按实际需求选型。身份码可以以数字、一维码、二维码等方式组合体现。

（5）MES智能化信息追溯系统。应用MES智能化信息追溯系统，能够有效实现食品生产全过程记录的自动生成、配料工艺和生产过程追溯、设备清洗记录自动生成、设备状态自动查询、能源耗用信息自动查询等功能，完成了生产计划的电子分解和原料的批次传递。

案例点评 ·····································

食品安全可追溯系统，是食品安全控制的重要手段之一。从食用农产品的生产到餐桌的各个环节，包括种植、养殖到加工、储藏、流通等环节都可能发生食品安全问题，表明食品安全是全产业链的问题，食品安全的控制必须实现"从田间到餐桌"的全程控制。GMP（良好生产规范）、SSOP（卫生标准操作程序）、HACCP（危害分析与关键控制点）等多种手段，在食品安全控制上取得了一定的效果。但主要是对加工环节进行控制，缺少将整个供应链连接起来的手段，而食品安全可追溯系统是目前唯一的全程控制体系。

本案例中，"长三角：形成食品安全追溯'一张网'"，作为长三角区域食品安全专题合作的重要内容，具有重要的现实意义。

1. 实施食品安全可追溯是贯彻国家法律法规的具体体现

我国政府一直重视食品安全，习近平总书记多次对食品安全提出了目标和要求。《食品安全法》规定"国家建立食品安全全程追溯制度。食品生产经营者应当依照本法的规定，建立食品安全追溯体系，保证食品可追溯。国家鼓励食品生产经营者采用信息化手段采集、留存生产经营信息，建立食品安全追溯体系。国务院食品安全监督管理部门会同国务院农业行政等有关部门建立食品安全全程追溯协作机制"。2022年公布的国家市场监督管理总局第60号令《企业落实食品安全主体责任监督管理规定》中，提出了食品安全总监的职责包括督促落实食品安全追溯体系建设的责任要求。可见，实施食品安全可追溯是贯彻国家法律法规的具体体现。

2. 食品安全可追溯系统是有效的食品安全控制系统

在本案例中，明确了长三角地区食品及食用农产品信息追溯的定义、基本要求和设计原则，其中包括追溯内容要求、追溯信息标识要求、追溯信息采集要求、追溯信息调用及相应要求编码规则等内容。

食品安全控制，并不意味着在食品生产经营活动中不能使用农药、兽药、食品添加剂等物质，而是把食品中的有害物质控制在无害水平。对食用农产品生产环节，食品加工企业、消费者在采购食品时，以及监管部门在进行食品安全监督管理时，可以通过农产品生产的追溯内容、追溯信息，如农药品质、使用日期、使用量、农作物采收日期，对农药残留作出判断，从而规避农药残留超标的风险。对食品生产经营环节，可以通过对从业人员健康和个人卫生检查信息、原料验收和库存、使用信息、生产环境和工器具、机械设备的清洁消毒信息、热加工温度和时间信息，判断食品的安全质量。

3.案例体现了食品安全智慧管理

食品安全可追溯系统的建立，需要处理庞大的食品安全信息，编制数量巨大的识别码，是一个巨大的工程，不可能一蹴而就，是一个循序渐进的工程。

本案例中，列入首批追溯名单的6大类10个品种中，猪肉、大豆油、粳米（包装）、冷鲜鸡（包装）、豇豆、番茄、土豆、冬瓜、辣椒均属于大宗农产品，食用人群多、食用量大，其食品安全质量对消费者健康影响大，其中猪肉、豇豆、辣椒等产品容易发生食品安全问题；婴幼儿配方乳粉的食用对象婴幼儿对食品安全因素敏感。可见，首批列入的食品对食品安全控制的要求高，列入的名单体现了食品安全管理的科学性和实用性。

4.可追溯的覆盖范围符合现代食品消费的现况

目前我国的食品消费半径越来越大，享受异地产品的机会也越来越多，消费者不仅需要了解当地产品的食品安全信息，也需要了解其他地区产品的食品安全信息。本案例中，在上海、南京、无锡、杭州、宁波、合肥等6个首批长三角食品安全信息追溯试点城市开展食品安全可追溯系统的推行，实行信息共享通报、事件联合处置、技术互助协作、应急联合演练等措施，满足了消费者的要求，也有利于开展食品安全共治。随着可追溯实施的推进，必然会有更多的城市纳入可追溯系统，从长三角"一张网"逐渐形成全国"一张网"，形成覆盖全国的、符合现代食品消费现况的食品安全可追溯系统。

5."一品一码"或"一物一码"有利于打击食品安全违法行为

食品安全可追溯的"一品一码"或"一物一码"，使食品安全违法行为、不合格产品无所遁形，杜绝违法企业推诿的现象，倒逼各类食品企业落实主体责任。这有利于打击假冒其他企业品牌、制假售假等违法行为，有利于净化市场，维护合法生产经营企业的权益。

餐馆卖"拍黄瓜"被罚5000元 监管部门：可简化许可

案例概述

2022年7月，多个餐馆因"卖凉拌黄瓜被罚5000元"的话题在网上传播，并迅速登上热搜。这些餐馆被处罚的原因是未取得冷食类食品经营资质，违规售卖凉菜。对于这种处罚，有人认为有利于食品安全保障；但也有人认为，这种处罚过重，且不符合拍黄瓜等凉菜制售的行业现状，建议监管部门出台更加合理、更加审慎的管理措施。

为顺应食品经营新形势和监管需求、维护良好的食品经营环境，在保障食品安全的基础上，2023年6月15日，国家市场监管总局发布新修订的《食品经营许可和备案管理办法》（以下简称《办法》），对拍黄瓜、泡茶等简单食品制售行为，作出简化许可的规定。《办法》自2023年12月1日起施行。

1.多家餐馆因"拍黄瓜"被罚

2022年入夏以来，安徽省合肥市几家餐饮店因卖"拍黄瓜"凉拌菜被罚的消息被广泛传播，合肥一酸菜鱼店因无资质经营凉拌黄瓜甚至被罚5000元。

据2022年8月1日的媒体报道，龙先生（化名）是合肥市包河区某酸菜鱼望湖城店的负责人，该店曾在2021年因无资质在外卖平台上卖凉拌黄瓜，被处罚5000元。消息显示，2021年11月，有人向12315举报，反映该酸菜鱼店在外卖平台售卖凉拌黄瓜，但其未取得冷食类食品经营资质，要求对其进行查处。市场监管人员对该店经营场所及其在外卖平台上的网店进行检查，发现这家店在外卖平台上经营冷食类食品情况属实。

合肥市包河区市场监管局查明，包河区某酸菜鱼望湖城店有营业执照和食品经营许可证。店铺于2018年7月11日取得食品经营许可证，许可项目包括预包装食品（含冷藏冷冻食品）销售、热食类食品制售，但没有冷食类食品制售。该店于

2020年5月起在外卖平台经营凉菜，通过外卖平台经营凉菜的货值金额为244元，违法所得244元。

市场监管部门认为，当事人未经许可在外卖平台经营凉菜，违反了《网络食品安全违法行为查处办法》，构成未经许可经营冷食类食品的违法行为。包河区市场监管局最终决定对当事人予以没收违法所得244元、罚款5000元的处罚。

2.售卖"拍黄瓜"凉菜需有"冷食制售"资质

"拍黄瓜"属于一种凉菜和冷食，餐馆因售卖"拍黄瓜"等凉菜被罚的案例不仅在安徽发生，在山东、浙江、北京、湖南、广东等多省市均发生过。这些餐饮店被罚的根本原因是，他们超营业范围从事冷食经营。

业内人士指出，相对于热食而言，冷食对食品加工环境和加工过程的要求更高。热食经过煮沸、烘烤或煎炒等高温处理，可有效杀灭致病菌及大多数非致病性微生物，其食品安全性更有保障。而凉菜没有经高温杀菌，更易受细菌等微生物的感染，特别是制作过程中如存在生熟不分、混用刀具及案板等情况时，更容易导致食材受到微生物污染，从而引发食物中毒事故。

为保证食品安全，餐馆如想经营"拍黄瓜"等凉菜，需获得"冷食类食品制售许可"资质。不过，这需要具备一定的条件：不低于5平方米的独立操作间，具备二次更衣的消毒设施，空气消毒设备和独立的空调。而对于小型餐馆来说，这些投入是一笔不小的负担，会在很大程度上降低小餐饮店的利润率。所以，不少小餐饮店不愿办理冷食类食品制售许可，而违规制售凉菜等冷食。

3.餐饮店主：已缴纳完罚款并获得冷食许可

也是在2022年8月1日，龙先生还告诉记者，作为一家当地的小餐馆，他们经营范围，就只是制售一些家常菜，而在网络平台上，店铺所销售的"蒜泥黄瓜"等菜品，也都是平时家常菜中的常见菜品，因此被罚时还觉得有点冤。

他说，当时之所以被罚，是因为有人在网上举报。"我们确实意识差了一些，在申请食品经营许可时，没有注意到还有冷食类经营许可的细则，以为食品经营就是包含这个。"但他也提出了自己的疑问：对于无证经营凉菜的行为，罚款标准是什么？又如何界定"超范围经营"？

龙先生介绍，店铺在网上销售的凉菜，以凉拌黄瓜为例，价格在十几元不等，后来市场监管部门处罚时，他们也觉得很蒙。工作人员出具相关规定和具体文件时，他们才意识到，原来冷食类经营许可是有明文规定的。

龙先生告诉记者，事后他们于2021年11月25日，申请变更了营业执照和食品经营许可证，2021年12月14日取得新的食品经营许可证增加了冷食类食品制售资质。

4.当地市场监管部门回应：有法可依

与龙先生所在店铺的遭遇类似，合肥市庐阳区又驰餐饮店也因为售卖凉拌黄瓜，被罚5000元。

2021年10月，合肥市市场监管局下发处罚决定书。经调查，合肥市庐阳区又驰餐饮店现场进行凉菜制售，但该店的食品经营许可证中经营项目为预包装食品（含冷藏冷冻食品）销售，热食类食品制售，经营项目中无冷食类食品制售、生食类食品制售。而该店销售的凉菜有凉拌黄瓜、凉拌西红柿、盐水毛豆。国家市场监管总局认为，当事人的行为违反了《网络食品安全违法行为查处办法》，当事人超过许可的经营项目范围从事食品经营。

在庐阳区市场监督管理局官方网站上，贴有对合肥市庐阳区又驰餐饮店的行政处罚决定书，其中"主要违法事实"一栏显示：该店超过许可的经营项目范围从事食品经营，违反了《网络食品安全违法行为查处办法》第十六条第一款的规定。庐阳区市场监督管理局作出没收违法所得4740元、罚款5000元的行政处罚决定。

检索发现，根据《网络餐饮服务监督管理办法》，网络餐饮服务第三方平台提供者应当对入网餐饮服务提供者的食品经营许可证进行审查，登记入网餐饮服务提供者的名称、地址、法定代表人或者负责人及联系方式等信息，保证入网餐饮服务提供者食品经营许可证载明的经营场所等许可信息真实。

而因为外卖销售凉菜在运输过程中风险更大，如果市场监管部门发现当事人未经许可在外卖平台上经营凉菜，按照《网络食品安全违法行为查处办法》规定，构成未经许可经营冷食类食品的违法行为，应依据《网络食品安全违法行为查处办法》和《中华人民共和国食品安全法》相关规定予以行政处罚，根据当事人相应罚款处罚。

5.新规出台，简化"拍黄瓜"许可

"多个餐馆因卖凉拌黄瓜被罚5000元"的状况受到业内外高度关注。不少人认为，一份"拍黄瓜"被罚5000元，处罚过重且不符合凉菜制售的行业现状。也有人

提出，很多小作坊、卤菜摊都在销售冷食，是不是都需具备冷食类食品经营许可？为更好保障食品安全和维护良好的食品经营环境，科学推进食品经营许可，2023年6月15日，国家市场监管总局公布了修订后的《食品经营许可和备案管理办法》，自2023年12月1日起施行。

《办法》规定，从事餐饮服务活动，应取得食品经营许可。餐饮服务包括热食类食品制售、冷食类食品制售、生食类食品制售、半成品制售、自制饮品制售等，其中半成品制售仅限中央厨房申请。

《办法》聚焦企业反映的堵点难点问题，对"拍黄瓜"、泡茶等简单食品制售行为作出了简化许可的规定。《办法》第十四条明确，食品经营者从事解冻、简单加热、冲调、组合、摆盘、洗切等食品安全风险较低的简单制售的，县级以上市场监管部门在保证食品安全的前提下，可适当简化设备设施、专门区域等审查内容。

《办法》结合行业发展、食品安全风险状况等，进一步明晰办理食品经营许可的范围和无须取得食品经营许可的具体情形，将实践中容易导致责任落空且有迫切监管需要的连锁总部、餐饮服务管理等纳入经营许可范围，并从风险管控角度，增加并细化了单位食堂承包经营者、食品展销会举办者等的食品安全主体责任。

《办法》还重新梳理了食品经营许可经营项目和主体业态分类，并对每一类别分别明确了具体分类情形以及许可和监管要求，增强了可操作性；按照行政处罚法有关要求，根据违法行为的事实、性质、情节以及社会危害程度，设置不同幅度的罚则，对于可以改正的违法行为，设定了责令限期改正等柔性措施。

案例点评

一款常见的小凉菜，引发食品安全大波澜。2022年7月，多起餐馆因"卖凉拌黄瓜被罚5000元"的事件引发了社会广泛关注。这一看似不起眼的"拍黄瓜"事件，实则折射出食品安全监管的严格与必要，也暴露出部分餐饮企业在食品安全管理上的疏忽与不足。在此，我们有必要深入剖析这一事件，以期从中汲取教训，共同守护"舌尖上的安全"。

当时，多家餐馆因未取得冷食类食品制售许可，擅自销售"拍黄瓜"等凉拌菜而被市场监管部门处以罚款。这些餐馆中，有的因在网络平台上销售凉菜被举报，有的则在店内直接销售时被查。罚款金额虽为5000元，但对于许多小微餐饮企业来说，无疑是一笔不小的负担，同时引发了业界对于"职业打假人"的议论。

职业打假人，作为消费者权益保护的一种特殊力量，其初衷在于揭露市场中的不法行为，维护消费者权益。然而，当这一行为被过度利用，甚至演变为一种牟利手段时，其积极作用便大打折扣。在"拍黄瓜"事件中，部分职业打假人通过精准捕捉餐馆在食品经营许可上的细微瑕疵，进行高额索赔，这不仅让餐馆经营者感到压力巨大，也让社会各界对职业打假的正当性产生了质疑。

从监管角度来看，食品安全无小事，每一道菜品、每一份食材都直接关系到消费者的健康与安全。市场监管部门对餐馆销售凉拌黄瓜等冷食类食品进行严格监管，是履行法定职责、保障公众健康的必要之举。冷食类食品由于未经过高温处理，更容易滋生细菌、病毒等微生物，加工、储存、运输等任何环节出现疏漏，都可能引发食品安全问题。因此，要求餐馆取得冷食类食品制售许可，是确保食品安全的重要防线。

从经营主体的角度来看，虽然罚款金额不低，但更应反思的是自身在食品安全管理上的不足。作为餐饮企业，规范经营、守法经营是生存之本。在追求经济效益的同时，绝不能忽视食品安全这一底线。餐馆应严格按照相关法律法规要求，办理相关证照，完善食品安全管理制度，加强员工培训，确保从食材采购到菜品上桌的每一个环节都符合安全标准。

长期以来，食品经营许可制度在保障食品安全方面发挥了重要作用，但烦琐的审批流程和严格的许可要求也在一定程度上增加了小微企业和个体工商户的经营成本。如何既能有效监管，又能保护经营主体的积极性？2023年6月15日，国家市场监管总局发布新修订的《食品经营许可和备案管理办法》，对"拍黄瓜"、泡茶等简单食品制售行为作出简化许可的规定。这一举措正是对市场呼声的积极回应。通过简化"拍黄瓜"、泡茶等低风险食品制售的许可流程，降低了市场准入门槛，让小微企业和个体工商户能够更加便捷地开展经营活动，从而释放出更多的市场活力和创造力。

有消费者会问，简化许可会不会放松对经营主体的监管力度和要求？事实上，新修订的《办法》在简化许可的同时，并未放松对食品安全的监管要求。相反，它根据食品经营的风险等级进行了科学分类，明确了不同类别食品经营活动的许可和监管要求。对于高风险食品制售行为，如生食类食品、冷加工糕点等，依然保持严格的许可和监管标准；而对于低风险食品制售行为，如"拍黄瓜"、泡茶等，则适当简化了许可流程，实现了风险管理与市场活力的有效平衡。这一修订不仅体现了市场监管的灵活性与科学性，更彰显了政府激发市场活力、优化营商环境的坚定决心。

同时，在简化许可的基础上，新规还进一步压实了食品经营者的主体责任。它要求食品经营者必须严格遵守食品安全法律法规，建立健全食品安全管理制度，确保所售食品的质量和安全。同时，对于违反规定的行为，监管部门将依法依规进行查处，保障消费者的合法权益。这种"放管结合"的监管模式，既激发了市场活力，又保障了食品安全。

《办法》的出台，标志着我国食品经营许可制度进入了一个新的发展阶段。它将以更加科学、合理、便捷的方式，促进食品经营活动的健康发展，为人民群众提供更加安全、放心的食品。

总的来说，市场经济是法治经济，任何经济活动都必须在法律框架内进行。餐馆作为食品经营主体，必须严格遵守食品安全法律法规，确保所售食品符合安全标准。未取得冷食类食品制售许可而擅自销售凉拌菜，是对消费者健康的不负责任。因此，无论出于何种原因，餐馆都应承担相应的法律责任。

"拍黄瓜"事件虽小，却折射出食品安全监管的严峻形势和市场秩序的复杂性。市场监管部门要以此为契机，深刻反思并不断完善食品安全监管体系和市场秩序建设，呼吁广大餐馆经营者坚守诚信底线、提升管理水平，共同营造一个安全、健康、有序的市场环境。只有这样，我们才能共筑起食品安全的坚固防线，守护好人民群众"舌尖上的安全"。

案例十六　国家市场监管总局公布《明码标价和禁止价格欺诈规定》

案例概述

2022年6月2日，国家市场监督管理总局以第56号令公布了《明码标价和禁止价格欺诈规定》（以下简称《规定》），自2022年7月1日起施行。《规定》取消了标价签监制制度，要求经营者销售、收购商品和提供服务时，应当按照市场监督管理部门的规定明码标价。

1.起草背景

2000年原国家计委第8号令《关于商品和服务实行明码标价的规定》（以下简称《明码标价规定》）、2001年原国家计委第15号令《禁止价格欺诈行为的规定》（以下简称《禁止欺诈规定》）是价格监管执法的重要依据，对保护消费者和经营者合法权益、维护市场价格秩序发挥了重要作用。

但随着经济社会发展，两部规章已难以适应价格监管执法需要，迫切需要制定更科学、更准确的标价方式和价格欺诈认定规则。如《明码标价规定》中的标价内容"六要素"已脱离实际，"标价签监制"等要求也较为僵化，甚至成为变相行政审批。同时，经济社会发展对价格监管执法提出许多新要求，特别是在数字经济领域中，经营者的标价方式、价格欺诈行为都与线下经济有很大不同，表现形式更加复杂，呈现出许多新特点。此外，2021年实施的行政处罚法对行政执法提出了新要求。当前阶段，政府有必要通过修订两部规章，体现新的立法精神。

2.遵循四项原则

本次国家市场监管总局发布的《规定》遵循以下四项原则：

一是精简框架，坚持科学合理。原两部规章及配套解释共有条款52条，经过全面梳理提炼，《规定》共有条款27条，体例更合理、逻辑更清晰、规则更科学；

同时，大幅删减了两部规章中滞后和不符合实际的条款，补充完善了对经营者价格行为的规定，增强规章的可操作性，提升监管效能。

二是增设新规，坚持与时俱进。随着数字经济的发展，经营者各种新型价格标示和价格欺诈行为对价格监管执法提出新问题、新要求。规章必须作出相应调整，才能满足执法实践需要。针对数字经济领域的新特点，《规定》增加了对网络交易经营者价格行为的规定。

三是化解难点，坚持问题导向。价格欺诈是价格违法行为中较为突出的问题，严重侵害消费者和其他经营者的合法权益。针对《禁止欺诈规定》中对价格欺诈的规定较为分散、复杂、滞后的问题，《规定》将价格欺诈认定规则进一步凝练，使价格欺诈认定更加科学合理。

四是宽严相济，坚持过罚相当。《规定》在总结执法经验基础上，根据具体情形，对不宜认定为价格欺诈的行为设置豁免条款。同时，明确可以依法从轻、减轻或者不予处罚的情形，体现过罚相当的立法精神以及处罚与教育相结合的原则。

3.主要内容

《规定》共有27条，主要内容包括总则、明码标价规则、价格比较和价格欺诈行为认定规则、法律责任等四个部分。

（1）总则

本部分明确了规章的立法宗旨和制定依据，界定明码标价和价格欺诈的基本概念，对经营者的标价行为提出原则性要求。同时，对交易场所提供者的特别义务作出规定。

（2）明码标价规则

《规定》所称明码标价，是指经营者在销售、收购商品和提供服务过程中，依法公开标示价格等信息的行为。包括四方面内容：一是规定明码标价的主体、内容、形式等；二是规定经营者在标价时应当真实准确、货签对位、标识醒目；三是取消标价签监制，规定经营者可以采用多种有效形式进行明码标价；四是规定经营者销售商品或提供服务时应当标示的价格要素。

本部分规定了经营者应当遵循公开、公平、诚实信用的原则，不得利用价格手段侵犯消费者和其他经营者的合法权益，扰乱市场价格秩序。

（3）价格比较和价格欺诈行为认定规则

本部分主要规定经营者在进行价格比较、折价、减价、赠送时的规则要求，明确列举予以禁止的价格欺诈行为。强调价格比较信息要真实准确，规定折价、减价时禁止采用的计算方式，对采取赠品形式促销提出具体要求，并对网络交易经营者的价格行为作出原则性规定。同时，规定了不属于价格欺诈的豁免情形。

（4）法律责任

本部分规定了具体法律责任的确定，依据《价格法》《价格违法行为行政处罚规定》等规定执行，对交易场所提供者的特殊法律责任作出新规定，对依法从轻、减轻或不予处罚的情形予以明确。例如：

第二十三条，经营者违反本规范第十六至二十条规定的，由县级以上市场监督管理部门依照价格法、反不正当竞争法、电子商务法、《价格违法行为行政处罚规定》等法律、行政法规进行处罚。

第二十四条，交易场所提供者违反本规定第四条第二款、第三款，法律、行政法规有规定的，依照其规定；法律、行政法规没有规定的，由县级以上市场监督管理部门责令改正，可以处三万元以下罚款；情节严重的，处三万元以上十万元以下罚款。

第二十五条，交易场所提供者提供的标价模板不符合本规定的，由县级以上市场监督管理部门责令改正，可以处三万元以下罚款；情节严重的，处三万元以上十万元以下罚款。

第二十六条，经营者违反本规定，但能够主动消除或者减轻危害后果，及时退还消费者或者其他经营者多付价款的，依法从轻或者减轻处罚。经营者违反本规定，但未实际损害消费者或者其他经营者合法权益，违法行为轻微并及时改正，没有造成危害后果的，依法不予处罚；初次违法且危害后果轻微并及时改正的，可以依法不予处罚。

4.明码标价主要形式

《规定》第九条对经营者明码标价使用的文字、币种等形式作出规定，要求经营者标示价格，一般应当使用阿拉伯数字标明人民币金额，使用规范汉字标示其他价格信息，可以根据自身经营需要，同时使用外国文字，确保价格信息的准确传达。民族自治地方的经营者，可以依法自主决定增加使用当地通用的一种或者几种文字。需要说明的是，如果法律、行政法规对标价形式有特别要求，经营者还应当执行特别规定。例如，《直销管理条例》第二十三条规定，直销企业应当在直销产品上标明产品价格，该价格与服务网点展示的产品价格应当一致。直销企业在进行明码标价时，还应当遵守《直销管理条例》的特别规定。

为充分发挥明码标价有效传递价格信息的功能，《规定》第十二条还对明码标价的形式做了进一步细化，规定经营者可以选择采用标价签（含电子标价签）、标价牌、价目表（册）、展示板、电子屏幕、商品实物或者模型展示、图片展示以及其他有效形式进行明码标价。金融、交通运输、医疗卫生等同时提供多项服务的行业，可以同时采用电子查询系统的方式明码标价。县级以上市场监管部门可以发布标价签、标价牌、价目表（册）等的参考样式。

5.被明令禁止的八种行为

《规定》明确提出，经营者不得实施以下八种价格欺诈行为：一是谎称商品和服务价格为政府定价或者政府指导价；二是以低价诱骗消费者或者其他经营者，以高价进行结算；三是通过虚假折价、减价或者价格比较等方式销售商品或者提供服务；四是销售商品或者提供服务时，使用欺骗性、误导性的语言、文字、数字、图片或者视频等标示价格及其他价格信息；五是无正当理由拒绝履行或者不完全履行价格承诺；六是不标示或者显著弱化标示对消费者或者其他经营者不利的价格条件，诱骗消费者或者其他经营者与其进行交易；七是通过积分、礼券、兑换券、代金券等折抵价款时，拒不按约定折抵价款；八是其他价格欺诈行为。

6.其他相关内容

《规定》还明确了网络交易经营者不得实施行为及不属于价格欺诈等情况。关于网络交易经营者不得实施的行为，主要包括以下四种：一是在首页或者其他显著位置标示的商品或者服务价格低于在详情页面标示的价格；二是公布的促销活动范围、规则与实际促销活动范围、规则不一致；三是其他虚假的或者使人误解的价格标示和价格促销行为；四是网络交易平台经营者不得利用技术手段等，强制平台内经营者进行虚假的或者使人误解的价格标示。

关于不属于价格欺诈情况，《规定》第二十一条规定了三类情形：一是经营者有证据足以证明没有主观故意；二是实际成交价格能够使消费者或者与其进行交易的其他经营者获得更大价格优惠；三是成交结算后，实际折价、减价幅度与标示幅度不完全一致，但符合舍零取整等交易习惯。

《规定》同时指出，自本规定施行之日起，《明码标价规定》及《禁止欺诈规定》同时废止。

案例点评 •••

　　2022年6月2日由国家市场监管总局发布的《明码标价和禁止价格欺诈规定》，对明码标价作出具体要求，进一步细化明码标价相应规则，规范经营者标价行为。自同年7月1日实施以来，从提高消费者认知、减少信息不对称及预防和制止价格欺诈等方面，《规定》对保障消费者与经营者等合法权益具有重要意义。

1.明码标价意识深入人心

　　时下，北京市场中的贸易商厦或农贸档口比比皆是。大门口彩旗招展，彩球高悬，"保护消费者合法权益""明码标价买卖公平"横幅或电子屏幕十分醒目。随着购物人流，笔者来到某档口前，只见商品价格一目了然，全部使用的是物价部门统一制作的绿色标签，基本上做到了价签价目齐全、标价准确、字迹清晰、一货一签、标志醒目。有消费者反映：看着这标价，买东西感到放心多了。

　　我国物价部门曾规定经营者要使用红蓝绿三种标签标示商品价格，红色指国家价格，蓝色指本市本地价格，绿色指市场价格。而今，商店里大部分吃穿用产品都实行市场调节价，"三色标签"逐渐被淘汰，曾有一段时间，若干地方和企业以为自己定价，就可以随意一些，导致某些商品不能明码标价和不规范明码标价现象的发生。生活中，大家也听到不少稀里糊涂挨"宰"受骗的遭遇。比如，有人在广东吃一盘生菜被要100元，有人在上海喝一杯咖啡花了90元，有人在北京烫头发被强索1000元等。事先没问价，事后叹倒霉，消费者发出质问："天地良心，上哪儿说理去？"

　　现在，随着《规定》的实施，明码标价不再仅仅表现在标语上，而是以一种法规约束的形式体现在具体的物质上面。商品明确标上价格，可以增强市场交易的透明度，可以有效地防止价格欺诈行为。人们可以根据自己的经济实力及生活实际等进行采购。

　　给商品明码标价，体现了商家的信誉，也是对经营行为的一个起码要求。一名售货员就说，实施明码标价规定以来，我们增强了对市场的责任感。标不标价，确实给人们的感觉大不相同。

2.有助于消费者买个明白

现在人们购物，既有在线下商超、便利店等实体店掏钱的，也有在线上网站下单的，但不管购买什么，花钱多少，大家总希望买个明明白白。一位消费者曾向笔者谈起他在某电商平台挑选西瓜时的心情："别看价码标得清清楚楚，还写明是超甜薄皮、正宗冰麒麟等，可我总担心买得不值，花了冤枉钱。"说起来，有这种感受的人真不在少数。那么，如何才能不当"冤大头"呢？行家们说，货比多家，择优而从，是不可缺少的一个办法，同时需要请消费者多了解些价格知识和消费常识，增强自我保护意识。

评价一种商品的标价是否合理，需要搞清楚价格的形成过程。按经济学的解释，价格是商品价值的货币表现形式，由成本加上合理利润构成。以西瓜为例，在计划经济年代，西瓜零售价为"成本+利润+税金"。其中，成本主要包括种子肥料原辅料费、采摘工时费、运输动力费和仓储保管费等，利润最高不得超过20%，然后再由商家加上10%~20%的差价，这就是零售价格。现在，西瓜价格靠市场调节，在一定程度上不再以成本为基础，而需要服从市场供求关系，随行就市，再加上其中难以量化的包装、品牌加盟等附加值，就出现了让人捉摸不透的卖价。在我国目前平均利润率一时没有形成的情况下，消费者选择商品时心态各异，价码的公平尺度很难保持一致。众多消费者在购物实践中已经悟出，要想买个明白，还须理直气壮地依法行使自己的权利，维护自己的权益。那么，如何去依法呢？

如今实施的《规定》就是法律，明码标价不能简单理解为仅标示价格，经营者还应当标示与价格密切相关的其他信息，尽可能减少信息不对称，对商品或者服务的价值，消费者和经营者都应该有更为清晰的认识，从而减少价格欺诈行为的发生。

有了法律撑腰，消费者再不用像以往被劣质产品、标价所骗而忍气吞声。有了法律规范经营行为，经营者提供的商品和服务必须保证质量与安全，符合市场行情。有了这些，消费者往后在购物时就能减少大量不明白之处。

3."明码标价"不等于"明码实价"

人们在为如今商品明码标价叫好的欣悦之余，也常常感到遗憾，甚至还有些困惑：为什么同样商品会有多种"吊牌"价格？

确实，当物价"走"入市场后，这种情况并不鲜见。综合考虑一线城市与四线五线城市的消费水平，产地与非产地的地域差别等，面对同种商品在一定幅度内的不同标价，人们尚能理解。因为大家已经告别了统一定价的"计划经济"年代，现在市场经济中的商品价格，必然要依靠价值规律而定，并随着供求关系的变化而上下波动。但令不少人困惑的是，同一种商品在相同销售条件下，价格悬殊得离谱，同一商品对不同的顾客也索价不同，"看人下菜碟""杀熟"等现象层出不穷。一些商品要价的依据，似乎既不是商品价值，也不是供求关系，而是信口开河，"宰一个算一个"。大量事实表明，品牌商品在明码标价上向来做得不错，而价格欺诈等问题往往出现在集贸市场、街头摊商或租赁柜台上，这些地方常作"上有政策下有对策，道高一尺魔高一丈"的文章。

比如某平台上的薄皮麒麟西瓜1斤约5元，到了另外一个平台，同样声称"薄皮麒麟"的西瓜，1斤约1元，两者相差近4倍。花10多元买下一个约10斤重的西瓜后，一个深谙"砍价"之道的买主说，商贩们明面上标价的水分太大，如果顾客不明就里，就只有挨"宰"了。人们日常还有存车、买药、餐厅吃饭等消费行为，但遇到的消费价格就好像餐馆菜单上常见的"时价"，很难让人感到"准谱"，不时令人心生困惑。

随着《规定》的落地实施，标上价格，可以规范市场价格行为，防止不明商业行为，促进公开、公平交易，维护消费者合法权益。毫无疑问，明码标价比不标价要好太多。然而，也希望广大消费者清楚地认识到，从明码标价到明码实价，我国市场还有相当一段艰辛的路要走，还有赖于方方面面的共同努力。

总之，维护良好价格秩序和消费环境离不开广大消费者的监督，当遇到商家不按规定明码标价时，建议大家及时通过拨打12315投诉举报电话，或者在全国12315平台进行网上投诉等方式，向市场监管部门投诉举报，以维护自身的合法消费权益和维护市场经营的公平性。

案例十七　**校园食品安全被持续关注　配餐公司成为重点**

案例概述 ●

2022年3月5日晚，有网友发布视频称，位于天津市西青区的某配餐公司加工过程中存在环境脏乱、餐具清洗不彻底等问题。2022年3月6日，天津市市场监督管理委员会发布通报称，该市市场监管委会同市公安局等部门成立联合调查组，进驻企业展开调查，已责令该涉事企业暂停营业。

此前，2021年11月23日，河南省封丘县也发生一起配餐公司事件。"30余名学生餐后集体呕吐腹泻""校长痛哭称换不动送餐公司"等成为广大网友热议话题。2021年11月27日，封丘县委、县政府通报称，联合调查组初步判定该事件是一起食源性疾病事件。相关部门对负有监管责任的工作人员已立案调查。另据媒体报道，涉事配餐公司负责人吕某、李某，因"涉嫌生产、销售不符合安全标准的食品罪"，已于2021年11月29日被封丘县公安局刑事拘留。

1.网传视频称配餐公司环境脏乱

天津配餐公司事件中，有网友在事发当晚发布一段"天津一学生配餐企业脏乱差"视频。该视频为一名临时工所拍，他当天临时到劳务市场找活，对方给他介绍了一份送餐的工作，到地方才发现是给学生配送营养餐。他拍摄的视频画面显示，在不查看健康证明的情况下，对方通过中介给他安排了一个送盒饭的临时工作。据介绍，他看到给学校配送盒饭的配送中心工作环境恶劣，地上布满食物残渣，饭盒和半加工的食物随意放在地上的塑料盒内，当时室内温度高达30多摄氏度。在视频中博主这样形容道："如果把上午的工作比作厕所，那么下午的工作我就像掉进了粪坑，因为实在太恶心了。"

除了装配食物和配送过程令人作呕外，视频中工作人员还把用过的午餐饭盒直接放在充满洗涤剂的大水盆里清洗——水盆里的水已被洗成了浑浊的黄色，就这样简单冲刷后，午餐饭盒被垒起来准备继续使用。在后厨工作间清理剩饭、清洗饭盒时，饭盒未彻底冲洗便直接从有大量泡沫的水中捞出放置在脏乱的配餐地面上。

"幸亏我早晨没吃饭，要不然看到这些能把早饭全吐出来。""一想到学生们中午就吃这些东西，心里有说不上来的负罪感。"视频博主如是说。

2. 又是"欣程达"

通过天津配餐公司事件视频截图，记者发现"欣程达员工"字样。据了解，"欣程达"微信公众号上的机构名称为天津市欣程达营养餐配送中心，该配餐中心服务的学校包括天津市第二南开中学、西青富力中学、天津聋人学校、天津市第五十五中学、耀华中学、天津市实验小学、汇文中学等学校。

天眼查显示，天津市欣程达营养餐配送中心成立于2006年7月17日，注册资本为0.1万元人民币，经营者为赵洪海。该企业于2018年1月获得热食类食品制售许可。

搜索发现，天津市欣程达营养餐配送中心已不是第一次受到质疑。早在2017年，天津市《政民零距离》栏目就曾收到网友投诉，反映"天津市模范小学很多孩子午餐后同时呕吐发烧腹泻"，质疑送餐单位食品安全问题。据天津市教育委员会的回复，当时为学校配餐的餐饮公司正是天津欣程达营养餐配送中心。天津市教育委员会在回复中称，该公司具有A级资质，通过招标进入。回复中还提到，网友反映的"大面积食物中毒"与实际情况不符，个别学生经医院就诊，实为肠胃性感冒，与吃的食物没有关系。

2022年3月6日，另一网友也在社交媒体上证实了这一2017年的旧闻，她表示孩子小学就是由天津欣程达营养餐配送中心配餐，2017年时就出过事，并表示现在孩子就读的初中也是由这家公司配餐的。"作为一个天津家长，我一夜没合眼。"

3. 涉事企业被吊销营业执照，经营者被处100万元罚款

天津配餐公司所涉视频引发社会广泛关注。2022年3月8日上午，由天津市市场监督管理委员会与市公安局等部门联合成立的调查组，发布"处置欣程达营养餐配送中心违法违规问题联合调查组"通报调查结果称：目前，已责令该涉事企业暂停营业。

通报称，网络举报反映的临时雇用人员未经培训进入加工环节作业、健康证查验不严、操作间地面食物残渣留存的问题均属实。

通报表示，网络举报反映食品餐盒清洁操作不规范的问题，经调查，问题不属实。经现场调查，企业餐具清洗全过程包括残渣清理、洗洁精浸泡、清洁冲洗、高温消毒等环节，调查组委托第三方法定检测机构对餐具进行的抽样检测结果为合格。网络举报反映的问题线索只涉及前两个餐具清洗环节，没有完整、客观反映企业餐具洗消全过程。

通报称，依据食品安全法、《中华人民共和国食品安全法实施条例》有关规定，对于涉事企业存在的临时雇用人员未进行健康检查，未取得健康证明上岗工作，操作间地面食物残渣存留，未严格按照餐饮服务操作规范实施生产经营过程控制的违法违规行为，已吊销欣程达营养餐配送中心营业执照和食品经营许可证；对欣程达营养餐配送中心经营者赵洪海处以100万元罚款，禁止其从事食品行业。

另外，对运送人员车辆超载问题，天津市公安机关已依法作出罚款、扣分等处罚。

4. 河南封丘送餐公司更换不了

天津配餐公司事件之前，2021年11月23日，河南省封丘县发生一起"营养午餐致学生呕吐腹泻"事件。当天，河南省新乡市封丘县赵岗镇戚城中学30多名学生吃过学校的营养午餐后，出现呕吐、拉肚子现象。学生反映："豆腐有点馊，烩菜有点腥。"

学校校长表示，这家送餐公司是经过当地教育局招标选定的，一直为学校提供配餐服务。他心痛地表示，作为校长，他觉得自己没有尽好职责，无法给学生们一个安全的饮食环境。然而，他又无法更换这家由教育局指定的送餐公司，所有的决策权掌握在教育局手中。

2021年11月26日，封丘县政府发布公告称，成立调查组对学生餐后集体呕吐腹泻问题展开调查，叫停北京志宏恒达商贸有限公司的每日供餐，对身体出现不适的师生逐一进行家访。目前，除3名仍在封丘县人民医院接受治疗的学生外，其余师生身体状况均已恢复正常，无其他不良症状。2021年11月27日，记者从封丘县人民医院了解到，3名留院学生被诊断为"急性肠胃炎"。

2021年11月27日，河南省封丘县官方消息称，由封丘县纪委、公安局、卫健委、教体局、市场监管局等多部门组成的联合调查组，综合病人的临床表现、流行病学调查和实验室检测结果，初步判定是一起食源性疾病事件。

通报中还提到，11月23日事件发生后没有及时上报并负有监管责任的县教体局副局长王念四，目前已停职、接受立案调查。此外，对县教体局食管办负责人吕勇、县市场监管局副局长闫文峰、食品经营安全监督管理股负责人王宝帅等人，立案审查调查。对采购项目招投标过程和涉事企业经营行为进行深入调查，如发现违纪违法行为，将依纪依法严肃处理。

2021年11月27日，新乡市教育局下发了《关于进一步加强冬季学校食品安全工作的紧急通知》，要求严格落实食品安全校长（园长）负责制，严格执行食品原料进货查验和可追溯制度，加大对学校食堂和校外供餐的监督检查力度。

5.市场监管部门加强校园食品安全监管

为保障学生饮食安全，国家市场监管总局随即出台了一系列监管措施。例如，为统筹做好高考、中考期间校园食品安全监管和常态化疫情防控工作，积极防范化解校园食品安全风险，保障广大考生餐食安全。2022年5月25日，国家市场监管总局办公厅发布了《关于加强2022年高考中考期间校园食品安全监管工作的通知》（以下简称《通知》），其中特别提到了"加大对校外供餐单位的隐患排查力度"。

据《通知》要求，各地市场监管部门要把保障高考、中考期间校园食品安全作为当前正在开展的"守底线、查隐患、保安全"专项行动的重要内容，加大对学校食堂、校外供餐单位、校园周边食品经营者等重点单位，肉制品、乳制品、水产品、蔬菜水果、进口冷链食品等重点品种的隐患排查力度，及时督促相关单位整改存在的食品安全问题。《通知》要求，该整改的必须在高考、中考前整改到位，该停止经营的必须在高考、中考前停止经营，对存在食品安全违法行为的食品经营者必须从快从严查处。

下一步，国家市场监管总局将继续联合教育部进一步采取措施，落实学校主体责任，防控校园食品安全风险。

案例点评

食品安全问题一直是我国高度重视的问题，而校园里的食品安全问题则是国家关注的重点，校园内食品安全不仅关系到学生的身体健康，更牵动着千家万户的心，一旦出现问题将严重影响社会的和谐稳定。

　　近年来随着校园餐饮由第三方平台配送的服务推广和普及，统一采购、统一烹饪、统一配送模式减轻了学校后勤的压力，也解决了学生就餐的难题。但由于种种原因，本是利校惠民的平台多次出现食品安全的事件，以致屡屡受到诟病。

　　校园食堂服务的对象大多是未成年人。未成年人的生理和心理发育不成熟、自我保护意识较弱。当他们遇到食品安全问题时不一定能第一时间发现和鉴别。因此，校园食品安全监管更为特殊和重要。

　　在我国，保障校园食品安全有法可依。国家有关部门制定了《学校食品安全与营养健康管理规定》《关于进一步加强校园食品安全工作的指导意见（征求意见稿）》等，各地也陆续出台了地方保护校园食品安全相关的法律法规，据不完全统计，截至2024年上半年就有近千个制度文件。国家对于校园食品安全的法律法规和措施不断完善，旨在通过制度建设和监督管理，确保广大师生的饮食安全。这些法律法规从管理体制、学校职责、食堂管理、外购食品管理、食品安全事故调查与应急处置、责任追究等多个方面，对校园食品安全管理流程加以规范。要求食品安全监督管理部门加强学校集中用餐食品安全监督管理，依法查处涉及学校的食品安全违法行为，要求学校集中用餐"实行预防为主"，健全安全风险防控体系，保障食品安全。2021年修订的食品安全法明确规定，学校等集中用餐单位的食堂应当严格遵守法律法规和食品安全标准；从供餐单位订餐的，应当从取得食品生产经营许可的企业订购，并按照要求对订购的食品进行查验。可见，学校不仅要保障食品安全，还担负着查验供餐单位食品的责任。

　　为何在如此完善的法规面前，校园平台餐饮食品安全问题仍然时有发生？造成校园平台配送的因素虽然很多，但主要集中在两点：一是平台大多数都是为了利益，所以在关于基础设施的建设上不愿投入太多资金。二是工作人员大都是聘请的外来务工人员，工作不稳定，卫生意识不强。每年的食品安全培训工作则大多是针对平台以及学校管理人员，做不到每个工作人员都能接受正规的卫生安全知识培训，导致食品制作过程不规范等问题出现。此外有学校在平台制作的过程中缺乏有效监管，存在食品安全隐患。

　　由此看来，把法律法规和监管全过程落到实处是保障校园配餐平台食品安全的有效措施。

　　首先，需落实主体责任，学校要当好第一责任人。学校要从思想上重视食品安全，严格履行校园食品安全主体责任，严格实行食品安全校长（园长）负责制，督促食品安全总监和食品安全员履职尽责，推进日管控、周排查、月调度工作机制落地落实。要加强食堂平台的全过程监督，不能仅看资质而对管理放手不管，还要确保食品安全落到实处，学校要派食品监管专员到学校食堂巡视。要加强对平台的考核监督，在细节管理上要精益求精，确保从食品采购、进货查验、食品贮存，到加工制作、餐饮具清洗消毒、食品留样等，每个环节都不能放松，及时消除食品安全隐患，将食品安全工作做细、做实、做好，才能从源头上防范校园食品安全事故的发生。严格落实学校相关负责人陪餐等制度，要实现师生餐点统一配送，真正做到师生同菜同价"同吃一锅饭"。

其次，要"严"字当头。学生在校园吃得安全是学校培育好下一代的基本前提，是职能部门监管的头等大事。监管部门要从细节入手，坚持用最严谨的标准、最严格的监管、最严厉的处罚、最严肃的问责，增强食品安全监管统一性和专业性，通过依法依规查处食品安全违法违规行为，建立健全校外供餐单位引进和退出机制，严格履行招标程序，切实履行监管责任，不留空白、不留死角，从严从实从细抓好校园食品安全监管工作，更好地守护学生们"舌尖上的安全"。

再次，实现全社会共建体系。食品安全法第十条规定"鼓励社会组织、基层群众性自治组织、食品生产经营者开展食品安全法律法规以及食品安全标准和知识的普及工作，倡导健康的饮食方式，增强消费者食品安全意识和自我保护能力"。校园食品安全是一个系统性工作，点多面广环节多，既要健全全链条监管机制，更要严格公开透明的公众监督。在科技发达的今天，应大力推进校外供餐单位和学校食堂"互联网＋明厨亮灶"，实现智慧监管赋能，让家长可通过手机App、市场监管平台查看学校后厨的情况，实现实时监管、全民监督。鼓励家长委员会等参与校园食品安全管理，形成社会共治的制度，进一步扎牢校园食品安全的篱笆。

最后，对于严重校园食品安全事故，要进一步加大处罚力度，提高违法成本。

校园食品安全，事关学生身体健康，事关国家和民族未来，怎么重视都不为过。因此，要进一步压实各方责任，推动此类问题的根治。让校园食品干干净净，需要相关各方各尽其力、各司其职，齐抓共管、形成合力，织密校园食品安全网，让每一个学生都能健康、快乐地成长。

案例十八　休闲零食行业市场显著增长　市场集中度进一步提高

案例概述

据媒体消息，2022年，尽管新冠疫情的反复对我国终端消费造成了一定冲击，但在居民消费向食品类商品转移和居家消费场景的强化下，我国休闲零食市场实现逆势较快增长。以上市公司为代表的休闲食品企业，主营业务收入多数实现业绩较好增长。

1.休闲零食市场实现快速增长

2022年，居民消费偏谨慎的同时，食品类消费持续提升。新冠疫情下社会生活相对封闭，人际交流和商务、娱乐活动减少，居家消费场景得到显著强化，美味方便的休闲零食成为人们宅在家中消磨时间、减缓压力、愉悦精神的重要需求，而休闲零食与餐食之间边界的模糊也拉动了部分品类和品牌的快速增长。根据国家统计局数据，全国居民2022年人均食品烟酒消费支出7481元，同比增长4.2%，占人均消费支出的比重为30.5%，相比上年提升了1.3个百分点。另外，根据媒体测算，2022年我国休闲零食市场同比增长8%左右，市场规模接近9000亿元。同时，休闲零食行业的发展呈现出以下3个特点。

（1）资源向头部企业聚拢

经济结构转型往往伴随着行业集中度的提升，再加上新冠疫情下领先企业具有规模、管理、技术、商誉等多方面优势，消费需求推动企业和品牌竞争显现出"马太效应"，市场集中度进一步聚拢。根据测算，2020—2022年连续3年限额以上单位零售额增速好于限额以下单位，其中商品零售扭转了过去7年限下单位增长更快、餐饮收入扭转了过去8年限下单位增长更快的局势。

从休闲零食市场来看，由于食品科技含量和进入门槛相对较低，激烈竞争态势的演变加速优胜劣汰，使得市场进一步向一些更有竞争力的品牌集中。以淘宝天猫平台高端休闲零食为例，市场前20各企业市占率由2020年的30.4%提升至2022年的33.5%，其中除果冻/布丁、低温蛋糕/短保烘焙类以外，其余类别以CR20为代表的市场集中程度均在近3年呈现明显提升态势（见图1）。

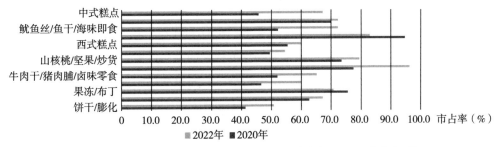

图1　2020、2022年淘宝天猫平台高端休闲零食各类目CR20市占率对比

（2）好源头好原料商品成为优选

新冠疫情在全球暴发，范围广，时间长，对人类社会产生重大而深刻的影响，全民健康意识呈现浪潮式上升，人们更加注重健康、追求健康。2022年，休闲零食在给人们日常生活带来慰藉和愉悦的同时，在新的消费观念驱动下，其健康化发展的特点更加明显，"优选好食材"、"天然无添加"、加工做减法的消费理念成为零食行业的风口。一些品牌精准把握消费者口味和健康两者兼顾的市场需求，一方面通过供应链上游整合，另一方面通过技术研发和创新迭代，不断为消费者提供优质食品。

如零食坚果行业头部企业三只松鼠，是一家电子商务食品类B2C销售商，定位为"多品类的纯互联网森林食品品牌"，侧重于坚果业务。2012年6月上线，上线63天便实现目销售1000单的成绩，64天便在天猫坚果销售版块跃居第1名。依据三只松鼠发布的2022年度业绩报告及2023年一季报数据，2022年公司实现营收72.93亿元，净利润1.29亿元；2023年一季度营收跌幅逐月收窄的同时，利润1.92亿元，同比增长18.73%，这也是连续两个季度实现增长，释放利好信号。

三只松鼠表示，报告期内，公司秉持"让坚果和健康食品普及大众"的使命，稳步落地高质量转型战略，完成长尾单品调整与线下门店优化，围绕"示范工厂、分销布局、电商升级"推进变革举措，成效初显。

据了解，三只松鼠的品牌名称由"三只松鼠"组成，分别叫松鼠小健、松鼠小酷及松鼠小美，目前都已开通了微博和微信，方便与顾客交流。基于鲜明活泼的品牌名称，三只松鼠梳理了一套具有"松鼠味"的服务特色，在用户各个触点侧重关怀和体贴，目的在于打造极致用户体验。这种做法正好契合了电商时代用户服务升级的趋势。

为更好服务消费者，三只松鼠创始人章燎原编写了一篇上万字的"松鼠客服秘籍", 推出客服十二招, 秘籍首页就是"做一只讨人喜欢的松鼠", 将消费者和客服的关系由传统的买卖关系, 演化成令人耳目一新的主人和宠物的关系。客服变成了为"主人"服务的松鼠, 消费者和商家的关系被演化成主人和宠物的关系, 购物就像在玩 cosplay (角色扮演), 进一步激发了消费者尤其是年轻人追求"反传统的时尚、好玩和有趣"的情感诉求。新奇的购物方式吸引众多网购消费者不断前来尝试。当大家点开三只松鼠的客服对话框, 出现的第一个问句是"主人, 您有什么需要?"这种与众不同的问候方式, 在淘宝甚至全国网购交易平台上都独树一帜, 颇受欢迎。

也因此, 三只松鼠的努力赢来了丰厚的回报。据公司称, 其产品二次购买率很高, 平均每 100 个顾客里就有 30 个回头客, 其中有 28% 的消费者还会把美好的购物体验分享给其他人。

2.高端休闲零食市场接近两位数增长

2022 年, 商品品质化迭代、品牌高端化发展等趋势明显, 如此不但可以推动行业的转型升级, 还能够推动经济提质发展, 最终促成居民高品质生活的提升。

(1) 高端休闲零食市场实现近 10% 同比增长

根据媒体测算, 2022 年, 我国高端休闲零食市场实现近 10% 的同比快速增长, 快于整体休闲零食市场 2 个百分点左右。其中, 春节需求仍然是全年消费的重头部分, 2022 年全年天猫平台高端休闲零食市场中, 1—2 月销售占全年销售的将近1/4, 且与上年相比, 该比重呈现明显提升态势, 高于上年同期 3.1 个百分点 (见图2)。从单价波动来看, 全年市场平均单价高点出现在春节前及中秋节前, 也验证了传统节日对高端零食市场的重要支撑作用。

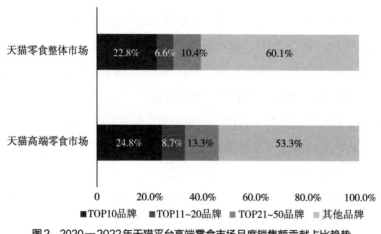

图2 2020—2022年天猫平台高端零食市场月度销售额贡献占比趋势

（2）高端市场集中程度高于整体市场

从优势品牌的市场表现来看，高端休闲零食市场集中程度高于整体休闲零食市场。以天猫平台数据为例，2022年高端市场中CR10（前10名企业的销售份额占比）为24.8%，高于整体市场2个百分点；CR30则高于整体市场4.1个百分点。

根据奥纬咨询2022年12月做的消费者调查，不同收入的消费者群体均表现出对品质包装食品支付溢价的高意愿性。家庭月收入超过3万元、1万至3万元、低于1万元的受访者中分别有65.5%、59%、55%比例人群，对"与一年前相比，如果我看到真正的好处，我更愿意为产品支付溢价"作出积极正面回复。居民普遍追求食品消费升级必然伴随着消费者在购买决策中对于品牌考量程度的提升，使得具有全国性的、实力雄厚、表现卓越的品牌在高端休闲零食市场中的垄断优势更为突出。

3.社交电商渠道持续扩张

在互联网红利逐渐消退、用户触点愈加分散的情况下，粗放式的流量运营打法已经无法帮助快消品品牌在充分竞争的市场中脱颖而出。因此，良性循环私域池子开始愈加受到品牌方的重视，诸如品牌感知度、忠诚度、留存、复购、裂变等这些与精细化运营相关的指标也愈加受到市场、投资人的关注。

案例点评 ....

近年来，随着我国经济发展和消费水平的提高，人们出于消磨时间、满足口欲或增加乐趣等原因，对具有便携性、易于食用且滋味丰富的零食需求不断增长，越来越多食品企业开始涉足零食领域，零食种类也愈发丰富。零食是休闲食品的俗称，快速消费品的一类，指除主食以外人们在闲暇、休息时所吃的食品，主要分烘烤食品、糖果、干果、果冻及果脯几大类。

数据显示，中国消费者每月零食消费频次在5次及以上的比重高达55.2%，零食几乎已经成为人们日常消费中的必需品，其覆盖的消费群体和消费频率都在持续上升，市场规模不断扩大。艾媒咨询数据显示，2022年我国休闲零食行业市场规模约为1.16万亿元，同比增长0.8%。2013—2022年，我国休闲零食行业的市场规模从5900亿元增加至1.16万亿元，年均复合增速约为7.9%。

1.新冠疫情对休闲零食市场的影响

2022年，尽管新冠疫情反复对我国终端消费造成一定冲击，但超大市场规模优势依然明显，居民消费长期向好趋势没有改变，新型消费模式继续较快发展，在基本生活类商品保持平稳增长的同时不乏实现了较好、较快增长的商品品类，休闲零食类市场就是其中之一。

疫情对休闲零食市场带来的改变有：头部企业拥有更强的抗风险能力、资源、技术等多方面优势，市场占有率持续提升趋势显著，小品牌、小企业被淘汰，资源向优势企业汇集，推高市场集中程度；疫情催生健康关注度，好源头、好原料的商品成为消费者优选；居民生活方式转向户外经济、露营经济，消费场景的创新提升了休闲零食的消费频次。

疫情虽然强化了部分消费特点，但没有改变大的消费趋势：2022年，休闲零食市场继续向品质化、高端化迭代升级，市场中不乏一批发展迅速、长期领先的优秀品牌；同时休闲零食行业通过供给侧结构性改革，优化产品组织和模式创新能力，开拓了宽裕的市场进入空间，零食量贩店业态在县域等下沉市场得到一定发展。展望未来，随着人均收入水平的不断提高和消费需求的有力复苏，休闲零食市场仍将保持较快的增长态势，同时将朝着规范化、健康化、品质化、多元化的方向持续迈进。

2.行业竞争格局相对分散，存在较大提升空间

虽然我国休闲零食行业的市场规模已突破万亿元，但考虑到零食品类较多，且多数企业规模较小，休闲零食行业的竞争格局相对分散。

目前在A股上市公司中，仅洽洽食品与盐津铺子的市值超过了100亿元，三只松鼠、甘源食品、劲仔食品的市值介于50亿至100亿元。从集中度来看，数据显示，2022年我国休闲零食行业CR5为14.7%。其中，玛氏占比最大，约为3.5%；百事与旺旺的市场份额分别为3.3%和3%，位居第二和第三；其余单个公司的市场份额不足3%。

与美日相比，我国零食行业集中度存在较大提升空间。美国、日本的休闲零食市场经过长期发展，竞争格局相对成熟，集中度高于我国零食市场。数据显示，按终端口径计算，2021年美国与日本休闲零食行业CR5分别为42%与

28%。其中美国零食龙头百事与日本零食龙头乐天的市占率分别为17%与7%。随着产品与渠道布局逐渐完善，叠加龙头品牌影响力逐步提升，预计我国休闲零食行业集中度有望向龙头企业靠拢。

3.零食量贩快速崛起，给零食品牌带来市场新空间

零食量贩业态在2021年后迅速崛起，以高性价比、丰富品种、直接工厂采购等优势迎合了消费者需求，开店数量与销售规模呈井喷式增长。零食量贩是指省去经销商环节，从工厂直接采购或贴牌产品，主打价格实惠、品类丰富的零售专卖店。

2018年底，零食很忙在湖南开店，零食量贩出现萌芽。近年来，随着消费水平提高，零食需求日趋旺盛，叠加部分经营不善的商超卖场闭店，零食量贩发展迎来机遇。2022年，零食量贩领域迅速形成了江西赵一鸣、湖南零食很忙、川渝贵零食有鸣等区域品牌并立，门店过万家的竞争格局。

与传统渠道相比，零食量贩店在品种众多、产品丰富集合方面给居民带来线下最直观的视觉体验，在社区购物便利性方面契合一刻钟便民生活圈的居民需求，强调以高性价比触达下沉市场，既有利于企业抓住我国县域商业体系发展的时代红利，也把一二线城市高端的生活方式、丰富的休闲零食供给带给了更多消费者，推动了县域休闲零食消费品质和消费规模的全面升级。

4.休闲零食行业发展趋势及建议

多样性和个性化增加预计将被视为中国休闲食品市场的关键机遇。许多休闲食品企业在产品口味和包装方面均持续投入精力和资源来寻求创新与突破。除了在研发上的投入外，他们也越来越强调在营销过程中塑造个性化的产品形象。跨界营销风靡一时，国内部分休闲食品企业开始与电竞、电影、文学等行业的商家合作，共同发布品牌或跨界产品或协办联合营销活动，以推广彼此的产品，从而实现互利共赢。

健康愈发成为消费者购买零食时重点考虑的因素。在居民生活水平提高的背景下，消费者对食品的健康愈发重视，这也成了休闲食品企业的主要发展方向。健康型的休闲食品主要涉及低盐、低钠，非油炸型、烘烤型以及无防腐剂等多个方面。同时，那些含有维生素或是其他功能性的食品同样受到了人们的广泛喜爱。休闲食品在满足人们基本休闲需求以及娱乐需求的同时，甚至已成

为日常饮食中的"第四餐"。

因此，休闲食品企业应当在保证休闲食品原本口感以及风味的基础上，展开进一步的创新完善，优化整体生产工艺，提升休闲食品的营养性，保证营养均衡，使休闲食品逐渐向着健康型、功能型的方向发展，这也是休闲食品企业未来的主要发展方向。

案例十九　中国绿色食品发展中心发布《绿色食品产业"十四五"发展规划纲要》

案例概述

2021年11月，为贯彻落实党中央、国务院决策部署和农业农村部工作要求，中国绿色食品发展中心印发《绿色食品产业"十四五"发展规划纲要》（以下简称《纲要》）。

《纲要》明确"十四五"时期绿色食品产业发展的六个主要目标：一是产业规模稳步扩大，绿色食品企业总数达到2.5万家，产品品类总数达到6.5万个，绿色食品原料标准化生产基地达到800个；二是产品质量稳定可靠，绿色食品产品质量抽检合格率达到99%；三是产业结构不断优化，畜禽、水产品及加工产品比重明显提升；四是标准化生产能力明显提升，绿色生态、品质营养特色更加突出；五是品牌影响力进一步扩大，品牌知晓率达到80%；六是产业效益显著提升，示范带动作用进一步增强。

1.出台背景

发展绿色食品对于保护生态环境，提高农产品质量水平，满足人民美好生活期待，促进农业提质增效和农民增收，具有现实意义和深远影响。绿色食品是一项开创性事业，30多年来，全国绿色食品工作系统认真贯彻落实党中央、国务院的决策部署，在农业农村部的正确领导下，秉承生态环保、安全优质的发展理念，坚持推进绿色生产，积极引领绿色消费，成功打造出了一个安全优质、美誉度高的精品品牌，创建了一项蓬勃发展的新兴产业，为保障绿色优质农产品有效供给，助推农业高质量发展，满足人民对美好生活的向往作出了重要贡献。"十四五"时期是全面推进农业绿色转型和高质量发展的关键时期，绿色食品应该担负起更多任务、发挥更大作用。为贯彻落实党中央、国务院决策部署和农业农村部工作要求，依据《中华人民共和国国民经济和社会发展第十四个五年规划和2035年远景目标纲要》《国家质量兴农战略规划（2018—2022年）》《"十四五"全国农业绿色发展规划》等，中国绿色食品发展中心制定了本《纲要》。《纲要》具有四个重要意义：

一是发展绿色食品产业是贯彻落实中央决策部署，深化农业供给侧结构性改革的必然要求。人民对美好生活的向往，就是我们的奋斗目标。我国全面建成小康社会以后，城乡居民对绿色优质农产品消费需求日益强烈。发展绿色食品产业，是深入推进农业供给侧结构性改革，落实农产品供给保数量、保多样、保质量的重要举措。"十四五"规划明确提出，要完善绿色农业标准体系，加强绿色食品、有机农产品和地理标志农产品认证管理。

二是发展绿色食品产业是提升农业质量效益竞争力，实现农业高质量发展的有效途径。提升我国农业产业发展水平，要狠抓农产品标准化生产、品牌创建、质量安全监管，推动优胜劣汰、质量兴农。绿色食品采取全程质量控制和全链条标准化生产的技术路线，推行"质量认证与标志管理、品牌打造与产业发展相结合"的运作模式，与"品种培优、品质提升、品牌打造和标准化生产"统筹推进、融合发展，在推动农业高质量发展中发挥重要的示范带动作用。

三是发展绿色食品产业是顺应消费升级、培育绿色消费市场的有力举措。加快构建以国内大循环为主体、国内国际双循环相互促进的新发展格局，必须坚持扩大内需战略基点，以质量品牌为重点，促进消费向绿色、健康、安全发展。随着城乡居民消费升级加快，农产品消费由"吃得饱"向"吃得好""吃得营养健康"加快转变，绿色食品将在增加绿色优质农产品供给、满足高品质消费需求中发挥"生力军"作用。

四是发展绿色食品产业是服务乡村振兴，促进农民增收致富的重要抓手。绿色食品秉承绿色化、优质化、特色化、品牌化的现代发展理念，推行产地洁净化、生产标准化、投入品减量化、废弃物资源化、产业生态化的绿色生产模式，有利于延长产业链，提升价值链，拓展生态链，做优做强乡村特色产业，实现巩固拓展脱贫攻坚成果与乡村振兴有效衔接，推动小农户与现代农业发展有机衔接，助力乡村全面振兴和共同富裕。

2.面临的挑战

《纲要》指出，当前绿色食品产业发展存在一些问题和短板，工作面临诸多挑战，主要体现在以下三个方面：

一是产业发展基础支撑不足。绿色食品标准体系不够健全，品质营养指标研究需要加强，生产操作规程和全程质量控制体系需要进一步落实落地。标志许可制度和证后监管措施需要不断完善。科技创新及成果转化应用不足，信息化、数字化基础比较薄弱。

二是风险防控能力需要加强。少数地区存在"重认证、轻监管""重数量、轻质量"等现象，特别是近年来绿色食品产品数量持续保持高增长态势，防范质量安全风险和市场风险的压力不断增大。

三是产业发展质量亟待提高。绿色食品总量规模还不能满足人民对绿色优质农产品日益增长的消费需求。绿色食品加工产品比重不高，畜禽和水产品发展较慢，企业结构、产品结构和区域结构需要进一步优化。绿色食品专业化市场体系尚未形成，优质优价的市场机制尚未完全建立，品牌价值没有充分体现。

3.五个主要内容

中国绿色食品发展中心印发的《纲要》主要包括以下五个方面内容：

（1）提高绿色食品产业发展水平

按照"稳增量、优结构、强主体、增效益"的要求，立足各地资源禀赋、主导产业，引导开发一批品质高、品牌响的优质产品，培育一批规模大、实力强的生产经营主体，建设一批高质量、高水平的标准化生产基地，不断满足人民对绿色优质农产品的消费需求。

具体包括优化产品结构、壮大生产经营主体、优化区域结构、推进基地建设及探索创建绿色食品全产业链样板等。

（2）确保绿色食品质量稳定可靠

坚持"四个最严"的要求，进一步完善全程质量控制体系。坚持"标准至上、质量第一"的原则，不断提升产业发展的质量、效益和竞争力。坚持数量与质量并重原则，引导各地科学设置产业发展目标。严格按标生产，严格许可审查，严格证后监管，确保产品质量稳定可靠。

具体包括落实标准化生产、严把标志许可审查关、强化证后监管等。

（3）提升绿色食品品牌价值

持续打造绿色食品精品品牌。突出绿色食品安全、优质、营养的特征，深入挖掘丰富绿色食品品牌内涵，强化绿色食品品牌宣传，不断提升绿色食品品牌的认知度、知名度和美誉度。加快专业营销体系建设，扩大绿色食品的市场占有率和影响力，提高消费者的满意度和忠诚度。

具体包括加强品牌宣传、扩大品牌影响及加快市场建设等。

（4）夯实绿色食品产业发展基础

创新驱动绿色食品产业发展，大力推动绿色食品科技进步，着力推进信息化建设，积极搭建产业服务平台，加快补齐发展短板，全面支撑绿色食品产业高质量发展。

具体包括提升产业科技水平、加快信息化建设步伐、增强产业服务能力等。

（5）三项保障措施

一是加强组织领导。强化组织领导，加强统筹协调，构建"上下联动、多方协同、齐抓共推"的工作格局。各地要从新时期农业农村经济发展的全局出发，将绿色食品工作主动融入发展规划、示范创建、专项行动、重大课题研究等重点工作，争取政策支持，创造发展条件。加强与各类社会力量合作，加强科技攻关、理论研究、战略规划和政策创设，共同推动绿色食品产业发展。

二是加大政策支持。积极争取将绿色食品工作纳入财政预算，加大资金扶持力度。依据生态补偿制度、节能减排政策和碳达峰碳中和目标，探索建立绿色食品生态价值补贴机制，加大对绿色食品的奖补力度，不断提高企业和农民发展绿色食品的积极性。积极争取将绿色食品纳入现代农业建设、农产品质量安全监管、农业绿色发展等绩效考核范围，发挥绩效考核的激励约束作用。

三是加强队伍建设。积极争取各级政府支持，健全工作体系，充实工作力量，改善工作条件，发挥职能作用。落实工作责任，强化奖优罚劣机制，调动各级绿色食品工作机构和人员的积极性和主动性。创新方式和手段，提高培训质量和效果，着力提升绿色食品检查员、监管员的业务素质和能力水平。按照深化"放管服"改革的要求，切实加强作风建设，牢固树立责任意识、服务意识和廉洁意识，严谨规范高效开展工作，维护工作系统的良好形象，推动绿色食品事业持续健康发展。

业务人士指出，随着《纲要》出台，"十四五"时期我国绿色食品产业有望迎来快速发展的新机遇。

案例点评

大力推动农业绿色发展，是贯彻落实习近平生态文明思想，践行"绿水青山就是金山银山"理念的重要方式。贯彻绿色发展理念，发展绿色食品产业，转变农业发展方式，补齐资源环境短板，加强农产品绿色生产技术的研发和推广应用，对提高农产品质量效益和市场竞争力、提升乡村产业现代化发展水平有着举足轻重的意义。推动绿色食品产业的持续、健康发展，还需要强化以下两方面工作。

1.夯实绿色食品产业发展的基础条件支撑

（1）实施化肥农药"双减"增效行动

一是化肥减量增效。集成推广运用缓释肥一次性底施、测土配方施肥、有机肥替代部分化肥、水肥一体化等化肥源头减量技术，防控农田面源污染，提高化肥利用率。根据作物施肥要求，研制专用配方新型肥料。充分利用秸秆、尾菜等农业废弃物堆肥制作有机肥方式，减少化肥使用。

二是农药减量增效。集成推广以病虫源头控制为核心，理化诱控、生物防治、生态调控、科学用药技术等有机结合的蔬菜病虫全程绿色防控技术体系。因地制宜推广应用地面高效宽幅喷杆喷雾机、植保无人机等新型高效植保机械。提升植保专业化服务组织统防统治工作质量，提高病虫害统防统治覆盖率和农药利用率。

（2）推进农业废弃物资源化循环高效利用

一是推进农业废弃物科学还田固碳。推广秸秆深翻覆盖直接还田及秸秆生物菌堆沤等科学还田技术，促进秸秆、食用菌基料、畜禽粪便等农业废弃物高质量还田。利用现有养殖企业的粪便和废弃物资源，运用微生物发酵和沼气发酵技术制作有机肥还田，实施蔬菜种植、生猪养殖、沼气发酵和菜田涵养结合，推动畜禽养殖废弃物与农作物秸秆综合利用。

二是地膜科学使用回收管理。构建农膜综合治理工作体系，科学推进生物可降解膜等新型地膜及加厚高强度地膜的推广应用。

三是农业废弃物收储运管理。完善农业废弃物离田收储运体系建设，根据农业废弃物离田利用产业化布局和收储半径，科学布局建设收储运设备设施。加快培育一批农业废弃物还田利用，离田收储、运输、综合利用等综合型市场化经营服务主体。健全农业废弃物农机购置补贴和废弃物处理作业补贴。

（3）集成推广绿色发展技术模式

在病虫害绿色防控技术上，突出病虫源头控制，综合运用天敌防控、理化诱控、生物防治、生态调控等多项非化学农药防治技术，并与水肥一体化管理、抗旱节水与节能环保等绿色发展技术集成，推广应用有机蔬果生产、农林有机废弃物肥料化利用循环、生物防治绿色农业技术、渔业循环健康养殖等得到实践并取得良好成效的绿色发展技术模式，开展生态保育型产业融合、生物肥料成果转化、高效节水、天敌昆虫产业化、高效绿色农产品加工、畜禽绿色养殖等技术集成创新与示范。

（4）加强农产品全产业链标准化建设

以全程质量控制为核心，构建农产品产地环境、内部质量控制、栽培管理、投入品安全使用管理、储运保鲜、包装标识、质量追溯等生产全过程质量管控关键技术，建立健全产品分等分级、包装贮运等产前、产中、产后全过程的标准体系，推动农产品全产业链标准技术规范的集成和实施应用。强化农产品标准化生产基地与国家农业产业技术体系、专业协会、知名电商的衔接，创新农产品全产业链标准化协同推进机制，促进产业、技术、品牌、服务深度融合，提升农产品质量效益和竞争力。

2. 做好绿色食品产业健康发展的组织管理保障

（1）强化农产品质量安全监管要求

建立农产品生产经营主体名录数据库，完善监管对象信用记录，推进生产经营主体"一品一码"管理，严格落实承诺达标合格证制度。加强农产品质量安全风险监测，加大重点环节、重点农产品的监督抽查力度，严格监督执法，坚决不使用禁止在水果蔬菜上使用的农药，规范科学使用常规农药，严格遵守兽药使用要求。推进农技推广体系改革，完善各乡镇农产品质量安全监管站建设，加强镇监管员、村协管员培训，规范开展对农产品生产经营主体，尤其是小农户生产环节的日常巡查检查工作。加强上市农产品的检验检测要求，强化乡镇农产品快速检测，提升基层监管人员、技术人员、生产者快检技术应用水平。

（2）实施农产品全程质量控制

规范农业生产经营良好行为，落实全程质量控制管理要求。加强生产过程中的组织管理、制度文件管理、生产技术要求、产品质量管理、员工管理和内部自查等方面管理，填写种植养殖记录，执行禁限用农兽药管理、农兽药休药期等规定，实施追溯管理，落实流向登记制度，视频监控联网管理。农产品生产经营主体通过使用自检或委托专业机构定期检测，落实上市农产品自我质量承诺的食用农产品合格证制度。

（3）推进农业特色产业融合发展

依托龙头企业，通过"公司＋基地＋农户"的集约化经营、规模化种植、标准化生产、品牌化销售模式，将农业生产及农业投入品供应、储运、加工和销售等有关环节有机地结合在一起。有效聚合政府、企业与合作社的职能优势力量，形成以龙头带基地、基地连农户，金融服务为支撑的生产经营全链条社会化服务管理体系，实现产加销、贸工农一体化的经营格局。

（4）加强农产品品牌建设

深入推进农业供给侧结构性改革，推进品种培优、品质提升、品牌打造和标准化生产，提升农产品绿色化、优质化、特色化和品牌化水平。支持农产品生产经营主体开展名特优新农产品、绿色食品、有机农产品、良好农业规范产品认证或登记。做大做强农产品地域品牌，打造区域公用品牌，提升农产品核心竞争力。加大农产品品牌宣传推广力度，搭建农产品产销服务平台，建立多元化渠道扩展销路，建设农产品产地冷藏保鲜设施，推动实现绿色农产品优质优价。

案例二十 国家卫健委发布《食品安全标准与监测评估"十四五"规划》

案例概述

为贯彻《中华人民共和国食品安全法》，落实推进健康中国建设和实施食品安全战略整体要求，2022年8月18日，国家卫健委发布了《食品安全标准与监测评估"十四五"规划》(以下简称《规划》)。《规划》对"十四五"时期食品安全标准与监测评估工作总体要求、基本原则、发展目标、主要任务、保障措施等作出设计和部署。

1.发布背景

近年来，我国始终高度重视食品安全工作，以"四个最严"要求为行动准则，确保广大人民群众"舌尖上的安全"。

"十三五"期间，卫生健康系统不断强化食品安全标准、监测评估与国民营养工作，取得明显成效。但我国食品安全与营养工作仍面临不少困难和挑战，影响国民健康和健康中国建设目标的实现。

"十四五"时期，公众健康保护诉求提升，产业创新调整变化，现代化治理对食品安全标准、风险监测评估工作提出了新任务、新要求。相比之下，当前卫生健康系统食品安全与营养健康工作同高质量发展和人民群众不断增长的健康需求还有一定差距，在体系和能力建设、工作机制、增强人民群众的获得感等方面，均有待加强和完善。

为确立并不断完善食品安全法律体系，打牢坚实的法制基础，继2009年发布食品安全法后，2015年对相关法律进行了大幅修订，同年10月开始实施的新修订版食品安全法，不仅条款数量从104条增加到154条，而且在风险监测评估、生产经营行为监管、法律责任等方面提出更多更高更严的要求，被称为"史上最严格的法律"。此后修订出台的《食品安全法实施条例》及一系列政府规章与法律，构成了较为健全的食品安全法律体系。

2.食品安全意义重大

业内人士指出，食品安全的重要性包括三个精准定位：其一，精准定位了食品安全不是普通的公共治理，而是关系到民生基本要求的重要社会性规制。"民以食为天，食以安为先"，在解决了温饱问题之后，食品安全的维护就是必须排在前列的首要公共治理目标之一。其二，精准定位了食品安全不是食品卫生。食品卫生是食品安全的核心组成部分，但不能代表食品安全的全部外延覆盖范围。因此，确立并使用食品安全这一概念，不仅与全球治理的话语体系同步接轨，同时也准确反映了我国政府对食品风险因素的高度概括。其三，精准定位了食品安全不是食品质量。按照全国人大常委会法工委编著的《产品质量法释义》解释，质量的基本定义为"产品的适用性"。显然，安全性概念不能等同于更不能包含于适用性概念之中。换言之，不安全的产品根本无从谈适用性。食品安全作为公众的基本要求，是食品必须具备的本质属性之一，既不能根据消费者和社会需求确定标准和要求，也不能像产品质量一样成为市场竞争的工具。二者的监管原则并不相同，在对食品安全监管讲求"四个最严"要求的同时，不会将食品质量的监管误判为食品安全的监管力度层面，从而导致过度管制、过罚不当的问题。

当前，我国法律规定的"最严厉的处罚"，在行政执法中发挥了巨大的作用，对生产经营者形成明显的高压线效应。"处罚到人"惩治原则的确立，不但增强了企业负责人的责任意识，也进一步增加了小微食品生产经营者的违法成本。"行刑衔接"的进一步无缝隙化，则对打击严重食品安全违法行为发挥了强大威力。2022年1月，重新修订的《最高人民法院 最高人民检察院关于办理危害食品安全刑事案件适用法律若干问题的解释》开始施行，这是叠加在高压线之上的红线，进一步彰显了食品安全"最严厉的处罚"的严肃性与必要性。

3.四项主要任务

围绕工作目标和"四个导向"工作原则，本次发布的《规划》明确了四项主要工作任务。

（1）完善最严谨的食品安全标准体系

一是立足食品安全治理需求，提高食品安全标准的科学性与严谨性。完善食品安全国家标准体系，制修订不少于100项食品安全国家标准。二是完善食品安全标准体系建设顶层设计。将风险监测评估结果纳入标准立项依据，开展污染物、食品添加剂等食品安全基础标准再评估，强化风险监测评估结果对食品安全标准研制的科学支撑。三是提升食品安全标准服务能力。打造食品安全标准便捷化查询系统。会同相关部门和行业组织等，持续开展食品安全标准跟踪评价，促进标准制定与执行有效衔接。四是履行中国在国际食品安全标准领域的责任。深入参与和引领国际食品标准工作，开展各国食品安全标准法规和贸易措施通报追踪研究，完善主要贸易伙伴国家或地区食品安全法规标准数据库。

（2）提升食品安全风险监测评估工作水平

一是完善监测报告机制，强化食源性疾病监测预警功能。贯彻《食源性疾病监测报告工作规范（试行）》，修订《食品安全事故流行病学调查和卫生处理工作规范》，制定发布《食源性疾病诊断报告技术指南》。二是提升隐患识别能力，服务食品安全风险管理。修订并推进实施《食品安全风险监测管理规定》，完善风险监测配套的管理制度和技术文件。加强部门监测数据的汇总分析与风险研判，到"十四五"末绘制完成我国100种以上重点污染物的食品污染地图，建立常见健康风险数据库和预测预警模型，及时开展健康危害预警。三是提升风险评估水平，为标准制定和食品安全监管提供科学支撑。培育6~8支能承担食品安全国家风险评估任务的高水平技术团队，开展全国总膳食研究、食物消费量调查、毒理学研究，完善毒理学及食物消费量数据库，开展现代风险评估技术研发。

（3）实施国民营养计划，落实合理膳食行动

一是顺应合理膳食需要，强化营养工作基础。持续开展食物成分监测，建立中国居民的食物成分、人群营养健康、食品标签等相关的数据库，推动"减盐、减油、减糖"的"减"目标与新一代营养健康食品的"加"效应形成双轮驱动格局。推动在食品包装上使用"包装正面标识"信息，强化预包装食品营养标签标准的宣贯与实施。二是创新营养健康服务，引导营养健康产业发展。支持地方建设营养创新平台和营养重点实验室，解析不同人群特殊营养需求，针对性推动食品研发创新。三是加强统筹协调，促进营养干预措施落地。强化地方各级营养健康工作协调机制，推动营养健康纳入健康城市、健康乡村和健康单位、健康社区等健康细胞建设。

（4）健全支撑与保障，夯实发展基础

一是建设食品安全风险评估与标准研制特色实验室。按照我国食品安全通用标准的风险管理分类，设置食品污染物、生物毒素、微生物、添加剂、食品相关产品、营养与特殊膳食、功能成分与食品原料等特色实验室，与现有食品风险监测体

系建设、参比实验室和食源性疾病病因鉴定实验室职责作用有机整合，重点解决先进检测技术、信息数据分析利用、高层次专家队伍、毒理学与风险评估对食品安全标准能力的支撑作用。全面加强专业技术机构和人才队伍建设。二是构建食品安全与营养健康大数据库。建设国家食品安全与营养健康大数据平台，充分利用大数据分析技术支撑科学决策。三是提升网络体系支撑水平。依托现代化疾病预防控制体系改革与建设，补齐各级疾病预防控制机构食品安全与营养能力缺口，健全以国家级技术机构为龙头、省级疾控中心为骨干、市县两级疾控中心为基础的食品安全技术支撑体系。四是务实开展食品安全标准宣贯、食源性疾病防控、营养健康等科普宣传和风险交流。开发科学易懂的风险交流和科普宣传材料，发挥权威媒体平台作用，提高科学性和权威性。借鉴国际相关学科发展经验，开展食品安全风险交流方法学研究，逐步建立具有我国特色的风险认知和风险交流方法策略。

按照《规划》，国家卫健委下一步要通过加强组织领导、保障经费投入、营造有利环境、加强效果评价评估等四方面措施，确保各项任务落实和目标实现。

案例点评

国家卫健委发布的《食品安全标准与监测评估"十四五"规划》是对"十四五"期间乃至更长一段时间内食品安全标准与监测评估工作的全面规划与部署，是对我国食品安全工作有关重要指导的纲领性文件。

1.《规划》的主要特点

（1）《规划》体现了顶层设计的科学性与前瞻性

《规划》以习近平新时代中国特色社会主义思想为指导，深入贯彻落实党的十九大和十九届历次全会精神，体现了高度的科学性和前瞻性。通过制定最严谨的标准，提高从农田到餐桌全过程的食品安全风险控制能力，这一顶层设计不仅符合国际食品安全管理的发展趋势，也充分考虑了我国国情，为实现食品安全水平进入世界前列的目标奠定了坚实基础。

（2）《规划》体现了防范食品安全风险的导向

《规划》强调了以防范食品安全风险为基本导向的原则，体现在要求加强食品安全风险监测评估体系建设，培育高水平风险评估队伍、提升风险评估水平，发挥食品安全风险监测网络的作用、提升隐患识别能力，完善毒理学及食物消费量数据库、开展现代风险评估技术研发等方面。这些措施均是及时发现并有效控制食品安全风险的重要手段，同时也是食品安全标准制定的重要科学支撑，体现了预防为主、风险管理的食品安全治理理念。

（3）《规划》体现了满足消费者对营养健康需求的原则

《规划》将人民健康放在首位，以健康为导向推动食品安全和营养健康工作的改革创新。这体现在推进国民营养计划和合理膳食行动，提升公众营养健康水平，以及加强食品安全与营养健康知识科普宣传和风险交流等方面。通过这些措施，提升公众对于食品安全的科学认知，同时也是不断满足我国消费者对营养健康新需求的重要举措。

（4）《规划》充分体现了加强各方协同联动的要求

《规划》强调国家和地方、各部门之间以及我国和国际组织、其他国家之间的沟通合作、资源共享，这有助于形成工作合力，提高食品安全管理效能。同时，《规划》还注重信息整合共享，推动食品安全与营养健康信息的互通共享和数据融合应用，为食品安全管理提供更加全面、准确的信息支持。

2.落实《规划》的工作方向及成效

"十四五"期间，对照《规划》提出的目标和要求，食业行业食品企业都应该积极了解及分析《规划》，并落实进展，明确下一步工作方向。

（1）持续开展食品安全标准体系建设，全面提升标准严谨性

一是食品安全标准制度机制不断完善。发布《食品安全标准管理办法》等法规制度文件，制定《食品安全国家标准工作程序手册》，进一步规范标准管理程序，提升标准管理效能。二是食品安全标准体系建设成效显著。截至2024年10月，我国已累计发布食品安全国家标准1610项，涉及2万多项食品安全指标。各类标准有机衔接、相辅相成，协同管控食品安全风险，覆盖我国居民消费主要食品类别，规范了从过程到产品各环节，涵盖污染物、真菌毒素、致病菌、农兽药残留等主要健康危害因素，兼顾各类人群的食品安全和营养健康需求。三是推动解决"儿童食品""调制乳粉""数字标签"等食品领域热点问题，回应百姓关切，促进食品产业高质量发展。四是标准宣贯和信息化服务水平不断提升。以多种形式组织标准宣贯培训，用信息化手段公开标准，推动全社会

准确理解并实施标准。五是深入参与国际标准。主持国际食品添加剂法典委员会（CCFA）会议和国际食品农药残留法典委员会（CCPR）年会，当选国际食品法典亚洲区域协调委员会主席，组织亚洲区域国家的食品标准协调和能力建设活动；牵头制定大米中无机砷限量、非发酵豆制品、速冻饺子、粽子等多项国际标准，推动中国标准走向世界，助力中国食品"走出去"。

（2）不断提高风险监测质量，提升高效识别风险和预警能力

一是加强制度和体系建设，发布风险监测制度文件，规范风险监测工作程序、质量控制和数据使用。构建从国家、省、市、县延伸到乡村的食品污染物和有害因素监测网络，监测点覆盖全国99%的区县。二是对粮食、蔬菜、肉、蛋、奶等30类食品中1400余项污染物和有害因素指标开展连续监测，全面掌握了食品污染水平和时空分布特点。及时对风险监测数据进行分析研判，发现食品安全隐患，为国务院食安办会同相关部门制定措施、加强管理提供重要信息，推动相关标准修订。三是进一步织密食源性疾病监测网，监测报告医疗机构由2012年的300余家扩大到了2024年的7万余家，逐步发挥"哨兵"和"参谋"作用。

（3）扎实开展风险评估体系建设，强化风险评估技术支撑作用

一是建立风险评估管理和运行制度。发布《食品安全风险评估管理规定》《食品安全风险评估工作指南》等文件，编制近20项风险评估技术指南，推动我国风险评估工作的规范实施。二是夯实风险评估工作基础。初步建立了食品安全风险评估基础数据库，研发风险评估实用技术模型和操作平台10余项。三是累计开展150余项重点评估工作和应急评估任务，在提升我国食品安全管理科学化水平、及时应对食品安全突发事件等方面发挥了重要作用。

（4）稳步推进应用营养工作，保障人民群众营养健康需求

一是编制了《国民营养计划（2017—2030年）》并推进实施。二是落实"营养计划、标准先行"的理念，构建食品安全基础之上的营养标准体系，以营养标准推动食品产业转型升级。三是逐步健全全国食物消费量调查工作网络，持续开展人群食物消费量调查，涵盖省份从2013年的9省扩大到2023年的30省（自治区、直辖市），基本构建我国食品安全风险评估食物消费量数据库。四是开展加工食品中油、盐、糖等健康影响评估，为指导居民合理膳食、科学"三减"提供科学证据。五是推动传统食养落地惠民，制定高血压、糖尿病、高脂血症等主要慢性疾病食养指南制定工作方案。

（5）加强食品安全技术研发和数据库建设，进一步提升食品安全保障能力

一是发展和完善新型污染物精准检测和多组分分析技术平台、毒理学评价技术，逐步提升微生物分析水平，研发了一批我国食品安全监管急需的、具有自主知识产权的检测技术和标准物质，突破食品安全关键瓶颈问题。二是在二噁英等精准检测、总膳食研究、全基因组测序、微生物耐药及毒理基因鉴定分型、稀土元素毒性评价等领域实现了科技创新和突破，危害识别和检验评价能力得到显著提升。三是补充完善食品毒理学数据库、国家全基因组数据库和分析平台、中国总膳食研究现场数据库、中国居民消费食物种类调查数据库等，为食品安全风险评估和标准制定提供关键数据支撑。

综上，我国食品安全标准、风险监测、风险评估、营养健康及技术支撑保障工作，均按照《规划》要求稳步推进，成效显著，这些将为"十五五"时期相关工作的推进奠定良好基础。

案例概述

2022年国庆长假前夕，有网友在社交平台发视频称，国外售卖的海天酱油配料表中只有水、大豆、食盐、砂糖、小麦等原料，而国内售卖的则含有多种食品添加剂，质疑海天味业实行"双标"。面对质疑，海天味业三度回应称：海天产品中食品添加剂的使用及其标识均符合我国标准和法规要求；海天在国内外销售的产品不存在"双标"，同一品质的产品国内国际的内控标准一致；海天在国内外市场均销售含食品添加剂及不含食品添加剂的产品等。

1.海天酱油被质疑"双标"

2022年国庆假期，国内最大调味品公司之一——海天味业被爆国内售卖的海天酱油存在食品添加剂，而美国、日本等市场的海天酱油没有添加剂，存在"双标"嫌疑。

多个短视频显示，在国外售卖的海天酱油配料表上只有水、大豆、小麦、食盐等天然原料，而在国内售卖的海天酱油配料除天然原料之外，还有较多食品添加剂，主要为谷氨酸钠、5'-呈味核苷酸二钠、5'-肌苷酸二钠、苯甲酸钠、三氯蔗糖。这几种添加剂中的前3种为增味剂，苯甲酸钠为防腐剂，三氯蔗糖为甜味剂。摄入过量苯甲酸钠，可能会严重伤害肝脏，甚至致癌。

值得一提的是，海天味业也在国内售卖零添加酱油，这种产品的配料表中只有水、非转基因大豆、小麦、食盐、白砂糖和酵母抽提物等天然配料。以"0金标生抽"为例，其配料包括水、非转基因大豆、食用盐（未加碘）、小麦、白砂糖、酵母提取物。该商品详情页标明："本产品在生产过程中0%添加：防腐剂（苯甲酸钠、山梨酸钾）、甜味剂（三氯蔗糖、安赛蜜）、味精、脱脂大豆。"

据悉，国外海天市场上的酱油完全没有添加剂表述，而国内市场上的海天酱油直接明示，不但有添加剂甚至有致癌风险，这才引发社会的强烈不满。

2. 海天味业调味品行业地位高企

中国人的厨房离不开各式各样的调味品，而海天味业在调味品行业的地位似乎无可匹敌。

据海天味业官网显示，海天是中国调味品行业老字号，历史悠久，目前产品涵盖酱油、蚝油、酱、醋、料酒、调味汁、鸡精、鸡粉、腐乳、火锅底料等十几大系列百余个品种500多种规格。酱油是海天的发家产品，产销量更是连续20多年名列行业第一。2022年半年报显示，海天味业上半年实现营收135.32亿元，同比增长9.73%；净利润为33.93亿元，同比增长1.21%。其中，酱油营收74.93亿元，同比增长6.81%。海天产品不但畅销国内市场，还销往其他80多个国家和地区。

2014年上市时，海天味业市值仅500亿元，2021年初其市值曾逼近7000亿元，成为仅次于茅台、五粮液的消费巨头，被誉为"酱茅"。

近两年，消费行业公司股价表现普遍不佳，海天味业作为龙头，股价也大跌44%，市值蒸发3000多亿元。即便如此，海天仍是中国目前最大的调味品龙头，市值高达3800多亿元。因此，海天味业此次添加剂风波对中国调味品行业影响巨大。

3. 海天味业三次回应，否认国内外"双标"

质疑"海天产品双标"的视频发布后，很快引起了广泛传播和热议。对此，海天味业在10天内三度发声回应。

2022年9月30日，海天味业第一次发布声明称，海天所有产品都严格按食品安全法生产，且随时接受国家及各级食品安全主管部门的常态化监督和检查。海天所有产品使用的添加剂品种、使用范围及用量等均符合国家标准。部分短视频账号利用大众对食品安全的关注，制造焦虑和恐慌，在网络上制造并散播谣言，严重损害了海天公司品牌形象，其言行已构成对海天公司名誉权的严重侵害。针对在事件中恶意造谣中伤海天品牌的短视频账号，海天味业已委派专业律师团队调查取证，将追责到底。

海天味业发布首次声明后，"双标"风波并未平息，并在网络平台持续发酵。为此，海天味业2022年10月4日晚间再度发表声明称，食品添加剂广泛用于世界各国的食品制造中，各国的正规食品企业都会依据法规标准和产品特性，合法合规使用食品添加剂，并按规定标识清楚。

海天味业在声明中指出，食品添加剂已成为现代食品工业不可或缺的组成部分，从食品添加剂并不能得出中国食品比外国食品差的结论。简单认为国外产品的食品添加剂少，或认为有添加剂的产品不好，都是误解。

对于"双标"质疑，海天味业在声明中称，每个国家和地区的食品法规标准不尽相同，对应的产品标识也有不同。产品实行一国（地区）一标，国内外食品行业乃至其他行业都这样操作。随着消费需求多元化，无论是国内客户还是国外经销商都会经常提出定制产品的需求，定制化产品必然带来产品标识越来越多，有的品质不一样，有的品名不一样。海天产品的内控标准要求大多高于甚至远高于国家标准，同一品质的产品，国内国际的内控标准都一致。

海天味业表示，用"双标"挑起消费者和中国品牌企业的矛盾对立，不仅打击了中国老百姓的消费信心，更会影响"中国造"的世界声誉。

不过两份声明都只着重强调误导消费者，并未正面回应添加剂"双标"质疑，所以网友表示："合不合法是你的事，买不买是我的事。"

公开资料显示，食品添加剂是指为改善食品品质和色、香、味，以及为防腐和加工工艺的需要而加入食品中的化学合成或天然物质。由于食品工业快速发展，食品添加剂已成为现代食品工业的重要组成部分，所以确实不必妖魔化添加剂。苯甲酸钠作为常见的防腐剂，在各种食品中广泛使用，只要符合国家标准并无不可。

2022年10月9日，海天味业第三次发布公告，就配料"双标"一事再次进行回应。海天公告称，海天味业产品销往全球80多个国家和地区，无论是国内还是国际市场，该公司均有高、中、低不同档次的产品，均销售含食品添加剂的产品及不含食品添加剂的产品。国内作为该公司最大的消费市场，为满足消费者的多元化需求，在确保产品质量和安全的同时，海天公司打造了更为丰富的产品线种类。截至当时，海天公司生产经营未发生重大变化，请广大投资者理性投资。

4.中国调味品协会：同一产品在各国可能存在不同标准

中国调味品协会由全国酱油、食醋、酱类、酱腌菜、腐乳、烹调酒和各种调味料生产经营及相关的企业、事业单位组成，是跨地区、跨部门、不分所有制的全国性、非营利性行业组织。

对于海天产品"双标"的传言，2022年10月5日，中国调味品协会发布了《关于净化市场环境，引导调味品企业高质量发展的声明》，主要包括以下四项：

第一，食品生产企业在我国境内的生产经营应符合我国的法律法规及相应标准的规定，出口产品应符合出口国的法律法规及相应标准的规定或遵照双方认同签署的进出口贸易合同的技术条款。因各国的饮食和消费习惯不同，同一类产品的标准要求会有所不同。但是，标准本身并不存在高低之分。

第二，我国食品添加剂的管理实行严格的审批管理制度，食品添加剂的使用范围和限量要求，全部经过权威机构的食品安全风险评估并被证明是安全可靠的。食品生产企业只要严格按照《食品添加剂使用标准》(GB 2760)的规定规范使用食品添加剂，其生产的产品就是安全的。

第三，餐饮业和消费者需求的快速迭代，加快了酱油产业的市场细分和产品创新，生产企业在遵守国家统一标准的基础上，可以根据各细分产品的特点和市场需求，科学合理地使用食品添加剂，不仅可以满足各种酱油口味的需求，还可以提升产品品质和食品安全水平。

第四，在举国上下欢度国庆佳节、喜迎党的二十大召开之际，此次事件的发生，对中国调味品的生产和市场造成了不良影响，我们对此深表遗憾，并支持因舆情受到影响的调味品企业依法维权，追究网络造谣者的法律责任。

案例点评

日前，有消费者在社交平台上晒出图片，海天酱油配料表有"双重标准"，外销的只有水、大豆等原料，没有添加剂，而内销的则有增味剂、防腐剂（苯甲酸钠）和甜味剂（三氯蔗糖），引发海天酱油国内外产品"双标"争议。其实，食品添加剂是有国家执行标准的，所谓国标，即是在摄入剂量范围内，食品添加剂被视为对人体是安全的，是容许合法添加的。当然，食品添加剂还可以起到低成本、增强色香味或延长保质期等作用。

此次"双标"争议反映出来的焦点问题是，随着民众越来越重视食品安全，消费者权益保护观念也愈发深入人心。对于强制性国标的制定、通过与执行，作为普通消费者的民众如能更多了解甚至参与制定，不仅有利于准确认识国标，还能更有效地维护市场秩序和促进公平竞争。

1. 食品添加剂概念

食品添加剂是为了改善食物的色、香、味等品质，以及延长食物有效时间，保证食物可以较长时间储存的人工合成的对人体无害的物质。食品添加剂在食物中的量需严格控制，防止份量过高对人体造成不利影响。需要注意的是，食品添加剂并非人体必须摄入的物质，食品添加剂只是为了延长食物有效期或者增强色香味等而存在的人工合成的化学物质，并非为了食用。不同的食物，需要添加剂的量也不同；不同的储存环境下，相同的食物中，食品添加剂的种类和量也不同。

根据国家有关规定，食品添加剂在食品工业中的使用需要遵循两个基本原则。一是使用安全性。食品生产厂家需要通过风险评估等，确保食品添加剂按照国家标准要求的使用范围和使用量进行添加，不能给消费者带来健康损害。二是工艺必要性。食品生产企业需要通过试验研究等，证实食品添加剂在生产加工过程中的功能及作用机理，说明添加的必要性，和不添加的缺失性，并需要与其他相同功能的食品添加剂使用效果作比较分析。另外，食品生产厂家还要根据使用单位以及公开征求等的反馈意见，参考国家标准情况等，证明食品添加剂在食品中能达到预期功能。

2. 食品安全风险交流存在滞后情况

关于食品添加剂，我国法律层面有食品安全法和食品卫生法。在2009年食品安全法颁布以前，食品卫生法是我国唯一一部对食品添加剂及其生产使用过程中有关卫生和安全问题作出规定的国家法律。我国的食品安全法对食品添加剂使用作了非常严格的法律规定，除安全性的内容外，还将食品加工工艺提到了较高的层面。同时要求县级以上地方人民政府统一负责、领导、组织、协调本行政区域的食品安全监督管理工作，赋予其对食品安全监督管理部门进行评议、考核的权力。

此外，我国食品添加剂相关的标准主要是指《食品添加剂使用卫生标准》，最初允许使用的食品添加剂只有几十种；1991年，允许使用的食品添加剂超过100种；2011年，达到了2500种。2014年新修订颁布了《食品添加剂使用标准》（GB 2760—2014），替代了2011年的版本。2014年版本的标准，借鉴参考国际上通用的食品添加剂标准，规定了食品添加剂的使用原则、允许使用的品种、范围及最大使用量或残留量。

系列食品添加剂相关法律法规的颁布与实施，标志着我国新的食品药品监督管理体系得以形成，食品安全的治理效果也值得肯定。但近年来我国涉及食品添加剂的食品安全事件依旧时有发生，主要原因在于信息不对称。在当前政府管理欠缺透明和企业缺乏自律的情况下，市场上的食品安全风险交流存在滞后和缺位，消费者知情权缺乏有效的保障，而相关食品安全信息的缺失，最终造成消费者对食品添加剂的非理性恐慌。

3.消费者对食品安全有知情权

基于"保障公众的身体健康和生命安全"是一切食品安全管理工作的终极目的，食品安全风险交流工作首要的功能和目的，应当就是保护消费者知情权。那么，在食品及食品添加剂安全领域，消费者知情权如何体现？

（1）有关法律法规

在我国，对消费者知情权进行明确规定的法规首先是食品安全法，其第一百一十八条规定，"国家建立统一的食品安全信息平台，实行食品安全信息统一公布制度"。此外，消费者权益保护法第八条规定，"消费者享有知悉其购买、使用的商品或者接受的服务的真实情况的权利。消费者有权根据商品或者服务的不同情况，要求经营者提供商品的价格、产地、生产者、用途、性能、规格、等级、主要成分、生产日期、有效期限、检验合格证明、使用方法说明书、售后服务，或者服务的内容、规格、费用等有关情况"。

从有关法律条文中可以看出，消费者权利的对象是商品或服务的"真实情况"，而提供这些"真实情况"的义务主体就是经营者。

（2）塑化剂双重标准事件

我国有关食品添加剂的负面新闻时有爆出，如2011年的塑化剂双重标准事件，也在一定程度上反映了我国消费者知情权存在交流缺失问题。

据媒体报道，截至2011年5月30日，台湾地区受塑化剂污染事件牵连的厂商已经达到206家，可能受污染产品为506项。包括统一企业（方便食品）、长庚生物科技（酵素）、白兰氏（鸡精）、悦氏（运动饮料）等知名厂商，都一一"中枪"。问题产品不仅涉及运动饮料、水果饮料、茶饮料，就连水果糖浆、儿童钙片、乳酸菌咀嚼片也通通卷入其中。而且，由于连日来每天都有更多食品被检验出含有塑化剂，短时间内无法断定其影响范围究竟有多大。

台湾地区塑化剂风波爆发后，原卫生部下发卫办监督函〔2011〕551号文件，对国内食品、食品添加剂中塑化剂最大残留量作出严格规定；然而不到两个月，原卫生部又下发了卫办监督函〔2011〕773号文件，专门规定了食品用香精香料中塑化剂的总含量上限，较此前的通用标准放宽了数十倍。据此有消费者认为，食品行业标准的制定，存在过多考虑企业利益的可能性。

其实，公众的不满情绪并非单纯来自政府"宽严不一"的双重标准，而是忽视了消费者获得食品安全信息的诉求，翻阅上述773号文件可以发现，香精香料需采用不同食品添加剂的剂量标准，主要原因在于专有的生产工艺。政府对此完全可以组织专家人员向公众说明原因，但在出台相关文件之后却没有了下文。

回到此次海天"双标"争议，坦率地讲，网友的话语也有不公正的地方。在海天京东自营旗舰店中，一直在售多款"0添加"酱油、料酒、蚝油等产品，这说明海天"无添加"产品也并不构成内销外销之不同。

还有，若干网友认为现行酱油国标是海天制定的。事实上，争议发生时的酱油国标是2000年制定的，起草单位是石家庄珍极酿造集团有限责任公司，最初强制性标准为GB 18186—2000，后于2017年3月23日起编号改为GB/T 18186—2000，变为推荐性标准。网友截图引用的海天内销酱油，执行的就是这一标准。

总之，一个国家标准、地方标准、行业标准或者企业标准，有消费者代表参与、满足消费者全程知情需求、反映消费者的声音与诉求，这样制定出来的标准，才能更好地维护消费者权益，才能得到广大消费者的认同与认可。

国家卫健委批准透明质酸钠等15种新食品原料

案例概述

2021年1月7日，国家卫生健康委发布《关于蝉花子实体（人工培植）等15种"三新食品"的公告》（以下简称《公告》）。其中，透明质酸钠被批准为新食品原料，可用于普通食品生产。透明质酸，俗称玻尿酸，广泛用于医学美容、健康保健等领域。这则公告意味着，透明质酸除了可以用于护肤之外，还可以作为食品原料添加到食品中。自此，透明质酸应用场景不断拓展升级，透明质酸终端食品市场进一步被放开，透明质酸食品方向迎来新的开发热潮，众多品牌商家纷纷入局新"风口"。

1.透明质酸钠：从保健食品原料到新食品原料

透明质酸钠是透明质酸的钠盐形式。据了解，透明质酸钠是以葡萄糖、酵母粉、蛋白胨等为培养基，由马链球菌兽疫亚种经发酵生产而成，是由D-葡萄糖醛酸和N-乙酰基-D-氨基葡萄糖双糖单元构成的糖胺聚糖的钠盐，是一种直链大分子多糖。

我国于2008年批准透明质酸钠为新资源食品，使用范围为保健食品原料。2016年12月18日，原国家卫计委公布了一批2008年以来原卫生部和原国家卫计委公告批准的新食品原料（新资源食品）名单，透明质酸钠赫然在列。

2021年1月或之前，在日本、韩国、美国、欧盟、澳大利亚、新西兰和巴西，透明质酸钠及以其为主要成分的产品已被允许添加在食品或膳食补充剂中。基于其他国家和国际组织的批准使用情况，我国有关单位将透明质酸钠的使用范围申请扩大为乳及乳制品，饮料类，酒类，可可制品、巧克力和巧克力制品（包括代可可脂巧克力及制品）以及糖果，冷冻饮品，基本已经涵盖了透明质酸钠主流的食品饮料应用。

此次《公告》的发布，标志着透明质酸钠正式从保健食品可用的新资源食品

"迈进"到了更广阔领域的新食品原料。

但由于透明质酸钠在婴幼儿、孕妇和哺乳期妇女人群中的食用安全性资料不足，从风险预防原则考虑，上述人群不宜食用。也因此，透明质酸钠产品标签及说明书中应当标注不适宜人群，并标注"推荐食用量≤200毫克/天"。

2.消费者的医美疑虑

尽管我国已经批准透明质酸钠可以应用于普通食品中，也有很多国外产品早已搭乘"网络"快车进入消费者的视野中，但从我国消费者对产品的询问中不难看出，大家对于透明质酸钠在美容、医疗等场景中的应用形成了固定的思维模式，当出现"透明质酸钠是可以食用的"这一新观点时，很多消费者仍然存在疑虑。

业内人士指出，其实透明质酸钠的原料可分为三种规格，医药级、化妆品级、食品级。华熙生物注册中心负责人在接受媒体采访时介绍，透明质酸本身是人体当中固有的物质，随着年龄的增长，身体当中的透明质酸含量会逐渐减少。通过口服补充透明质酸钠，可以提高人体内的透明质酸含量，达到改善皮肤当中的水分、改善胃肠道、改善关节等部位问题的效果。

3.透明质酸应用场景不断拓展升级

一直以来，与透明质酸钠关系最密切的便是医美。透明质酸应用场景根据成熟度可分为成熟应用、新型应用和前沿应用。成熟应用主要集中在眼科、骨科、微创医疗美容等；新型应用主要为食品、宠物等领域；前沿应用主要为骨骼修复再生、降低放疗副作用等。

不论是什么样的产品，消费者和企业最关心的都是安全与功效。相比其他场景，现阶段食品级透明质酸钠终端产品市场的规模明显较低，主要集中应用在保健食品上，整体成熟度还有较大的提升空间。随着国内市场透明质酸钠应用于食品的政策全面开放，以及消费者认知的进一步提升，透明质酸钠食品级的应用有望快速增长。

资料显示，玻尿酸学名为透明质酸。1934年，美国哥伦比亚大学一位名叫卡尔·迈耶的眼科教授和其团队从牛眼睛的玻璃体中分离出了一种多糖，具有吸水性，这就是玻尿酸。透明质酸广泛分布于人体的眼玻璃体、关节、脐带、皮肤等部位，是人体内不可替代的天然物质，胚胎时期的体内含量最高，随着年龄增长，体内含量逐渐减少。根据分子量的大小，透明质酸可以分为高分子量透明质酸、中等分子量透明质酸、低分子量透明质酸及寡聚透明质酸4类。透明质酸是当今世界公认的良好保湿成分，广泛应用于化妆品中。

作为人体中天然存在的一种物质，玻尿酸是表皮及真皮的主要基质成分之一，具有独特的黏弹性和优良的保水性、组织相容性和非免疫原性。因此，以往玻尿酸多被广泛应用于化妆品、医学等多个领域。

4.口服玻尿酸，维持皮肤健康

研究显示，随着年龄增长，人体合成玻尿酸的能力逐渐下降。如果将人在20岁时，体内玻尿酸相对含量设为100%，那么到了30岁，这个数值便降到了65%。而口服玻尿酸有望对机体的玻尿酸进行补充，进而调节机体相关功能，维持和促进机体健康。

研究还指出，玻尿酸不仅可以被机体吸收并运转至皮肤部位，而且摄入的玻尿酸还有助于增加自身玻尿酸的合成，促进皮肤成纤维细胞增殖。口服玻尿酸可以提高紫外线照射后皮肤中水分含量以及减缓皱纹生成和皮肤老化速率。

日本东京东穗大学医学中心皮肤科的一项研究结果显示，持续12周、每天口服120 mg的高分子质量（300 kDa）或低分子质量（2 kDa）玻尿酸均可以显著提升受试者的皮肤光泽程度和柔韧性、淡化鱼尾纹。玻尿酸对皮肤保持水分、维持弹性、塑形美容以及保持其防御功能等的效应已经得到广泛的验证和认可，口服玻尿酸无疑更加经济、方便，依从性更好。

不仅如此，研究证实，口服玻尿酸对于人体肠道功能的调节作用比我们想象得更大。比如，随着饮食方式的改变，我国居民胃食管反流病的发生率逐年提高，患者的胃酸和胆汁从胃部反流至食管，引起食管炎症和胃灼热。玻尿酸作为一种高分子质量的糖胺聚糖，能够组装成网状结构和分子框架作为过滤器，防止高分子质量物质的扩散。口服的玻尿酸在肠道内被酶降解后，以分子量较小的单糖或非单糖形式在肠道内被吸收，在体内合成酶的作用下被重新合成大分子玻尿酸，并促使人体生成内源性玻尿酸。

口服玻尿酸对人体系统也具有很好的保护作用，包括膝关节的保护、眼睛的保护、皮肤的保护等。在2023全国中西医结合皮肤性病学术年会上，与会专家指出，试验证实，口服玻尿酸可以通过对皮肤水分的改善作用及体内抗氧化作用，来达到相关的美容功效。

中国营养学会营养健康研究院发布的《新食品原料透明质酸钠》报告显示，食品级玻尿酸具有润滑关节、保湿皮肤、修复创伤、抗衰老、促进形态发生的生理功能。

5.玻尿酸在食品饮料行业迎来发展新机遇

透明质酸钠不仅无色无味，还易溶于水，不会改变产品本来的性质，因此在食品饮料应用上具有非常强的优势，可添加到各类应用中。数据显示，从2021年1月7日开始，玻尿酸作为一种新食品原料，在食品饮料行业有了更广泛的应用，多家企业积极布局玻尿酸全产业链，挖掘玻尿酸产业细分赛道。权威研究机构弗若斯特沙利文发布的《2021全球及中国透明质酸（HA）行业市场研究报告》显示，2021年全球透明质酸原料市场销量达720吨，近五年复合增长率达14.4%，预计未来五年还将保持12.3%的复合增长率，2026年将达到1285.2吨。在2021年的720吨透明质酸原料中，309.6吨为化妆品级原料，28.8吨为医药级原料，381.6吨为食品级原料，其中食品级原料占据大头。该报告还显示，玻尿酸食品级原料从2019年开始就超过了化妆品级和医药级原料，此后复合增长率连年领先。2019年，全球食品级透明质酸终端产品市场达到约3.5亿美元，预计2024年将达到约4.8亿美元，市场前景广阔。数据还显示，2022年全球共诞生了785个含玻尿酸的新食品。据了解，目前全球共有2000多款透明质酸食品上市，仅日本一国就有160余种，从玻尿酸饮品到玻尿酸软糖，品种繁多。很多企业看中玻尿酸的健康功能，纷纷入局玻尿酸食品生产赛道。

未来，随着《公告》的发布，以及健康科普教育的深入推进，玻尿酸的健康价值将会得到越来越多人的认可，玻尿酸食品的消费将会逐渐增长，这将有力推动更多玻尿酸品种产品的开发和生产。

案例点评 ●

该案例简述了透明质酸钠在我国和世界范围内研究和应用的发展过程。自从1934年透明质酸钠被发现以后，采用细胞、分子生物学、动物实验、人体实验等方法，对透明质酸钠的分子结构、体内吸收代谢过程，及其功能和作用机制，进行了多学科、多角度、高水平的科学研究。

随着研究结果的逐渐积累，透明质酸钠在人体中应用的安全性和有效性逐渐得以验证。2008年，国家卫健委批准透明质酸钠为新资源食品，使用范围为保健食品原料。2021年1月7日，国家卫健委再次发布透明质酸钠为新食品原料，可用于普通食品生产。说明其安全性已经获得一定的科学共识，其功效学也从皮肤和骨关节的健康方面扩展到其他健康领域。在此基础上，透明质酸钠在我国的应用范围也从医疗、化妆品扩展到食品。这一发展过程完全体现了我国在食品卫生方面的法律法规制度不断完善。

根据食品安全法，透明质酸钠作为保健食品原料，属于特殊食品的范畴，其安全性和有效性需要有充足的科学依据。自2008年起，我国批准透明质酸钠的应用范围限于保健食品原料，截至2022年拥有批文的保健食品产品仅涵盖"增加骨密度""改善皮肤水分""增强免疫力""抗氧化""祛黄褐斑"5项功能。2020年12月，国家卫健委发布公告，将透明质酸钠的使用范围扩大到乳及乳制品，饮料类，酒类，可可制品、巧克力和巧克力制品（包括代可可脂巧克力及制品）以及糖果，冷冻饮品等普通食品，大大拓宽了透明质酸钠的食品应用范围。截至2022年9月，我国共有36款含透明质酸钠的保健食品获批上市，说明随着其应用范围的扩大，相应的产品逐渐增加。

2021年1月7日，国家卫健委再次发布透明质酸钠为新食品原料，可以用于普通食品，大大拓宽了透明质酸钠的食品应用范围。根据《新食品原料管理办法》中对新食品原料的定义，新食品原料是指在我国无传统食用习惯的以下物品：动物、植物和微生物；或者是从动物、植物和微生物中分离的成分；或者是原有结构发生改变的食品成分；以及其他新研制的食品原料。新食品原料应当具有食品原料的特性，符合应当有的营养要求，且无毒、无害，对人体健康不造成任何急性、亚急性、慢性或者其他潜在性危害。虽然透明质酸钠被批准为15种新食品原料之一，但在实际应用中仍有剂量和适宜人群的限制。

在世界范围内，关于人体口服透明质酸钠的功效学的研究主要集中于皮肤和骨关节健康方面。许多高质量的研究报告证实了其安全性和有效性。虽然有些研究结果证实了透明质酸钠对于胃肠道、肠道菌群和胃食管具有健康益处，但是研究数量有限，尚缺乏充分的人群研究证据。随着人类健康问题的复杂化和多样化，口服透明质酸钠功效学的研究还延伸至许多相关热点领域，包括促进心血管健康、增强免疫力等。

全球市场上用于保健食品和普通食品的透明质酸终端产品已经十分普遍，且被消费者接受。日本和美国的食品级透明质酸终端产品因其研发早、市场发展成熟，品牌知名度高；凭着面对不同人群的产品种类丰富、销售渠道多元化等占据了全球市场的优势地位。随着我国对于透明质酸钠相关法规的出台，推动了我国食品级透明质酸的应用，不仅为原料市场打开了新的成长空间，而且显示了食品级透明质酸终端产品的发展潜力。未来随着我国市场对食品级透明质酸终端产品的认可，国内添加透明质酸的普通食品种类和数量也将更加丰富并带来新的消费趋势。

案例二十三 《2021那香海·胡润中国食品行业百强榜》发布　上榜企业总价值达9.6万亿元

案例概述

2021年12月6日，胡润研究院携手环球首发联合发布《2021那香海·胡润中国食品行业百强榜》（以下简称"2021胡润榜"），按照企业市值或估值进行排名。上榜的100家食品企业涵盖食品综合、酒类、软饮料、乳制品、肉制品、调味品、粮油、保健食品和农牧行业。据了解，上市公司市值按照2021年10月8日的收盘价计算，非上市公司估值参考同行业上市公司或者根据最新一轮融资情况进行估算。

本次发布，上榜门槛115亿元，前50名门槛276亿元，前10名门槛2409亿元。上榜企业总价值达到9.6万亿元。

1.贵州茅台："中国食品行业最具价值企业"

本次榜单中的"中国食品企业"是指公司总部在中国的企业，总部在中国但由外资控股的企业也在研究范围之内。上榜的100家食品企业涵盖食品综合、软饮料、乳制品、肉制品、调味品、粮油、保健食品和农牧行业。本次榜单中的农牧企业包括主业是粮食种植的企业（如北大荒农垦），以及主业是牲畜养殖并提供肉制品原料的企业（如牧原），不包括主业是提供农作物种子、种苗的农牧企业（如隆平高科），以及主业是饲料/动物疫苗等产业的农牧企业（如海大）。

贵州茅台集团旗下的贵州茅台股份有限公司已独立上市，因此茅台集团旗下其他非上市公司单独计算价值；中粮集团旗下多家公司（如蒙牛、酒鬼酒、中粮糖业）已独立上市，因此中粮集团旗下的其他非上市公司（如中粮福临门）单独计算价值；北大荒集团旗下的北大荒农垦已独立上市，因此北大荒集团旗下的其他非上市公司（如九三粮油）单独计算价值；新希望集团旗下的新希望六和与新希望乳业已独立上市，因此新希望六和与新希望乳业的价值分开计算。

经统计，贵州茅台以2.1万亿元的价值成为中国食品行业最具价值企业，企业总部在贵州遵义（见表3）。茅台酒是大曲酱香型酒的鼻祖，人们把茅台酒独有的香味称为"茅香"，是中国酱香型风格的典范。2001年，茅台酒传统工艺被列入国家级首批非物质文化遗产。贵州茅台位列"2021胡润榜"榜首，位列《2021胡润中国最具历史文化底蕴品牌榜》第二。2020年全年，根据《2021胡润中国高净值人群消费价格指数》，飞天茅台53度的价格上涨了25%。

五粮液以8858亿元价值位居第二，企业总部在四川宜宾。五粮液是中国浓香型白酒的典型代表，系统研制开发了五粮液、五粮春、五粮醇等几十种不同档次、不同口味系列产品，满足不同区域、不同文化背景、不同层次的消费者需求。五粮液位列"2021胡润榜"第二，位列《2021胡润中国最具历史文化底蕴品牌榜》第五。2020年全年，五粮液52度十年的价格上涨了34%，是《2021胡润中国高净值人群消费价格指数》中价格涨幅第三大的商品。

表3 《2021那香海·胡润中国食品行业百强榜》前10名名单

序号	企业单位	价值（亿元人民币）	主要品牌
1	贵州茅台	21351	贵州茅台
2	五粮液	8858	五粮液、五粮春、五粮醇
3	海天味业	4718	海天
4	山西杏花村汾酒厂	3965	汾酒、竹叶青酒
5	益海嘉里金龙鱼粮油	3915	金龙鱼、欧丽薇兰
6	农夫山泉	3600	农夫山泉、茶π、东方树叶
7	泸州老窖	3300	国窖1573、泸州老窖
8	牧原食品	2879	牧原
9	洋河酒厂	2685	梦之蓝、天之蓝、海之蓝
10	伊利实业	2409	伊利、安慕希、巧乐兹

2.海天味业："价值最高的非酒类企业"

梳理数据可以发现，海天味业以4718亿元价值位列第三并成为价值最高的非酒类食品企业。海天味业之所以能有如此高的市值呈现，有以下三个原因。

一是海天味业的主业酱油是刚需品，相对于酒类和其他消费品而言，其增长稳定性更高。而且，消费者对调味品价格敏感度低，品牌有提价空间，企业的毛利率一直高于行业整体水平。在2017—2020年，海天味业的综合毛利率分别为45.69%、46.47%、45.44%、42.17%。

二是从未来成长性上看，调味品的行业集中度很低，目前只有20%左右，远低于其他消费品，马太效应愈发明显。同时，海天味业作为很多行业标准引领者的老大，优势明显，且仍有很大的发展空间，吸引了资本市场的重点关注。同时，品牌力、渠道、产能优势带来的规模效应，使公司对上游原料供应商、下游端的议价能力都较强。

三是稳定且强大的渠道能力，是海天的护城河。正所谓"有人烟的地方就有海天"，依靠流通渠道起家的海天，在县级、村镇小卖部、农贸市场的全面渗透，让所有的酱油企业望尘莫及。庞大的网络不但让海天的酱油不愁卖，还让海天的其他产品同样具有极大的销售优势。海天味业2021年半年报披露，目前公司有经销商7407个，覆盖全国31个省级行政区域，超过300多个地级行政区，超过2000多个县级市场。而同时期竞品企业千禾味业、中炬高新的经销商数量分别为1587个、1636个。

然而，国家统计局的数据显示，我国酱油产业的产量增长速度逐渐放缓，国内酱油市场已趋于饱和。海天的酱油产品在营收中的占比已达到了60%，其在低端酱油市场的天花板清晰可见。虽然海天酱油知名度较高，但是其他调味品如鸡精、醋、鸡粉等产品不如太太乐、恒顺等品牌，仍需要市场培育。

在原材料价格上涨、酱油业务承压的情况下，海天味业2021年上半年勉强实现了个位数增长，期内营收123.3亿元，同比增长6.4%；归母净利润33.5亿元，同比增长3.1%。但是在2021年第二季度，该公司仅实现营收51.7亿元，同比下降9.4%；利润14.0亿元，同比下降14.7%。

对此，有业内人士认为："从稳定性和未来发展来看，海天味业确实是一家好公司，但未来经济一旦回暖，资本流向具有更高回报的领域，也是必然。届时，海天的股价还能否像现在这样蒸蒸日上，还得另当别论。"

3.民营企业对食品行业贡献很大

胡润百富董事长兼首席调研官胡润表示："民营企业对食品行业贡献很大，百强中有68%是民营企业。""与欧美食品行业相比，中国最大的特色是白酒第一。酒类占这个百强榜的1/3，其中七成以上是白酒。""有些品类一家独大局面比较明显，比如调味品类的第一名海天，其价值是第二名李锦记的6倍；粮油类的第一名金龙鱼，其价值是第二名福临门的4倍。而有些行业第一名之争就很激烈，如食品综合类，第一名康师傅的价值比第二名卫龙高14%；乳制品行业，第一名伊利的价值比第二名蒙牛高30%。""中国的食品品牌是'百年老店'最多的,在我们最近发布的中国最成功的老品牌百强榜(《2021胡润中国最具历史文化底蕴品牌榜》)中,有一半以上属于食品行业。而在这个食品行业百强榜中,有22个品牌位列我们老品牌百强榜。"

4."中国食品行业百强榜"子榜单

本次发布的榜单除了"中国食品行业百强榜"以外,胡润研究院与环球首发还共同甄选出具有地标意义的国内和国际食材品牌各10个。

国内地标食材优品包括:盛湖源的兴凯湖大米,大漠紫光的高台黑番茄、黑枸杞、黑桑葚,李应贤的洛阳金珠果梨,41°固阳献的固阳胡麻油、黄芪,天门郡的张家界莓茶,网易味央的安吉黑猪肉,老坛子的眉山泡菜,参王朝的大连海参,甜园蜜语的云南罗平蜂蜜,大观楼的高安腐竹。

国际地标食材优品包括:宾利的法国红酒,典极的新西兰羊乳,Pure Natural的加拿大蔓越莓,马蒂诺罗西的意大利菜豆面粉,中田的日本梅酒,Iber Bellota的西班牙火腿,阿客巴的斯里兰卡红茶,仰慕的泰国长粒香米,Côte d'Or的比利时巧克力,Cameo的意大利发酵粉。

案例点评 •

2021年12月6日,胡润研究院携手环球首发联合发布《2021那香海·胡润中国食品行业百强榜》。本次榜单中的"中国食品企业"是指公司总部在中国的企业,总部在中国但由外资控股的企业也在研究范围之内,榜单按照企业市值或估值进行排名。针对这一榜单,胡润方面表示,相关排名榜单是第一年发布。

观察上榜的100家食品企业,涵盖食品综合、酒类、软饮料、乳制品、肉制品、调味品、粮油、保健品和农牧行业,总价值达到9.6万亿元。其中,贵州茅台以2.1万亿元成为中国食品行业最具价值企业,而海天味业以4718亿元位列第三并成为价值最高的非酒类食品企业。可以说,"2021胡润榜"是一份反映我国在推进企业做大做强和进一步加强消费中,中国食品企业的表现与成就的榜单。

1.食品消费的发展与变化

美国作为全球第一消费国，在经济领域称冠全球的代表性事件是什么？是可口可乐饮料风靡全美。2020全球品牌价值100强榜单显示，可口可乐、麦当劳挤进前十。其中可口可乐以644亿美元排名第六位，麦当劳以461亿美元排名第十位。对这一局面的形成可以如此解释，进入21世纪，美国已经成为全球消费中心。与其说可口可乐产品有多好，不如说美国的消费市场有多大。只有大市场才有大消费，只有大消费才有大品牌。

这一局面或许即将发生变化，中国正在成为全球消费新中心。以2022年为时间点计算，过去10年，中国经济总量从2011年的7.5万亿美元，提升至2021年的17.7万亿美元，绝对增量超过10万亿美元，达到10.2万亿美元。其中，仅上海一座城市的GDP就超过整个荷兰；在实体经济的基础上，武汉GDP与芬兰相当。

"2021胡润榜"以及《2021胡润百富榜》中，农夫山泉以3600亿元价值列第六位，出生于浙江诸暨的农夫山泉创始人钟睒睒，则以3900亿元身价成为中国新首富。钟睒睒做的是什么产业呢？包装饮用水和饮料。这些饮品饮料有什么特点？都属于快消品，都有遍布全国的销售渠道。所以，成就农夫山泉和钟睒睒的，其实就是中国消费市场。我国庞大的人口基数，支撑起饮用水与饮料的巨量市场需求。

当下，农夫山泉包装饮用水已经从街边小店快速走进家庭消费场景，从550毫升瓶装水到12升饮用天然水，农夫山泉产销两旺。公开数据显示，2022年中国包装饮用水生产总量首次突破1亿吨达11674.1万吨。欧睿预测，2019年至2023年，中国包装饮用水市场规模持续增长，预计2025年将突破3100亿元。依靠中国庞大的消费市场，农夫山泉成为中国快消品的"独角兽"。消费，才是时代品牌最大的推动力量。

2.食品企业在积极适应消费变化中进一步发展

食品工业是消费品工业的重要组成部分，在扩大内需战略中具有重要地位。顺应市场变化快、消费者口味变化快以及定制化服务要求高等消费升级趋势，海天酱油不断优化产品供给，助推食品工业快速发展。

海天酱油发源于清乾隆年间，这家老字号走到今天，其市场占有率、品牌知名度和企业综合实力都跻身行业最前端，成为全球最大的调味品生产商之一。据介绍，早在20世纪90年代，海天味业就率先在业界提出规模化生产战略，但规模化生产急需提升产能。于是，海天味业把目光瞄准自动化设备，花费3000多万元引进国外先进生产线，并且自2004年起陆续引入自动化智能化设备。目前，海天味业自动化生产线每小时可包装4.8万瓶产品，生产规模进一步扩大，全力以赴满足市场消费需求。

信息显示，2021年海天味业总营业收入达250.04亿元，同比增长9.71%；2022年海天味业总营收达到256.1亿元，同比增长2.42%。

3.科技进步推动食品产业高质量发展

从"2021胡润榜"可以看出，以4718亿元位列第三并成为"价值最高的非酒类企业"的海天味业，不断进行自动化智能化改造，迎来了企业飞速发展的新时代。

（1）传统制造业数字化升级

近年来，海天味业持续不断引进10余条全自动智能化极速灌装生产线，全都采用国际上领先的技术和工艺，诸如生产线实时数据管理系统、称重式灌装技术、无压力输送系统、全触摸操作系统、10万级洁净空间灌装系统、高精度全程监测系统、机器人码垛系统等，全线亮点纷呈，技术含量极高，大幅提升了企业的生产效率。据了解，2022年，海天味业的总人均产值是353.35万元（营收/总人数），高于行业水平，达到了发达国家的劳动生产率水平，这一数据甚至可以媲美部分高新技术公司的人均产值。同时，以流程规范、周转快速、无人为接触污染等设计特点见长的生产装备，也为海天味业的产品质量提供了有力的保障，代表着我国乃至全球范围内酱油生产的顶级水平。

（2）信息化打通上下游协同链

一个历经近300年风雨的传统企业要向一个世界品牌转变，首要的是需要管理创新。在新经济浪潮中，海天味业引进ERP系统，对整个生产流程进行了标准化、信息化改造，目前，从原材料进厂到产品出厂，长达6个月的生产流程中的每一个细小环节，都纳入了信息化管理系统。

以最简单的原料进厂为例，整个过程一环扣一环需要近10个环节。首先，车辆要出示采购订单才能进厂和称重，确认数量后电脑会自动产生检验批，产品检验过后，检验结果录入电脑，系统根据设定的标准判断产品是否合格，合格信息传递到仓库，产品才算正式入库，入库后的产品才能进入生产环节。

　　酱油作为快速消费品，占领市场的重要途径之一就是以最快的速度将产品送达消费者手中，但是如果为了实现这个目标增加库存，较高库存又会增加大量的生产成本，加速物流批次周转也会增加大量的运输成本。

　　针对传统模式的弊端，海天味业结合先进销售模式和管理思想，大胆自主创新信息技术，建立起一套独一无二的"销售订单分单系统"。通过这个平台，经销商客户直接通过系统下单，此后将在系统内快速完成分类汇总、库存分析、生产采购计划制订、产品发运计划优化等一系列动作。这种基于信息化手段的集成计划体系，使销售、生产、采购、运输计划的协调平衡得以实现，客户的发货周期从10天缩短至5天，原材料和包装物的库存水平较以往下降了10%~20%，既保证更充足更及时的供货，又有效地控制了库存水平，减少资金的占用。

　　从《2020胡润中国10强食品饮料企业》的"十强食品企业"，到"2021胡润榜"的"百强食品企业"，"2021胡润榜"榜单发布的重要意义在于，它是在中国处于"经济新格局"主旋律大背景下，向全社会吹响的新一次"共同富裕"冲锋号，向全球传递出一个正在变化和腾飞的中国食品经济新形象。

案例二十四

国家市场监管总局公告：辅酶Q_{10}等首批5种保健食品原料转为备案管理

案例概述

2021年2月1日，国家市场监管总局发布了《辅酶Q_{10}等五种保健食品原料备案产品剂型及技术要求》（以下简称《要求》），于2021年6月1日起正式实施。《要求》规定，辅酶Q_{10}等5种保健食品原料在产品备案时，可备案的产品剂型共包括了片剂、硬胶囊、软胶囊、颗粒、粉剂5种剂型，其中针对不同原料可用剂型有所差别，企业需要根据具体的原料来选择可用剂型。

《要求》还规定了5种备案产品可用原辅料的使用情况、备案时的产品技术指标，以及可以备案产品的范围等。

1. 背景情况

2015年修订后的食品安全法的发布实施，标志着保健食品注册与备案双轨制运行的正式启动。2016年发布的《保健食品原料目录（一）》正式启动了维生素矿物质类产品的备案工作。为了推动保健食品原料目录制定，国家市场监管总局委托总局食品审评中心对26种用于功能类保健食品的原料开展了招标研究，研究工作结束后结合已批准产品的情况和专家共识等，优先确定了5种保健食品原料作为首批功能性保健食品原料进行推进。随后总局食品审评中心正式启动将辅酶Q_{10}、褪黑素、螺旋藻、破壁灵芝孢子粉、鱼油5种原料纳入保健食品原料目录的技术研究工作，并于2019年1月完成了保健食品原料目录、原料技术要求和产品备案配套文件的制定工作。

2019年3月，国家市场监管总局对辅酶Q_{10}等5种原料纳入保健食品原料目录和原料技术要求向社会公开征求意见。据了解，最终形成的配套文件包括每种原料的原料技术要求、可用剂型、辅料、产品检测指标、产品主要生产工艺等内容整理，并形成5种原料可以备案的配套文件。

此次《要求》发布之前，国家市场监管总局于2020年12月31日发布《辅酶Q_{10}等五种保健食品原料目录》，明确相关保健食品原料可以备案。如此，可用于备案的原料已不再仅仅是维生素和矿物质，更多具有功能的原料也可以备案，保健食品备案剂型得到进一步扩展。

（1）保健食品领域首创：体现原料特点技术

值得注意的是，与维生素矿物质产品不同，辅酶Q_{10}等5种原料分别建立了体现保健食品原料特点的技术要求，这在保健食品领域属于首创。

国家市场监管总局指出，对于原料的把控是保证产品安全和质量可控的重要内容，且制成产品后，产品技术要求中部分特征指标无法再检测。由于原料质量控制的成败将直接决定备案产品的质量，因此要求备案人应该在申请备案时在第5项资料"安全性和保健功能评价资料"中提交具有法定资质检验机构出具的按照原料技术要求的全项检验报告。

（2）剂型囊括五大类，粉剂一同列入可使用工艺

在生产工艺方面，国家市场监管总局对5种原料的原料技术要求征求意见时，根据提出的各原料建议备案的产品剂型，采纳了破壁灵芝孢子粉的粉剂剂型的建议。

2017年5月，原国家食品药品监督管理总局发布了《保健食品备案产品主要生产工艺（试行）》，其中规定了适用于补充维生素、矿物质等营养物质的保健食品备案时主要生产工艺。据了解，本次拟新纳入的5种保健食品目录原料涉及剂型包括片剂、颗粒、硬胶囊、软胶囊、粉剂，其中前4种剂型按照维生素矿物质备案产品中的主要生产工艺进行描述。粉剂的生产工艺此前研究已较为成熟，本次一并列入5种原料备案可使用的工艺。

（3）食用香精及色素不再限定使用种类

未来产品备案时，原则上备案人应该使用《辅料可用名单》中的辅料；如果使用了《保健食品备案产品可用辅料名单及其使用规定》中的辅料，而该辅料不属于《辅料可用名单》的，则需要提供产品使用辅料及用量的选择依据。《要求》中特别指出，对于产品使用了食用香精和色素的，不再限定使用种类。

2.可用剂型及主要生产工艺

按照《要求》规定，辅酶Q_{10}、褪黑素、螺旋藻、破壁灵芝孢子粉和鱼油5种保健食品原料目录在产品备案时，可用剂型及主要生产工艺如下：

片剂：粉碎、过筛、混合、制粒、干燥、压片、包衣、包装等。

硬胶囊：粉碎、过筛、混合、制粒、干燥、装囊、包装等。

软胶囊：干燥、混合、均质、过滤、压丸、包装等。

颗粒：粉碎、过筛、混合、制粒、干燥、包装等。

粉剂：粉碎、过筛、混合、分装、包装等。

3.产品技术要求

按照《要求》规定，5种保健食品原料的技术要求，除应含有符合不同剂型要求的技术指标，微生物指标符合《食品安全国家标准保健食品》（GB 16740）规定外，还应符合以下要求：

（1）辅酶Q$_{10}$

其可用辅料包括维生素E、抗坏血酸钠、聚维酮K30、纽甜、滑石粉、硬脂酸镁、蔗糖、甜菊糖苷、糊精、乳糖等。

以辅酶Q$_{10}$为单一原料的保健食品备案时，可选择的产品剂型包括片剂（口服片、含片、咀嚼片）、颗粒、硬胶囊、软胶囊。

【标志性成分】为"辅酶Q$_{10}$"，以范围值标示。根据保健食品原料目录的每日用量要求，每100g的标志性成分范围值中的最大值经折算后不得超过每日服用量最高值，最小值不应低于每日服用量最低值。

（2）褪黑素

其可用辅料包括食用玉米淀粉、马铃薯淀粉、木薯淀粉、食用小麦淀粉、食用甘薯淀粉、碳酸钙、枸橼酸、微晶纤维素、硬脂酸镁、预胶化淀粉等。

以褪黑素为保健食品原料时，可以以单一褪黑素原料备案保健食品，也可同时加入维生素B$_6$（符合营养素补充剂原料目录中的维生素B$_6$标准依据，不得超过原料目录中对应人群的每日用量）作为原料组合进行产品备案，可选择的产品剂型包括片剂（口服片、含片）、颗粒、硬胶囊、软胶囊。

其【标志性成分】至少包括"褪黑素"，以范围值标示，应符合保健食品原料目录的每日用量要求，每100g的标志性成分范围值中的最大值经折算后不得超过每日服用量最高值，最小值不应低于每日服用量最低值。如原料中使用"维生素B$_6$"，应增加"维生素B$_6$"，并以范围值标示，每100g的标志性成分范围值中的最大值经折算后不得超过营养素补充剂原料目录中维生素B$_6$每日服用量最高值，最小值不应低于营养素补充剂原料目录中维生素B$_6$每日服用量最低值。

（3）螺旋藻

其可用辅料包括麦芽糊精、微晶纤维素、预胶化淀粉、硬脂酸镁、羧甲基纤维素钠、二氧化硅、羧甲基淀粉钠、甘油、羟丙基甲基纤维素、二氧化钛等。

以螺旋藻为单一原料的保健食品备案时，可选择的产品剂型包括片剂（口服片、咀嚼片）、颗粒、硬胶囊。

其他要求有3个：一是【理化指标】增订"蛋白质"。二是【标志性成分】至少包括"β-胡萝卜素"和"藻蓝蛋白"两个指标。指标值设定时应符合保健食品原料目录的每日用量、原料技术要求等的规定。三是【微生物指标】中增订"副溶血性弧菌"。

（4）破壁灵芝孢子粉

其可用辅料包括食用玉米淀粉、马铃薯淀粉、木薯淀粉、食用小麦淀粉、食用甘薯淀粉、羟丙基甲基纤维素、黄原胶（又名汉生胶）、硬脂酸镁、二氧化硅、羧甲基纤维素钠等。

以破壁灵芝孢子粉为单一原料的保健食品备案时，可选择的产品剂型包括片剂（口服片）、颗粒、硬胶囊、粉剂。

其他要求有2个：一是【理化指标】应增订"六六六""滴滴涕"；粉剂增订"过氧化值"。二是【标志性成分】至少包括"多糖"和"总三萜"两个指标。指标值设定时应符合保健食品原料目录的每日用量、原料技术要求等的规定。

（5）鱼油

其可用辅料包括维生素E、明胶、甘油、纯化水、饮用水、对羟基苯甲酸乙酯及其钠盐、大豆磷脂、焦糖色。

以鱼油为单一原料备案保健食品，可选择的产品剂型为软胶囊。

其他要求有2个：一是【理化指标】中增订"水分及挥发物""碘值""苯并[a]芘"。二是【标志性成分】至少包括"DHA"、"EPA"和"DHA+EPA"三个指标。指标值设定时应符合保健食品原料目录的每日用量、原料技术要求等的规定。

案例点评

对于纳入保健食品原料目录的辅酶Q_{10}、鱼油、破壁灵芝孢子粉、螺旋藻和褪黑素的5种功能类成分，中国企业各具优势：从原料而言，中国是全球最大的辅酶Q_{10}产品生产国，产能产量稳居全球首位，国内企业的生产和出口规模不断增加，具有显著的成本优势；同样，中国作为重要的精炼鱼油的出口地，不仅在提取和加工生产技术方面相对于国外生产企业而言具有技术优势，在生产成本及控制上也具有显著性优势；至于破壁灵芝孢子粉、螺旋藻作为传统的植物类保健食品原料，中国具有传统的优势。综上所述，此次纳入保健食品原料目录的5种功能类成分在原料供应上而言，中国无疑成为全球主要的原料供应商。从这个意义上讲，此次纳入保健食品原料目录可以促进保健食品原料产业的需求，从而促进保健食品原料生产企业的发展。

从20世纪80年代起步，中国保健食品行业经历了从无序发展到逐步形成一套完整的监管制度体系的过程。特别是从1995年开始施行审批制，到2005年加强监管，再到2016年以后实施注册与备案双轨制。2016年12月27日《保健食品原料目录（一）》的发布，标志着保健食品备案正式拉开了序幕。

以辅酶Q_{10}为例，2009年原国家食品药品监督管理总局发布了《关于含辅酶Q_{10}保健食品产品注册申报与审评有关规定的通知》，要求申请含辅酶Q_{10}保健食品产品注册，除须按保健食品注册管理有关规定提交资料外，还应提供原料辅酶Q_{10}的详细生产工艺、质量检测报告及质量标准、确定的检验机构出具的原料辅酶Q_{10}的质量检测报告。与食品及按照传统既是食品又是药品的物品配伍时，应当提供充足的配伍依据、文献依据、研究资料、试验数据及辅酶Q_{10}与其他原料不会发生化学反应的有关资料。除食品及按照传统既是食品又是药品的物品外，辅酶Q_{10}不得与其他原料配伍。原料辅酶Q_{10}的质量应符合《中华人民共和国药典》中辅酶Q_{10}的相关要求。辅酶Q_{10}的每日推荐食用量不得超过50mg。允许申报的保健功能暂限定为缓解体力疲劳、抗氧化、辅助降血脂和增强免疫力。产品标签、说明书应当符合保健食品注册管理有关规定。"不适宜人群"项应包括"少年儿童、孕妇乳母、过敏体质人群"，"注意事项"应标明"服用治疗药物的人群食用本品时应向医生咨询"。

2017年11月第一次保健食品原料目录研究发布招标，共有26种原料或系列被纳入研究范围，涵盖了功能性、安全性文献分析，数据库建立，应用安全性、功能性情况调查等多个方面。26种原料包括沙棘（油）、人参（红参）、西洋参、天麻、三七、灵芝、灵芝孢子粉、枸杞子、螺旋藻、银杏叶（银杏叶提取物）、红花、黄芪、石斛、红景天、鱼油、海豹油、鳕鱼肝油、大蒜油、牛初乳、蜂王浆、植物甾醇（植物甾醇酯）、番茄红素、辅酶Q_{10}、褪黑素＋维生素

B_6、角鲨烯、肉苁蓉。2019年3月，国家市场监管总局发布《关于公开征求辅酶Q_{10}等5种保健食品原料目录意见的公告》；2020年8月12日发布《关于公开征求辅酶Q_{10}等五种保健食品原料目录备案产品技术要求（征求意见稿）意见的公告》；2020年12月1日正式发布《关于发布辅酶Q_{10}等五种保健食品原料目录的公告》，包括辅酶Q_{10}、破壁灵芝孢子粉、螺旋藻、鱼油、褪黑素5种保健食品原料目录，自2021年3月1日起正式实施。进入2021年，国家市场监管总局又先后发布了这5种非营养素补充剂备案的产品剂型及技术要求。

从2017到2021年，我们看到了功能原料进入备案目录是一个逐步推进的过程，随着首批这5种原料的备案成功，也让我们看到了未来将有更多功能类原料进入保健食品原料目录的可能。

此次纳入保健食品原料目录的辅酶Q_{10}、鱼油、破壁灵芝孢子粉、螺旋藻和褪黑素等5种功能类成分在国外都作为膳食补充剂原料或者食品原料进行管理。例如，辅酶Q_{10}在美国作为膳食补充剂原料，在欧盟作为食品补充剂原料，在加拿大作为天然健康产品成分，在澳大利亚作为补充药品原料，在韩国作为健康功能食品的告知型原料，在日本作为营养健康产品原料进行管理。

将辅酶Q_{10}等5种功能类成分纳入保健食品原料目录，推动我国保健食品产业发展迈出了革命性一步。随着《保健食品原料目录　营养素补充剂》的不断更新，将逐步形成保健食品产品"备案是多数，注册是少数"的格局。保健食品市场准入有效实现注册备案双轨运行，呈现新格局。数据显示，目前保健食品有效备案凭证累计发放数量（14000多件），已超过近30年来现行有效注册批准证书累计数量（11000多件）。首批功能类保健食品原料辅酶Q_{10}、褪黑素、螺旋藻、破壁灵芝孢子粉、鱼油5种保健食品原料目录正式实施，加快产品上市过程，激发经营主体活力。将这些原料纳入保健食品原料目录，有助于规范市场秩序，提升产品质量。通过制定明确的原料标准和生产规范，确保了产品的安全性和有效性。在保护消费者权益的同时，改变了单一注册的准入方式，提高了行业整体的竞争力。

随着健康意识的提高，消费者对保健食品的需求日益多样化。辅酶Q_{10}等原料的纳入，为消费者提供了更多样化的选择，满足了不同人群的特定健康需求。基于注册类保健食品批准的保健功能，规范了5种原料的保健功能。例如，辅酶Q_{10}的保健功能为有助于增强免疫力、有助于抗氧化；鱼油的保健功能原为辅助降血脂，随着《允许保健食品声称的保健功能目录　非营养素补充剂

（2023年版）》的颁布实施，鱼油的保健功能也变为"有助于维持血脂（胆固醇/甘油三酯）健康水平"；破壁灵芝孢子粉和螺旋藻有助于增强免疫力；褪黑素则有助于改善睡眠。

　　纳入目录的原料具有明确的用量和对应的功效，这有助于提高保健食品备案的效率和质量，加快新产品的上市速度。企业可以根据目录指导，快速完成产品开发和备案流程，缩短产品从研发到上市的时间，提高市场响应速度。企业可以依托这些原料，开发出更多符合市场需求的新产品，推动产业技术进步和产品升级。同时，这也鼓励了企业加大研发投入，提升自主创新能力。政策的实施也强化了企业的主体责任，要求企业在生产过程中严格遵守原料目录的规定，确保产品质量。这从政策法规层面促进保健食品产业升级，从而促进行业整体的健康发展。

案例二十五 国家市场监管总局公布修订版《蜂产品生产许可审查细则（2022版）》

案例概述

为进一步规范蜂产品生产加工活动，重点治理掺假掺杂违法问题，2022年4月12日，国家市场监管总局公布修订后的《蜂产品生产许可审查细则（2022版）》（以下简称《细则》），自公布之日起施行。《细则》规定，企业生产蜂蜜、蜂王浆（含蜂王浆冻干品）、蜂花粉不得添加任何其他物质。

1.出台背景

蜂蜜因其含有丰富的氨基酸、维生素和矿物质，备受消费者的青睐，但假冒伪劣产品充斥市场，且名目繁多，令消费者难辨真假。为从源头上杜绝假蜂蜜，保障消费者食品安全，促进蜂产品产业高质量发展，做好蜂产品生产许可审查工作，依据食品安全法、《中华人民共和国食品安全法实施条例》《食品生产许可管理办法》及相关食品安全国家标准等规定，国家市场监管总局新修订并公布2022年版《细则》。

《细则》的实施基于两个方面的逻辑。首先是可以从源头上加强对蜂产品生产企业的监管，依照目前的技术手段，想要辨别真假蜂蜜还存在一定困难，没有特别适用于普通消费者的辨别方法，相比于后端监察，源头管理更加有效率。其次，《细则》的实施也能有效引导消费者选购蜂产品，如果消费者发现蜂蜜产品的配料表中含有很多其他物质，就一定要保持警惕。

《细则》的实施具有以下三个必要性：

第一，与现行的法律法规和标准相衔接。此前，食品安全法、《中华人民共和国食品安全实施条例》作了修改，对食品生产企业的原料把关、过程控制、制度落实、人员管理等方面都提出了更高的要求，同时食品生产许可分类目录对蜂产品生产许可的申请材料、产品分类等内容进行了调整，需要通过修订《细则》的形式予以明确，进一步修改补充蜂产品生产许可的审查要求，以确保与法律法规、标准更好地衔接。

第二，遏制蜂蜜掺杂使假，这是本次修订最核心的内容之一。近年来蜂蜜掺杂使假、以次充好、以蜂产品制品冒充蜂蜜的问题屡禁不绝，尤其是使用糖浆生产假冒蜂蜜日益成为行业的顽疾。为了解决监管难题，强化事前监管手段，通过修订《细则》，调整蜂蜜、蜂产品制品的定义和成分要求，明确规定生产蜂产品制品不得添加淀粉糖、糖浆、食糖，从源头上采取治理措施。

第三，推动蜂产品行业高质量发展。目前，蜂产品生产企业普遍规模较小，质量安全管理能力和水平不高，个别企业生产条件极其简陋，有必要通过修订《细则》以市场准入的角度来提高蜂产品生产企业的厂房、车间、设备设施等硬件要求；同时鼓励蜂产品生产企业使用巢蜜等质量更优的原料，规定禁止蜂蜜分装等管理措施，严格产品标签标识的内容，引导企业调整产品结构，推动蜂产品行业健康发展。

2.六方面重点内容

新版《细则》共6章43个条款，有些核心内容有了原则性的突破，层次更加清晰，内容更加完整，条件更加严谨。新版《细则》重点内容包括以下六个方面：

一是明确蜂产品许可的范围。蜂产品包括四类，分别为蜂蜜、蜂王浆（含蜂王浆冻干品）、蜂花粉、蜂产品制品。按照《食品安全国家标准　花粉》（GB 31636）要求，油菜花粉、向日葵花粉、紫云英花粉、荞麦花粉、芝麻花粉、高粱花粉、玉米花粉等纳入生产许可管理范围。松花粉属风媒花粉，参照蜂花粉相关要求执行。其他品种花粉没有纳入生产许可的范围。巢蜜定义为食用农产品，鼓励将巢蜜作为蜂蜜或蜂产品制品的原料进行生产。

二是从源头杜绝掺杂使假的行为。明确规定企业生产蜂蜜、蜂王浆（含蜂王浆冻干品）、蜂花粉不得添加任何其他物质。蜂产品制品是以蜂蜜、蜂王浆（含蜂王浆冻干品）、蜂花粉或其混合物为主要原料，且在成品中含量大于50%，添加或不添加其他食品原料经加工制成的产品。这样的规定能够真正反映出产品的真实属性，也让消费者能够准确地识别所购买的产品。为了杜绝造假行为，以蜂蜜为原料生产蜂产品制品不得添加淀粉糖、糖浆、食糖。蜂产品制品生产过程中应当制定产品配方，明确蜂蜜、蜂王浆（含蜂王浆冻干品）、蜂花粉或其混合物的投料比例，严格按照配方投料，并真实记录各种原料的添加量。

三是提高蜂产品生产企业硬件设备设施的要求。在生产场所方面，新增生产车间洁净区划分，明确清洁作业区、标准清洁作业区、一般作业区要求，强化生产场所管理。考虑到蜂蜜产品的特殊性，蜂蜜的灌装可以不在清洁作业区，这也是为了减轻企业的负担，不需要对生产线做大的技术改造。在贮存温度方面，蜂王浆的贮存温度设定温控参数要求。在设备设施方面，增加周转桶生产设备清洗控制程序、周转桶涂层完整性检查要求，将浓缩设备调整为非必备设备，弱化浓缩工艺要求，推动企业使用成熟蜜生产蜂蜜。在设备布局和工艺流程方面，进一步规范生产管理、物料管理等全过程质量控制要求，提升企业质量安全控制水平，增加产品生产过程控制参数要求，例如蜂蜜融蜜温度不得高于60℃，蜂王浆解冻温度不得高于25℃，解冻时间不得超过72小时，蜂花粉干燥温度不得超过45℃。

四是严格限制蜂产品分装。基于目前蜂产品分装企业条件简陋、过程简单，产品污染风险高，掺假掺杂违法随意等情况，经行业协会有关专家建议，明确蜂蜜、蜂王浆、蜂产品制品不得分装，鉴于蜂花粉生产需要集中辐照等特殊工艺要求，蜂花粉可进行分装。

五是强化食品安全管理制度要求。增加企业过程管理要求，如进货查验记录制度、生产过程控制制度、设备设施管理制度、检验管理记录等内容，加强原料蜜的管理要求，要求企业与供应商建立稳定的供应关系，鼓励企业自建产业基地（蜂源基地），优先选择具有蜂源的供应方，蜂蜜生产企业与养蜂业一体化管理模式。

六是严格规范产品名称和标签标识。食品标签应当符合法律法规及食品安全标准等规定，反映产品真实属性，蜂产品名称可以根据蜜源植物命名，蜂产品制品应当明确标示"蜂产品制品"字样，并且字号不得小于同一面板上的其他文字，不得使用"蜂蜜""××蜜""蜂蜜膏""蜂蜜宝"等名称；同时蜂产品制品标签上的配料表应当如实标明蜂蜜、蜂王浆（含蜂王浆冻干品）、蜂花粉或其混合物的添加量或在成品中的含量。

据了解，目前多数蜂蜜产品都是符合新版《细则》要求的，但也有部分产品存在添加了其他物质或不符合标签标识规定的情况。按照《细则》要求，不符合规定的产品应于2022年12月31日之前完成相关整改，申请获得蜂产品生产许可后方可继续进行生产。国家市场监管总局已部署各地市场监管部门落实《细则》，加强蜂产品质量安全监管。

案例点评

蜂蜜是一种营养价值高的天然食品，但现在市面上的蜂蜜种类众多，真假难辨，消费者一不小心就会买到劣质蜂蜜或者假蜂蜜。近日，国家市场监管总局新修订的《蜂产品生产许可审查细则（2022版）》规定，企业生产蜂蜜、蜂王浆（含蜂王浆冻干品）、蜂花粉不得添加任何其他物质，假蜂蜜再也不能蒙混过关了。

1.严格产品配方管理，杜绝掺假掺杂

香甜的蜂蜜是蜂产业中具有代表性的产物，其可用于冲调饮品，也可用于制作糖水、甜品时增加风味。值得注意的是，尽管我国养蜂、食蜂蜜有悠久的历史，但至今消费者的蜂蜜消费意识尚未成熟。简单来说，就是许多消费者虽然有时会购买蜂蜜，但往往不会着重考量各种细分的蜂蜜种类间有何风味、营养等方面的差异，而价格则会成为大家主要的关注点。为促进蜂产业健康有序发展，《细则》的实施主要体现出以下两方面的作用和意义。

（1）杜绝"打擦边球"现象

通过市场走访可以发现，目前，多数蜂蜜产品都在配料表中明确标注了使用的原料为蜂蜜，没有添加其他物质。但也有部分蜂产品在"打擦边球"，如一种名为"阿胶枸杞+蜂蜜"的产品，配料表中就标注添加了枸杞汁和阿胶，另外一种"桂花+蜂蜜"的产品，则是在洋槐蜜中添加了麦芽糖和桂花。

按照《细则》要求，蜂蜜经营者要明确标签标识内容，禁止虚假宣传。要求蜂产品名称必须反映产品真实属性，不得虚假标注；蜂蜜产品名称可根据蜜源植物命名；蜂产品制品应当在产品标签主展示面上醒目标示"蜂产品制品"，字号不得小于同一展示面板上的其他文字，不得使用"蜂蜜""××蜜""蜂蜜膏""蜂蜜宝"等名称。上述添加了阿胶或麦芽糖的"蜂蜜产品"，就不符合新规定，需要按要求及时作下架处理。

（2）杜绝掺假掺杂

《细则》要求，严格产品配方管理，杜绝掺假掺杂。规定企业生产蜂蜜、蜂

王浆（含蜂王浆冻干品）、蜂花粉不得添加任何其他物质；蜂产品制品中蜂蜜、蜂王浆（含蜂王浆冻干品）、蜂花粉或其混合物在成品中含量要大于50%，且以蜂蜜为原料生产蜂产品制品不得添加淀粉糖、糖浆、食糖。

市面上销售的一些蜂蜜产品，如蜂王浆冻干粉含片，除了蜂王浆外，也添加了一些其他物质，虽然标明了其他物质的名称和含量，但标注得比较含糊。按照《细则》规定，这类产品不得蒙混过关，都应当在2022年12月31日之前完成相关整改，作下架处理等。

2.进一步规范蜂产品生产加工行为

当前，蜂产品生产端存在的重大问题，在于企业重数量而忽视质量、重眼前利益而忽视长远利益，导致掺杂使假现象时有发生。

蜂产品属于天然营养保健品，本无须复杂的加工。蜂蜜一般是将从蜂巢内分离出来的原蜜经过简单过滤和装瓶即可上市；蜂王浆是将其中的蜡渣和幼虫等杂质去除掉；蜂花粉主要是分拣除杂。可有些企业却违背蜂产品的自然科学属性，把本应由蜜蜂完成的加工程序变成了工业化生产，将浓度极低的蜂蜜脱水制成所谓的"合格蜜"。还有些企业没有科学依据地滥加工，在珍贵的蜂原料中乱添加、乱配制，制成的产品成为"人工混合蜂蜜"。

比如，在蜂蜜中添加大量蔗糖、果葡糖浆等，导致"蜜指标"大行其道。所谓"蜜指标"是指按普通食品的标准生产蜂蜜型产品，一般用20%的蜂蜜加80%果葡糖浆、蔗糖勾兑而成，每公斤生产成本仅为5元至10元。还有些蜂农或企业在蜂蜜中添加葡萄糖粉，更有甚者在蜂蜜中加入增稠剂。受假蜂蜜的冲击，真蜂蜜经常遭遇滞销，形成蜂企难以扩大规模、蜂蜜行业难成品牌的困境。

本次出台的《细则》，将蜂产品分为蜂蜜、蜂王浆（含蜂王浆冻干品）、蜂花粉、蜂产品制品四大类，并对它们的定义、生产场所、设备设施、设备布局和工艺流程、人员管理等进行了明确。比如，一些常规生产设备设施、常规工艺流程、关键控制环节及生产车间与作业区的划分等均有详细罗列。随着越来越多的地方开始组建蜂产品生产车间，《细则》的更新为蜂产业迈进标准化和规模化提供了借鉴和参照。

因此，《细则》的实施有两个方面的积极作用：一方面，可以从源头上加强对蜂产品生产企业的监管，推进行业有序发展；另一方面，能有效引导消费者选购蜂产品，合理消费。

3.切实保障蜂产品质量安全

中国蜂产品协会公布的数据显示，我国是全球最大的蜂产品生产国，2020年蜂蜜产量约为48万吨，蜂王浆产量约为3000吨，蜂花粉产量为4000~5000吨，蜂胶原料产量约为600吨。目前，我国蜂产品加工企业约有2000家，取得蜂产品生产许可证的企业有1000多家，蜂产品加工企业年产值约80亿元，平均年销售额为400万元左右，年销售额在1000万元以上的大型企业不超过100家，中小型企业居多。

当前，我国蜂产业中还存在因储存不合理致质量下降、蜂产品掺杂使假现象严重、深加工产品同质化程度较高等问题，这些情况已严重阻碍了蜂产业的健康发展。

以蜂王浆为例，由于环节过多，导致鲜蜂王浆无法及时得到冷藏保鲜。尤其是地处深山老林的蜂场，所产蜂王浆少则3至5天，多则长达10余天甚至更长时间才能交到收购站。若再遇上高温天气，就会严重影响其天然活性成分的含量，导致蜂王浆质量大幅下降。

另外，有些蜂农在采收蜂花粉后，由于缺乏有效的、小型的专用干燥设备，一般在蜂场露天自然晾晒干燥，容易造成污染变质，从而导致微生物超标。更为重要的是，蜂花粉在高温和强紫外线的照射下，营养成分会受到严重破坏。此外，有些企业在公路边或农田中铺油毡晾晒蜂花粉，也会发生被尘埃、砂土和汽车尾气等污染的情况。

本次发布的《细则》，进一步规范蜂产品生产加工活动，重点治理掺杂使假违法问题。《细则》规定，企业生产蜂蜜、蜂王浆（含蜂王浆冻干品）、蜂花粉不得添加任何其他物质。《细则》的实施，有助于从严治理蜂产品掺杂使假违法问题，从严管理蜂产品配方配料，切实保障蜂产品质量安全。

当下，消费市场掀起健康、营养风潮，蜂产品、蜂产业前景可期。本次发布的《细则》，立足于市场需求的转变，加快推动生产技术水平与生产规范化、标准化水平提升，营造出良好的营商环境，让掺假蜂产品无处遁形，从而为我国蜂产业健康发展注入更多的"纯甜"味道。

案例二十六 "两高"联合发布《关于办理危害食品安全刑事案件适用法律若干问题的解释》

案例概述

2021年12月31日，为依法惩治危害食品安全犯罪，保障人民群众身体健康、生命安全，根据《中华人民共和国刑法》《中华人民共和国刑事诉讼法》的有关规定，最高人民法院、最高人民检察院联合发布了《关于办理危害食品安全刑事案件适用法律若干问题的解释》（以下称《解释》）。《解释》共26条，点多面广，内容丰富。

1.背景情况

民以食为天。食品安全事关人民群众的身体健康和生命安全，是重大的民生问题。党中央高度重视食品安全工作，强调要以最严谨的标准、最严格的监管、最严厉的处罚、最严肃的问责，确保人民群众"舌尖上的安全"。民生之所系就是司法责任之所在。全国各级人民法院严格落实"四个最严"要求，充分发挥刑事审判职能作用，依法惩治危害食品安全犯罪。2013—2021年，全国法院共审结生产、销售不符合安全标准的食品罪和生产、销售有毒、有害食品罪刑事案件3.8万余件，判决5.2万余人。此外，还依法审理大量涉危害食品安全的生产、销售伪劣产品罪，非法经营罪等刑事案件。

我国食品安全形势总体稳中向好，但食品安全违法犯罪行为屡禁不止，人民群众反映强烈。2013年5月，最高人民法院、最高人民检察院颁布《关于办理危害食品安全刑事案件适用法律若干问题的解释》（以下简称《2013年解释》），该解释为依法惩治危害食品安全犯罪、保护人民群众饮食安全发挥了重要作用。2015年以来，食品安全法三次对食品安全监管制度进行修订完善。此外，农产品质量安全法、《中华人民共和国食品安全法实施条例》《农药管理条例》《兽药管理条例》《生猪屠宰管理条例》等一系列相关法律法规进行修订，刑法修正案（十一）对食品监管渎职罪作出修改。

随着犯罪分子作案手段不断翻新，新型犯罪层出不穷，司法实践中对相关案件定性和处罚标准存在较大争议。在这样的背景下，《2013年解释》亟须进行相应修订完善，以便与相关法律法规相衔接，适应司法实践需要。

2017年，最高人民法院、最高人民检察院会同国家市场监管总局等有关部门启动解释修订工作，前后历时4年多，在深入调研的基础上，对司法实践中存在的问题进行了全面系统梳理，经广泛征求意见和反复研究论证，对解释稿多次进行修改完善。经最高人民法院审判委员会第1856次会议、最高人民检察院第十三届检察委员会第八十四次会议审议，通过了本《解释》。

修订发布《解释》意义重大。一方面，修订《解释》是最高司法机关进一步贯彻落实中央关于食品安全工作决策部署的重要举措，同时也是依法惩治危害食品安全犯罪和保护人民群众"舌尖上的安全"的现实要求。另一方面，《解释》通过完善危害食品安全相关犯罪的定罪量刑标准，进一步严密了依法惩治危害食品安全犯罪的刑事法网，为打击相关犯罪提供了明确的法律依据，将更加充分发挥刑法对食品安全的保障作用。

2.四项原则

本次发布的《解释》体现如下四项原则：

一是坚持继承发展，适应实践需要。《解释》适应司法实践中出现的新情况、新需要，积极回应社会关切，并与修订后的《食品安全法》等相关食品法律法规相衔接，在坚持《2013年解释》确定的定罪量刑处理原则的基础上，进行修订完善。

二是严密刑事法网，依法从严惩处。《解释》体现从严惩处的政策导向，如通过规定在农药、兽药、饲料中添加禁用药物等危害食品安全上游犯罪的惩处，加大刑法对食品安全的全链条保护力度；通过规定销售超过保质期的食品、回收食品等行为的惩处，实现刑法对食品安全的全方位保护，为打击相关犯罪提供了更加明确的适用法律依据；通过修改危害食品安全犯罪"其他严重情节"的认定标准等，加大从严惩处力度。

三是突出问题导向，破解司法难题。《解释》在充分调研的基础上，对司法实践中迫切需要解决的突出问题，如畜禽屠宰相关环节注水注药案件的定性和处罚标准，生产、销售有毒、有害食品罪中的"有毒、有害的非食品原料"和"明知"的认定等问题，作出明确规定，规范法律适用。

四是区分案件性质，实现精准打击。《解释》在坚持依法严惩的同时，强调精准打击，如对畜禽屠宰相关环节注水注药行为的惩处，充分考虑不同种类药物的差异和可能造成的危害，适用不同罪名打击此类犯罪，既满足打击此类犯罪的现实需要，也体现了罪责刑相适应的原则。

3.六方面修订内容

本次《解释》共计26条，主要对6个方面的内容进行了修订。

（1）加强对未成年人、老年人等群体食品安全的保护力度

未成年人和老年人基于生理特点，往往对食品安全有更高要求，也更容易受到危害食品安全犯罪的侵害。为加大面向未成年人、老年人等群体实施危害食品安全犯罪的惩治力度，《解释》规定了多个对未成年人、老年人等群体食品安全特殊保护的条款，如第三条和第七条分别将"专供婴幼儿的主辅食品的""在中小学校园、托幼机构、养老机构及周边面向未成年人、老年人销售的"作为加重处罚情节，体现了司法机关对未成年人和老年人群体食品安全的特殊保护。

（2）依法惩治利用保健食品等骗取财物的行为

司法实践中，利用销售保健食品诈骗财物的现象较为突出。该类行为性质恶劣，特别是针对老年人实施的保健食品诈骗违法犯罪令人深恶痛绝。对此，《解释》第十九条明确规定，以非法占有为目的，利用销售保健食品或者其他食品诈骗财物，符合刑法第二百六十六条规定的，以诈骗罪定罪处罚。同时构成生产、销售伪劣产品罪等其他犯罪的，依照处罚较重的规定定罪处罚。

（3）依法惩治食品相关产品造成食品被污染的行为

生产经营被包装材料、容器、运输工具等污染的食品是食品安全法明令禁止的行为，直接影响食品安全。对此，《解释》第十二条明确规定，在食品生产、销售、运输、贮存等过程中，使用不符合食品安全标准的食品包装材料、容器、洗涤剂、消毒剂，或者用于食品生产经营的工具、设备等，造成食品被污染的，将会以生产、销售不符合安全标准的食品罪或者生产、销售有毒、有害食品罪定罪处罚。

（4）依法惩治用超过保质期的食品原料生产食品等行为

生产、销售超过保质期的食品原料、超过保质期的食品、回收食品作为原料的食品，或者销售超过保质期的食品、回收食品，均具有较高食品安全风险和社会危害性，因此被食品安全法和《中华人民共和国食品安全法实施条例》明令禁

止。为依法惩处此类犯罪,《解释》第十五条明确规定,实施此类行为,符合刑法第一百四十条规定的,可按照生产、销售伪劣产品罪定罪处罚。同时构成生产、销售不符合安全标准的产品罪等其他犯罪的,依照处罚较重的规定定罪处罚。

（5）依法惩治在农药、兽药、饲料中添加禁用药物等行为

司法实践中,在农药、兽药、饲料中添加禁用药物等违法犯罪问题突出,此类行为属于危害食品安全的上游犯罪,严重威胁食用农产品的质量安全,具有严重社会危害性,亟待规制。据此,《解释》第十六条第二款明确规定,实施此类行为,可按照非法经营罪定罪处罚。

（6）依法惩治畜禽屠宰相关环节注水注药行为

为有效破解注水肉案件打击难题,明确法律依据,统一法律适用,《解释》第十七条第二款明确规定:在畜禽屠宰相关环节,对畜禽使用禁用药物等有毒、有害的非食品原料,以生产、销售有毒、有害食品罪定罪处罚;对畜禽注水或者注入其他物质,足以造成严重食物中毒事故或者其他严重食源性疾病的,以生产、销售不符合安全标准的食品罪定罪处罚;虽不足以造成严重食物中毒事故或者其他严重食源性疾病,但符合刑法第一百四十条规定的,以生产、销售伪劣产品罪定罪处罚。

此外,《解释》还对生产、销售有毒、有害食品罪中的"有毒、有害的非食品原料"和"明知"的认定等作出规定。

案例点评

2021年12月31日,为依法惩治危害食品安全犯罪,保障人民群众身体健康、生命安全,根据《中华人民共和国刑法》《中华人民共和国刑事诉讼法》的有关规定,最高人民法院、最高人民检察院联合发布了《关于办理危害食品安全刑事案件适用法律若干问题的解释》。该解释总结了近年来在司法审判实践中的经验,研究了多发的新问题的发生和总结,是理论和实践相结合的产物,比如,在涉及食安领域的犯罪中关于"明知"的认定。

在司法审判实践中,"明知"是一种主观状态,通常很难用一种客观的标准来衡量,这就为一些犯罪分子为自己开脱罪责提供了一定的空间。这次的《解

释》对如何认定嫌疑人对涉案食品存在食品安全问题是明知的作出了列举式规定。

《解释》第十条规定，刑法第一百四十四条规定的"明知"，应当综合行为人的认知能力、食品质量、进货或者销售的渠道及价格等主、客观因素进行认定。具有下列情形之一的，可以认定为刑法第一百四十四条规定的"明知"，但存在相反证据并经查证属实的除外：

（一）长期从事相关食品、食用农产品生产、种植、养殖、销售、运输、贮存行业，不依法履行保障食品安全义务的；

（二）没有合法有效的购货凭证，且不能提供或者拒不提供销售的相关食品来源的；

（三）以明显低于市场价格进货或者销售且无合理原因的；

（四）在有关部门发出禁令或者食品安全预警的情况下继续销售的；

（五）因实施危害食品安全行为受过行政处罚或者刑事处罚，又实施同种行为的；

（六）其他足以认定行为人明知的情形。

这六种情形中除第六种外，其他五种都非常具体。依据《解释》，这五种情形只要具备其中一种，就有可能被认定为"明知"涉案食品存在安全问题，而非必须五种情形同时具备。但需注意，也并非具备了上述情形，就一定会被认定为具有犯罪的故意。

是否具有犯罪故意，要结合行为人的认知能力、产品渠道、价格等因素，并结合其他相关证据来综合考量。比如，第一条中，"长期从事相关食品、食用农产品生产、种植、养殖、销售、运输、贮存行业，不依法履行保障食品安全义务的"，这里的运输行业，就以最近发生的运输罐车在不清洗的情况下，食用油与工业用油混用的情况为例，罐车换装液体需要进行清洗这是运输行业的规定，但一些从业人员为了利润，不清洗直接换装，这就属于"故意"违反相关规定。而在换装后，将工业用油混入了食用油，这样的结果，必然导致食品污染。这种行为就属于违反食品安全法的行为，轻则会被追究行政责任，重则会被追究刑事责任，面临五年以下的有期徒刑或拘役的惩处。惩处的力度具体就看污染的程度与其主观上是否知道被污染的食用油会危及人体健康，即要从行为人的从业经历及背景，在整个销售环节的作用，是否具备掺入有毒物质的条件和主观动机，以及整个生产销售环节是否规范等方面是否为"明知"而为之，如果属于"明知"则有可能承担刑事责任。

另外，《解释》第九条也以列举的方式对何为有毒、有害的非食品原料作出规定，下列物质应当认定为《刑法》第一百四十四条规定的"有毒、有害的非食品原料"：

（一）因危害人体健康，被法律、法规禁止在食品生产经营活动中添加、使用的物质；

（二）因危害人体健康，被国务院有关部门列入《食品中可能违法添加的非食用物质名单》《保健食品中可能非法添加的物质名单》和国务院有关部门公告的禁用农药、《食品动物中禁止使用的药品及其他化合物清单》等名单上的物质；

（三）其他有毒、有害的物质。

其中的第一类为法律禁止添加的非食品物质，如大家所熟知的在鸭蛋中添加的"苏丹红"、在婴儿奶粉中添加的"三聚氰胺"、火锅底料中的"地沟油"等物质，均属于非食品物质，且被法律明文规定禁止在食品中添加。第二类为被国务院列入的"可能"被添加的非食用物质。这类物质，通常见于保健食品和为了增加口感而添加的一些物质，如我们所熟悉的早点"炸油条"，经检测铝超标，就是因为其中添加了硼砂。另有一些商家为了能延长水产品的保质期，使其色泽鲜亮、更富弹性，在水产品中加入甲醛。但是甲醛是非法添加物，属于国家二级有毒物质，均为非食品且被禁止添加的物质。第三类为在农业生产中的一些药物。在农业生产中，虫害、鼠害一直是一个较大的问题，为了预防各种虫害，一些农业生产者大量地使用酶类药物，这些药物中含有大量有毒有害的化学物质，如大家所熟知并常用的农药"百草枯"、一些含"汞"的药物等。这些药物现在已经被禁止在农业中使用，但一些农业生产者，特别是蔬菜生产者在使用农药灭虫除草时，容易忽略药物成分，而这样的行为重则可能触犯刑法，需承担刑事责任，轻则被行政处罚。

从以上规定可以看出，不论是植物类、动物类还是保健类食品，只要其在养殖、种植、成品加工等过程中，加入了法律规定禁用物质和不能用作食品的物质，都属于有毒、有害的食品。至于该食品对人体有多大的损害，不是定罪需要考虑的，因为有些损害无法量化。

作出如此严苛的法律规定，是为了保障人民的身体健康，以最严谨的标准、最严格的监管、最严厉的处罚、最严肃的问责，确保人民群众"舌尖上的安全"。

案例二十七　广东打造预制菜产业"湾区标准"探索预制菜高质量发展路径

案例概述

2022年7月28日，广东省市场监管局发布消息，为加快建设具有影响力的预制菜产业高地，该局会同省人力资源社会保障厅、省农业农村厅、省商务厅、省卫生健康委、省供销社共同启动全国首个预制菜全产业链标准化试点，推进预制菜全产业链融合化、全流程标准化、全环节品质化，形成一批高品质粤菜预制菜产业"湾区标准"。

2022年10月14日，广东省市场监管局再次发布消息，广东在全国率先立项制定预制菜五项基础性关键性地方标准，并鼓励粤港澳三地社会团体、企业事业组织等共同参与预制菜"湾区标准"研制工作，推动预制菜产业高质量发展。

1.预制菜市场情况

20世纪90年代，随着麦当劳、肯德基等快餐店进入，我国出现净菜配送加工厂；2010年前后，餐饮企业降本增效的需求日益凸显，行业B端进入放量期。2020年，餐饮场景逐渐向家庭转移。年夜饭、一人食等预制菜C端需求高增，消费需求迎来爆发期，传统预制菜企业纷纷布局C端市场。

现如今消费升级趋势下，我国居民也开始逐步接受预制菜。从餐饮企业降本增效的角度，预制菜省去原料采购、初加工等过程，减少对厨师或专业配餐人员的依赖，节省后厨面积，降低人工和租金成本。在标准化、集约化的生产加工模式下，能够提升出餐效率，保证餐品口味和品质稳定性。相关数据显示，国内超过74%的连锁餐饮品牌已自建中央厨房，60%的餐饮品牌开始使用预制菜品。

不过，在消费者看来，预制菜行业也有需要改进的问题。《2022年中国预制菜行业发展趋势研究报告》显示，中国预制菜消费者认为预制菜行业需改进的问题前三位分别是：预制菜的口味复原程度（61.8%）、预制菜的食品安全问题（47.8%）、预制菜向种类多样化发展（47.2%）。

另外，预制菜行业发展还存在行业无序发展、龙头企业和规模化企业少、产业链条长、自动化程度低、消费理念冲突等问题。同时，预制菜也存在食品安全风险，如违规制售风险多，预制菜发展过热，许多小餐饮、小作坊也加入预制菜的制售，存在制作过程卫生条件差、使用不新鲜原料、滥用食品添加剂等问题，给监管工作带来挑战；全程冷链难保证，仓储和冷链物流成本较高，难以做到全过程冷链运输和储存，特别是"最后一公里"，微生物容易超标；膳食食品预包装化，从餐饮环节演变而来的预制菜保质期越来越长，对于高危易腐食品存在食品安全隐患；预包装食品膳食化，餐饮食品的膳食（正餐、一日三餐）被预包装食品的"零食（休闲食品）"替代，长期使用存在潜在的健康安全风险。

2."粤菜师傅"出台，加强口味还原度设计研究

2022年3月，广东省政府印发《加快推进广东预制菜产业高质量发展十条措施》，这是我国首个省级预制菜产业政策，从建设预制菜联合研发平台、构建预制菜质量安全监管规范体系、推动预制菜仓储冷链物流建设等方面对产业发展提出指引。其中，广东省市场监管局的工作职责包括三方面：一是在市场监管方面，推动预制菜产业标准体系建设，加强预制菜知识产权建设，从严监管预制菜质量安全，助力预制菜产业高质量发展；二是在标准体系方面，构建预制菜从田头到餐桌的标准体系，打造高品质预制菜"湾区标准"，开展预制菜全产业链标准化试点建设，推动预制菜食品安全地方标准出台；三是在预制菜生产经营准入许可方面，构建完善监管机制，加大监督检查力度，开展监督抽检、风险监测、网络监测，依法严厉打击违法行为。

对于消费者关注的预制菜口味复原问题，广东省政府从政策层面对行业企业提出三个要求：一是要以传统餐饮企业和特色菜系为基础，结合"粤菜师傅"工程，设计粤菜预制菜菜谱，加强口味还原度设计研究，打造预制菜"广东品牌"；二是要在湾区标准的基础上，研究制定高品质的预制菜系列产品标准，加强对菜肴传统工艺进行工业化适应性改造研究，设计研发预制菜生产、加工等设备，保证菜品的新鲜度和营养；三是要以一、二、三产业融合发展为纽带，打造预制菜"广东基地"，建设全产业链产业园。

3.启动全国首个预制菜全产业链标准化试点

为贯彻广东省政府的政策措施，加快建设具有影响力的预制菜产业高地，广东省市场监管局会同省人力资源社会保障厅、省农业农村厅、省商务厅、省卫生健康委、省供销社等，共同启动全国首个预制菜全产业链标准化试点工作。试点旨在通过先行先试、树立标杆、推广典型、打造示范，以标准化为手段推动农产品食品菜品三位一体协调发展，推进预制菜全产业链融合化、全流程标准化、全环节品质化，形成一批高品质粤菜预制菜产业"湾区标准"，以高品质"湾区标准"赋能预制菜产业高质量发展。此次预制菜全产业链标准化试点主要有三大特点：

一是坚持部门联动，共推预制菜高质量发展。以标准化试点建设为纽带，省市场监管局牵头有关部门率先突破、科学谋划、协同联动，合力推进预制菜全产业链贯通协作，创新全产业链标准化试点和协同推进机制，打造全国首个农产品食品菜品三位一体的预制菜全产业链协同发展和深度融合的标准化新模式。

二是注入港澳元素，打造湾区预制菜示范样板。试点建设鼓励港澳方在内的预制菜全产业链相关方联合体共同申报，试点联合体要求涵盖预制菜原料生产、加工、包装、运输、销售全产业链各环节的主体，汇聚三地优势资源，通过试点建设形成一批粤港澳三地共同认可的高品质粤菜预制菜产品"湾区标准"，推动粤菜预制菜标准化、产业化、国际化发展，助力湾区打造高品质预制菜产业高地。

三是组织形式新颖，打通预制菜全产业标准链。试点建设通过以"高标准好品质，粤预制粤滋味"为主题的公开遴选方式启动，多渠道、多形式营造预制菜全产业链标准化试点建设的浓厚氛围，计划选出首批10个标准化基础好、技术引领性高、产业带动力强的试点联合体，高效高质推进试点建设，及时总结试点工作经验，并固化优化为标准，形成可复制、可推广的发展模式。

4.制定预制菜五项基础性关键性地方标准

在预制菜产业标准方面，广东率先在全国立项制定预制菜五项基础性关键性地方标准，具体包括《预制菜术语及分类要求》《粤菜预制菜包装标识通用要求》《预制菜冷链配送规范》《预制菜感官评价规范》《预制菜产业园建设指南》。

与此同时，广东省鼓励香港、澳门在内的预制菜全产业链相关方联合体共同申报，试点联合体涵盖预制菜原料生产、加工、包装、运输、销售全产业链各环节的主体。希望通过试点建设，形成一批粤港澳三地共同认可的高品质粤菜预制菜产品

"湾区标准",推动粤菜预制菜标准化、产业化、国际化发展,助力湾区打造高品质预制菜产业高地。

此外,为加快构建预制菜从田头到餐桌的标准体系,广东省还将以标准化为手段推动农产品食品菜品三位一体协调发展,打造全国乃至全球有影响力的预制菜产业高地。具体表现为,广东省市场监管局等六部门联合开展以"高标准好品质,粤预制粤滋味"为主题的预制菜全产业链标准化试点工作,筛选出10个申报单位作为预制菜全产业链标准化试点的承担单位,公布对应的单位名称及预制菜产品。通过先行先试、树立标杆、推广典型、打造示范,推进预制菜全产业链融合化、全流程标准化、全环节品质化,形成一批高品质粤菜预制菜产业湾区标准,推出一批高品质的粤菜预制菜产品,探索形成粤港澳大湾区农产品食品菜品三位一体协调发展新模式,推动粤港澳大湾区预制菜产业走在全国前列。

案例点评

当前快节奏、个性化的生活新形态和人们对健康、美味、安全、便捷餐饮的诉求推动了预制菜行业高速发展。2022年6月,中国烹饪协会联合国内预制菜部分单位,共同起草预制菜团体标准,将预制菜定义为"以一种或多种农产品为主要原料,运用标准化流水作业,经预加工(如分切、搅拌、腌制、滚揉、成型、调味等)和/或预烹调(如炒炸、烤、煮、蒸等)制成,并进行预包装的成品或半成品菜肴"。

近年来,广东省预制菜产业蓬勃发展。广东各地区预制菜产业地域特色突出,全产业链优势明显,在产业政策、土地审批、人才培养、技术标准、装备制造、冷链物流和品牌宣传方面得到当地政府的扶持。另外,广东拥有深厚的饮食文化底蕴,粤港澳大湾区经济繁荣,消费市场巨大,冷链物流发达是发展预制菜产业的坚实基础。

1.政策支持助力预制菜产业发展

预制菜产业发展方面,广东在2021年度和2022年第一季度的《中国预制菜产业指数省份排行榜》上蝉联第一,这与省政府的支持是分不开的。2022年

3月，广东省政府出台《加快推进广东预制菜产业高质量发展十条措施》，措施涵盖壮大预制菜产业集群、培育预制菜示范企业、建设预制菜联合研发平台、推动预制菜仓储冷链物流建设、拓宽预制菜品牌营销渠道、加大财政金融保险支持力度、建设广东预制菜文化科普高地等方面，推动了预制菜的研发、生产、加工、仓储、冷链、物流、装备、营销等全产业链发展，鼓励平台建设、规范标准、培育人才。

2022年5月，广东省根据各地市产业特点，建设11个预制菜现代农业产业园，助推预制菜产业发展。佛山、肇庆、中山、江门、湛江等地市陆续出台预制菜产业发展措施和规划，从土地、人才、税收、公共服务等方面帮扶当地预制菜企业。

国家有关部委对预制菜产业也非常重视。2022年7月，农业农村部针对第十三届全国人大第五次会议提出的有关预制菜产业发展的问题，作出明确答复，高度重视预制菜产业的发展。在回复中鼓励地方逐步建立覆盖预制菜全产业链的标准体系，让预制菜从原料、制作到产品检验、冷链运输等都做到规范化、标准化；明确提出要加大对广东省预制菜项目的支持，建议与当地特色资源和特色饮食紧密结合，推进预制菜产业与休闲、旅游、文化等产业的深度融合。

2.率先布局，市场规模增速超全国平均水平

现阶段，我国预制菜产业发展主要依托具有生态资源优势的沿海地区与传统农业强省，广东、福建、浙江、山东、河南、四川、重庆等是具有预制菜规模化产业园区的代表省份。其中，广东省由于率先布局预制菜产业，其市场规模增速远超全国平均水平。

数据显示，2022年，广东预制菜市场规模达到545亿元，增速为31.3%，远超2022年全国预制菜市场规模21.3%的增速。广东已经成为全国预制菜发展的核心区之一，集聚预制菜相关企业超过6000家。

近年来，广东省全链条布局预制菜，组织化、系统化推广预制菜产业。第一，搭建产业平台。广东推出全国首个"预制菜大卖场"，搭建预制菜品牌推广和交易服务平台，构建预制菜"走出去"主阵地。第二，产业融合发展。广东举办第一个全国性预制菜高峰论坛，同时成立全国首个预制菜产业联盟，促成了一批重点项目签约合作。广东召开全国首场省级预制菜产业发展大会，推动一批产学企合作项目签约落地，并把预制菜产业人才培养纳入"粤菜师傅"工程，为粤菜预制菜提供人才、技术保障。第三，行业标准化发展。广东省农业农村厅联合广东省市场监管局、省商务厅、省卫生健康委等部门共同起草、制定预制菜标准。广东省预制菜企业数量由2020年的5369家增加到2022年的超6000家，企业数量排名前三的城市分别是深圳、广州、佛山。"2022 年预制菜上市企业营收五十强榜单"中有国联水产、温氏股份、广州酒家、天虹股份、深粮控股、美盈森、岭南控股7家广东企业。

3.地域特色明显，广东预制菜进入快速发展期

广东地处改革开放前沿，人们生活节奏快，乐于接受新鲜事物，向来有"敢吃螃蟹"的勇气。粤港澳大湾区经济繁荣，消费力强，市场巨大，物流发达。广东农业以热带、亚热带作物为主。广东同时也是海洋大省，在水产品加工领域有天然的地域优势和产业基础，丰富的农副产品为预制菜提供了源源不断的食材。广东企业积累和创新力比较强，预制菜的全产业链发达且健全，具有发展预制菜的优良环境条件。

广东饮食文化深厚，如顺德是联合国教科文组织认定的"美食之都"，汇聚了大量优秀的粤菜师傅，在菜品的创新与研发方面给予行业很多帮助。科企对接，在技术、标准、装备、人才等领域给予行业技术支撑，在预制菜研发和标准化方面，建立如"博士＋厨师"的预制菜研发团队，是企业不断推陈出新的秘诀。

广东农产品品类多、品种全，南粤饮食文化内涵丰厚，有助于预制菜的推广及消费忠诚度的培育；全产业链起步较早，积累经验多，已实现技术系统化、队伍系统化和业态系统化，并形成技术体系与预制菜产业发展的良性生态圈。

广东预制菜产业在发展的过程中也遇到诸如中式餐饮标准化、食品添加剂超标、产品新鲜度和风味还原度不够好、食品贮藏期间品质稳定性和安全性等瓶颈问题。另外，部分地区的预制菜企业在土地、税收等方面的诉求也亟待解决。可以预见，预制菜产业将根据消费人群的地域、年龄、风味和营养需求等细化为不同的市场，科技创新在预制菜发展中的重要性将越来越凸显。

案例二十八　**中消协发布年度报告　点名知名餐饮企业存在食品安全问题**

案例概述

2022年4月22日，中国消费者协会发布《中国消费者权益保护状况年度报告（2021）》(以下简称《报告》)。《报告》点名星巴克、吉野家、小龙坎、奈雪的茶、胖哥俩等多个知名品牌，揭示重点领域消费侵权现象。

1.消费者权益保护的四个历史时期

《报告》将改革开放以来我国消费者权益保护工作划分为四个历史时期。

一是早期探索时期（1978—1984年），消费者保护工作主要是由局部的政策推动。

二是初步发展时期（1985—1992年），随着中国消费者协会成立，消费者权益有组织保护运动启航。在这一时期，治理商品质量低下、打击假冒伪劣成效明显，持续开展3·15国际消费者权益日和3·15晚会活动，社会影响深远。

三是法治化及全面推进时期（1993—2012年），在社会主义市场经济体制下消费者保护工作的法治化及全面推进时期，以颁布实施消费者权益保护法为标志，具有中国特色的消费者权益保护法律体系初步建立。在这一时期，消费者权益的行政保护发挥基础性功能，成绩显著；司法保护发挥兜底功能和法治化引领作用；消费者组织作为连接政府和消费者之间的桥梁，发挥了不可替代的重要作用；舆论监督发挥突出作用，消费者自我权益保护意识逐渐觉醒。

四是党的十八大以来。在这一时期，修改或制定了消费者权益保护法、民法典等法律，消费者保护法律制度进一步完善；消费者权益行政保护力度持续加大，消费环境改善有序推进；消费者权益司法保护不断加强，消协组织履行公益性职责取得显著成绩。

2.我国消费权益保护工作仍面临三大挑战

《报告》还梳理分析了2021年以来，我国消费者权益保护工作面临的三方面问题和挑战：一是消费者保护制度建设、体制机制保障、司法环境优化、消费基础设施完善等消费环境改善方面还存在不足。二是重点领域消费侵权现象依然不容忽视。过度收集和使用个人信息、生产销售不符合安全标准的食品、汽车产品质量缺陷、预付费消费违约跑路、校外教育培训虚假宣传、诱导未成年人过度消费、"大数据杀熟"等消费侵权现象需重点关注。三是网络交易消费者保护面临新的问题和挑战，平台主体责任落实需要改进，社交分享型营销、盲盒营销、独立站跨境电商、二手交易平台、沉浸式消费等新业态、新模式下消费者保护制度适用与治理手段面临新挑战。

3.多个知名品牌发生食品安全事件

《报告》显示，2021年食品安全治理成绩显著，形势总体向好，但风险依然存在。2021年，多个知名品牌发生食品安全事件，如星巴克被曝私换配料标签使用过期食材，吉野家被曝用发臭肉末，知名火锅品牌小龙坎后厨脏乱差、用扫帚捣制冰机，大润发超市隔夜臭肉绞成肉馅灌香肠，奈雪的茶奶茶店使用腐烂水果，胖哥俩肉蟹煲死蟹冒充活蟹等。

（1）星巴克被曝私换配料标签使用过期食材

2021年12月13日早间，据媒体消息，在无锡市两家星巴克门店卧底调查发现，一些门店频繁触碰食品安全的红线。

一家门店中，食材过期后仍继续用，做成多款畅销饮品出售，如果旧料剩得多，店员会直接篡改保质期。原本保质期只有一天的红茶液和抹茶液，常常到了过期时间还剩下不少，所以篡改保质期的情况也经常发生。而该店主管也知晓这一行为，主管、店员心照不宣地篡改保质期，有的食材被人为"延保"一周。

篡改食材保质期并不是这家星巴克门店的特殊操作。在星巴克的另一家门店，面对过期的食材，他们也是同样的处理方法。承诺"开封后不过夜"的糕点，第二天偷偷上架。一名主管更是明确表示，把前一天剩下的摆上柜台继续卖，"先卖昨天剩下的，再卖今天新进的"。此外，上述门店还存在用吧台毛巾擦垃圾桶，且未将该毛巾丢弃，而是继续使用等卫生问题，以及提前处理问题食材应付检查等问题。

星巴克中国表示，针对无锡两家星巴克门店存在篡改原料保质期，将承诺"开封后不过夜"的糕点次日再卖等问题，展开内部调查。

（2）吉野家被曝用发臭肉末

2021年11月，网络上的一则视频曝出吉野家制作麻婆豆腐的肉末已经变臭发酸，过期后的白菜、菠菜也会继续使用，油类没有检测标准、旧油添加新油继续使用，后厨卫生令人担忧等问题。

对此，吉野家官方微博发表声明进行回应。这份署名为合兴餐饮集团的声明表示，吉野家在中国市场分属不同的运营公司，北京、天津、河北、河南、内蒙古、东北三省的吉野家由合兴餐饮集团运营。本次视频中的吉野家餐厅并不在公司运营范围内。声明还表示，该公司已安排主要领导牵头成立自查工作组，即日起在公司运营的吉野家餐厅开展自查自纠工作。

（3）知名火锅品牌小龙坎后厨脏乱差，用扫帚捣制冰机

2021年3月，江苏广电总台融媒体新闻中心官微"江苏新闻"发布的视频显示，有知情人卧底小龙坎火锅南京、苏州多家门店发现诸多问题。包括应聘后厨不看健康证就能入职；菌菇类、萝卜食材不清洗，上桌前淋水冒充新鲜；发芽土豆削皮后接着用；水果和肉类混用刀具案板；用扫帚捣制冰机冰块用来盛黄喉毛肚；碗筷清洗仅30秒，在消毒机里"走过场"；等等。

此事引发网友关注，2021年3月15日下午，话题"小龙坎火锅用扫帚捣制冰机"登上微博热搜榜第一名。当天15时许，四川小龙坎控股集团有限公司通过其官微"小龙坎火锅"发布致歉声明称，针对被曝问题，公司已第一时间成立专项工作组，对涉事门店立刻停业整顿，全力配合政府监管部门的工作。

（4）大润发超市隔夜臭肉绞成肉馅灌香肠

2021年8月16日，《新京报》刊发一组调查报道称，该报记者6月下旬在济南大润发超市省博店暗访时发现，该店店员每天备货时最先处理的就是头天未卖完的隔夜肉：不新鲜、味不大的作为9.9元一斤的特价肉卖；臭味明显的冲洗去味再上柜台；发臭变质无法处理的，直接绞馅儿灌香肠。

而且，该报社暗访记者在卧底的过程中，一名大润发肉品课员工再三嘱咐说，如果有客人问起这些肉新不新鲜，千万不能明确回答，就说"你自己看，自己挑"就行。

随即，大润发在其官方微博作出回应，称相关肉品已全部封存下架，涉事员工停职接受调查。

（5）奈雪的茶奶茶店使用腐烂水果

2021年8月2日，新华社报道称，记者通过随机应聘，卧底网红奶茶店奈雪的茶，发现其多家分店存在蟑螂乱爬、水果腐烂、抹布不洗、标签不实等问题。其中就包括北京西单大悦城店和长安商场店等。

水果腐烂、蟑螂乱爬、抹布不洗，如此画面令消费者作呕，但每杯茶饮的单价并不低。如此"又贵、质量又差的高端奶茶"，消费者不是喝了个"寂寞"，而是喝了个"闹心"。值得注意的是，奈雪的茶所有店铺都属直营，在热门地段之一的店铺出现如此重大的卫生纰漏，说明不仅是某家店铺卫生的问题，暴露出的是该品牌整体的卫生管理问题。

2021年8月3日，奈雪的茶就新华社曝光的食品卫生问题发布情况说明，表明公司管理层非常重视，第一时间成立了专项工作组，对涉事门店展开连夜彻查、整改。

（6）胖哥俩肉蟹煲死蟹冒充活蟹

据《新京报》报道，2021年8月23日，胖哥俩肉蟹煲被曝存在严重食品安全问题。有记者卧底胖哥俩北京合生汇店、凯德mall大峡谷店后厨，发现存在死蟹当活蟹卖、变质土豆加工后继续上桌、鸡爪等熟制品即使变味儿依旧售卖等现象。

针对媒体曝光的胖哥俩肉蟹煲凯德mall大峡谷店存在的食品安全问题，丰台区市场监管局于8月23日组织执法人员前往被曝光的门店开展执法检查。

事件曝光后，胖哥俩通过官方微博回应称，对于此次事件给大家造成的不安，深表歉意，公司已对涉事门店进行停业整顿，成立专案组进行内部自查，并配合市场监管部门进行检查，对结果将及时公布。

案例点评

2022年4月22日，中国消费者协会发布《中国消费者权益保护状况年度报告（2021）》。这是中消协首次以年度报告的形式，全面梳理我国消费者权益保护事业发展进程，客观总结社会各方消费者权益保护工作成绩，为社会各方做好新形势下消费维权工作提供参考。

《报告》中回顾了2021年我国消费者权益保护的重点工作，梳理分析了消费者权益保护面临的三大问题和挑战，展望了消费者保护工作的三项主要任务。

《报告》还就2022年消费者保护工作的主要任务进行了展望，希望社会各方从促进消费公平的角度，加大消费者权益保护力度，进一步增强消费者的获得感、幸福感、安全感。

1.多家品牌餐饮企业被点名，食品安全侵权事件多发

消费者生命健康安全、较大财产权益、特定弱势群体权益等，历来是消费者保护工作的重点领域。《报告》指出，2021年重点领域消费侵权现象治理取得重要成绩，相关问题依然不容忽视。对于消费侵权问题较为多发或成为舆情热点事件的领域，仍需要提高治理力度和水平。

在《报告》第二节"重点领域消费侵权现象依然不容忽视"中，列示了目前消费侵权现象比较严重的七大重点领域：过度收集和使用个人信息、生产销售不符合安全标准食品、汽车产品质量缺陷、预付费消费违约跑路、校外教育培训虚假宣传、诱导未成年人过度消费、"大数据杀熟"。其中，"生产销售不符合安全标准食品"居于第二位，仅次于"过度收集和使用个人信息"，排在"汽车产品质量缺陷"之前。

《报告》认为，2021年食品安全治理成绩显著，形势总体向好，但风险依然存在。

一是危害食品安全犯罪依然多发。2021年1月至5月，各地公安机关破获食品安全犯罪案件5100余起，抓获犯罪嫌疑人8900余名。影响较大的食品安全事件有四川省西昌市市场监管局移送公安机关处理的西昌市奇阳商贸有限公司未经许可从事食品经营及经营未经检疫肉制品案，安徽省铜陵市市场监管局移送公安机关处理的葛某、邹某等涉嫌生产销售有毒、有害食品罪案，以及河南封丘发生的学生食物中毒事件、2021年3·15晚会曝光的河北省青县养羊产业中使用瘦肉精的问题等。

二是某些知名品牌发生食品安全事件。在食品安全风险部分，《报告》重点列示了若干品牌餐饮企业的食品安全事件，包括星巴克被曝私换配料标签使用过期食材、吉野家被曝用发臭肉末、知名火锅品牌小龙坎后厨脏乱差用扫帚捣制冰机、大润发超市隔夜臭肉绞成肉馅灌香肠、奈雪的茶奶茶店使用腐烂水果、胖哥俩肉蟹煲死蟹冒充活蟹等。

三是食品安全及质量投诉依然较多。2021年全国消协组织受理食品类投诉近8万件，与2020年相比，呈轻微上涨态势。主要问题有：食物变质过期、餐饮场

所卫生条件差、操作不规范；部分网购食品属"三无"产品；个别不法商家篡改生产日期；炒作概念虚假宣传；网红产品流量美食过度营销，品质稳定性较差等。

2.各方发力相向而行，社会共治餐饮安全

星巴克、吉野家等外资品牌，小龙坎、大润发等领先品牌，奈雪的茶、胖哥俩等新消费品牌，本应是食品安全的主力军、支撑力量，却一头倒在食品安全的坑里，而且很多事件不是瑕疵，不是过失，而是主观故意，是人为因素。这些情况表明，食品安全风险依然较大，食品安全形势依然严峻。

食品安全法对食品安全的实现，提出了明确、可靠的路径：社会共治。仅靠品牌企业的自觉，不足以实现绝对的食品安全。一方面企业的逐利性和食品安全的实现成本，有某种意义上的冲突；另一方面，一线管理者和工作人员每天面对现实的、看似"并不严重"的食品安全挑战，可能麻木和放松要求。一开始可能是不忍心浪费刚过期的原料，逐渐滑向对使用更长时间过期原料的侥幸和对食品安全底线的放任。因此，制度、监管、环境、消费者监督、媒体监督等必须形成合力，确保食品安全底线不被突破。

食品生产经营企业和餐饮企业必须严格按照食品安全法及相关配套法律法规的要求，建立严格的食品安全管理制度、自上而下的食品安全责任人等，并落实内部监管和责任制，树牢食品安全底线红线高压线，让所有企业员工不敢碰、不想碰、不愿碰。只有所有员工理解食品安全的高压和边界，有敬畏之心，食品安全才有基础保障。

食品生产经营企业和餐饮企业员工，必须树立食品人的意识，将食品安全作为职业底线。不仅自己要有食品安全意识，有食品安全专业能力，还要有和公司、其他同事进行违反食品安全法的行为进行斗争的意识和勇气；必要的时候，充当食品安全的"深喉"，为社会、长期利益做适当利益牺牲。在企业内部，形成员工、团队、企业都是食品安全主动守护者的氛围。

监管部门需要进一步强化有效制度监管，强化对主观恶意造成食品安全事故的处罚力度，形成强有力的震慑力量，让企业不至于为了捡芝麻而丢掉西瓜。鼓励消费者积极维护自身正当权益；鼓励媒体客观报道和积极监督食品安全事件，让食品安全的恶意无所遁形。同时，区分主观故意和过失结果，区分食品安全和非安全瑕疵，不放过恶意食品安全的企业和责任人，也不放大非食品安全的舆论，让食品安全成为无影灯下的事业。

案例二十九　**喜茶陷入"裁员"风波　奶茶界"网红"遭遇新挑战**

案例概述

2022年2月9日，"喜茶将裁员30%"的话题登上微博热搜，随后数天，"喜茶裁员"话题始终排在脉脉热榜第一位。据多家媒体报道，喜茶内部裁员涉及30%员工，除了大规模裁员外，喜茶过度加班、品控失灵、年终奖延迟、公司内斗等诸多问题也浮出水面。喜茶当天回应称消息不实，但并未公布更多"辟谣实锤"。

1.成长路上的喜与忧

公开资料显示，2010年，出生于江西丰城、时年19岁的聂云宸，开始了他的第一次创业——在广州卖手机。凭借自己敏锐的市场观察力和良好的人际关系，聂云宸很快就在手机店赚到了人生的第一个20万元。他并没有满足于自己的成绩，而是想要寻找更大的机会和挑战。他发现，当时的茶饮市场还很落后，没有什么创新和特色，而年轻人对茶饮的需求却很大。于是他决定进军茶饮市场，开创自己的品牌。

2012年5月12日，聂云宸在广东江门九中街开了第一家茶饮店，取名"皇茶RoyalTea"（喜茶HEYTEA的前身）。他的店以原创芝士奶盖茶为主打产品，吸引了很多年轻人。聂云宸不断地改进和创新，推出了更多的口味和种类，如水果茶、鲜奶茶、鲜榨果汁等。

资料显示，截至2020年12月31日，喜茶已经在全球61个城市开出695家门店，全球的员工总数也超过了15000名。可以说，喜茶从创立开始，不管是90后的创始人，还是每开一家新门店排起的长队，一直都被业界称为茶饮赛道的"顶流"，可谓是赚足了人气、流量和利润。

有研究指出，2020年，在我国高端现制茶饮市场中，排在前三名的品牌市占率合计49.8%，前七名市占率合计57.1%，高端现制茶饮市场已经呈现出较高的集中度。其中，排第一名的喜茶占据27.7%的市场，第二名奈雪的茶占比为17.7%，第三名KOI市占率仅为4.4%。当时，喜茶的市场份额，比第二名与第三名加起来还要多。

数据显示，新茶饮市场正在经历阶段性放缓，2020年增速为26.1%，而2021—2022年增速下降至19%左右。随着新茶饮第一股奈雪的茶成功赴港上市，新茶饮的温度开始下降。截至2022年2月9日，奈雪的茶收报7.13港元每股，距发行价跌超60%，股价腰斩，市值仅为122亿港元。

数据还显示，从2021年7月起，喜茶在全国范围内的坪效与店均收入开始下滑。以2022年10月数据为例，喜茶店均收入与销售坪效比7月份分别下滑了19%、18%；与2021年同期相比，则下滑了35%、32%。

2.裁员背后的"罗生门"

实际上，喜茶裁员风波已发酵多日。2021年末，在职场交流平台脉脉上，就有部分喜茶员工匿名讨论此次裁员动作。一名在脉脉上认证为喜茶员工的人士告诉记者，其所在组优化了30%，由小组长"口头传达"，没有官方文件通知，并称没有年终奖的消息也是这样口头通知的。另一名认证为喜茶员工的人士表示，2021年年底前优化了大概15%。被裁员工可能能拿到N+1倍赔偿，2022年1月份几乎都已经完成离职，赔偿金会在2月份随工资发放，但他同时表示，喜茶每年都会进行"年底调整"，不清楚年后是否还会裁员。

更有员工带着怨气，对公司的方方面面进行了吐槽。比如他们说，2022年的年会搞得非常low，不但没有吃团年饭，也没有发多少福利。这样缺乏"卖点"的年会，公司还要求大家必须参加。年会上，创始人还对"友商"进行了公开抨击。

此次裁员风波中，也有员工普遍猜测是喜茶近期的业绩不佳，可能迫于财报压力，需要为上市作准备而精简人员。经媒体统计，此次喜茶裁员主要信息包括以下五点：

一是内部年前已启动裁员，年后还会再裁一部分，总体涉及30%员工。有员工称全体员工无年终奖，另有说法称"延期发放"。

二是信息安全部门全部裁掉，门店拓展部门被裁50%。内部分析认为，喜茶的发展已经触达瓶颈期，门店部门不再重要。

三是被裁的员工将得到正常2N+1倍赔偿，也可以选择内部调动去其他部门，比如技术岗转业务岗等。

四是2022年会成为压倒众多员工希望的最后一根稻草。没有吃饭、很少福利，晚上10点强制大家留下，一直待到半夜12点。年会直播屏上，涨工资、发年终奖等留言铺满屏幕。

五是同样在年会上，创始人聂云宸公开评价"友商"存在弊端，此举被员工视为"缺乏格局"。

对裁员的说法，喜茶方面也给出了回应。喜茶明确表示，公司并不存在所谓的大裁员，在2022年年前，只对少量人员进行了调整，而且这是基于年终考核的正常调整。至于年终奖问题，也是根据绩效来评定的，而且都发放给了员工。

至此，喜茶是否裁员，似乎变成了一个"罗生门"事件。

3.资本裹挟下的品牌扩张

员工的愤怒或许存在"身在此山中"的主观代入，而公开的资本动作却真实地透露出喜茶的焦虑。据了解，截至2021年7月，喜茶完成了总额5亿美元的D轮融资，投后估值从2020年C轮的160亿元人民币猛增至600亿元人民币。自A轮到D轮融资，投资方从红杉、高瓴、IDG等知名投资机构，再到腾讯、美团这样的互联网巨头，不难看出股东们对喜茶的极高期待。对于上市，资本似乎比喜茶更加迫切。

2021年6月拿到新一轮融资的喜茶，就开始转型风投，在茶饮界开始疯狂"扫货"，市场上的投资热度，已经远远超过茶饮新品的推出和新门店开设。"短时间投资如此多的茶饮公司，真的能形成协同吗？"业内不少人存在疑问。在他们看来，这是无法支撑600亿元估值的喜茶，正在寻求新的资本故事。值得玩味的是，果汁品牌"野萃山"在接受喜茶投资后，资本的"橄榄枝"给其带来巨大关注，令其因一款卖了三年多的"千元橄榄汁"被监管部门罚款50万元。

据了解，2021年11月，"深圳奶茶店现1000元一杯饮料"登上微博热搜。当事茶饮品牌"野萃山"门店工作人员当时回应称，该千元产品为橄榄汁，原料进价每公斤1600多元，制作需要3个小时，因此价格较高。2021年11月22日至24日，深圳市市场监管局对深圳市豪麟餐饮有限公司经营的"野萃山·分子果汁"饮品店进行了调查取证，发现该店的原材料实际进货价格与宣传价格不符。深圳市市场监管局随后对该公司涉嫌虚假宣传的违法行为立案查处。2022年1月29日，涉事饮品店所属公司被深圳市市场监督局福田监管局处罚50万元，处罚事由为"广告违法行为"。

4.新茶饮面临管理难题

经媒体统计，喜茶当前还至少存在以下两方面问题。

一是服务质量欠佳。2021年9月，上海的一名消费者在喜茶下单购买了一瓶

"双榨杨桃油柑"（成品）和一杯奶茶（现制现售），工作人员给了她一瓶样品，致使这名顾客不得不去医院洗胃。一怒之下，顾客将喜茶投诉到市场监管部门。

二是竞争压力加大。2022年1月开始，喜茶新动作频频，率先完成现制茶饮产品降价，甚至有产品主动降至10元以下区间，意图打破高端现制茶饮高位定价的定势。此种情况令人感到奇怪：在原材料价格上涨的情况下，公司却调低了部分饮品的价格。针对此降价行为，喜茶表示："此番价格调整，还是为了让用户能够更加方便、低成本地喝到喜茶。"这样的解释略显牵强，说到底还是行业"内卷"太严重。

比如说，茶饮巨头"蜜雪冰城"推行的低价策略和病毒式营销，让奶茶界的"高端"风气为之一变，追求"高大上"的人逐渐减少。更令人没想到的是，另一家茶饮巨头奈雪的茶也在暗中降价，调价之后，奈雪的茶主力茶饮产品价格带将在14至25元，正式告别30元时代。

而喜茶的降价举动，让消费者惊叹之余，也有业界传来不同看法：从高位定价到下探低价区间，从瞄准消费升级到改变消费分级。喜茶在向外界证明有降价"实力"之余，也被业内指出其有转切大众赛道的意图。"消费升级的钱不好赚了，价格下探覆盖多人群，消费分级似乎才是被印证的路子。"一位投资者分析。

至于此次裁员风波，有媒体透露，原因可能与喜茶近一年业绩不佳有关联，公司虽然赚钱但是净利润却在负增长。而外界更多的猜测，还是离不开"上市"二字。

喜茶创始人聂云宸曾在2021年3月亲自下场朋友圈，澄清"今年没有任何上市计划"。但喜茶接下来的融资动作，不免让外界猜测纷纷。截至2021年7月，喜茶一共完成5轮融资，投资方团队从起初的知名投资机构到互联网巨头，估值也一路飙升至600亿元人民币。怎样让入股的资方们能够赚取到应有的回报收益，是喜茶接下资本"橄榄枝"时必须考虑以及需要处理的事情。

案例点评 ●‥‥‥‥‥‥‥‥‥‥‥‥‥‥‥‥‥‥‥‥‥‥‥‥‥‥‥‥‥‥‥‥‥

　　2022年12月，喜茶陷入了裁员风波，传闻涉及30%的员工，甚至信息安全部门全员被裁。这一消息迅速在社交媒体上引发了广泛关注和热议。尽管喜茶官方迅速回应称传闻不实，但此事依然暴露了奶茶界"网红"们在快速扩张和发展中面临的种种挑战和瓶颈。

喜茶作为奶茶界的"网红"，凭借其独特的品牌文化和创新的产品理念，在短时间内迅速崛起并赢得了大量消费者的喜爱。然而，随着市场竞争加剧和消费者口味的不断变化，喜茶也面临越来越大的发展压力。如何在保持品牌特色的同时，不断推出符合消费者需求的新产品，成为喜茶等奶茶品牌需要思考的重要问题。

奶茶店在坚持诚信为本的企业理念的同时，保持品牌特色，不断推出符合消费者需求的新产品，可以通过以下几个策略实现：

第一，创新口味。随着消费者口味的多样化，奶茶店可以推出各种新口味，如芝士奶茶、抹茶拿铁、草莓奶茶等。这些新口味不仅满足了消费者的口味需求，也为奶茶店带来了更多的客流。

第二，使用高品质原材料。为了保证奶茶的品质和口感，许多奶茶店开始使用高品质的原材料。这些原材料不仅有助于提高奶茶的口感，还能为消费者提供更好的健康保障。

第三，注重健康理念。随着消费者健康意识的提高，许多奶茶店开始注重健康理念，推出了低糖、低脂、无添加的奶茶。这些奶茶不仅符合消费者的健康需求，也为奶茶店带来了更多的市场机会。

第四，选择产品。在选品时，奶茶店可以选择新品（市场还没有或者还没有大面积覆盖的产品），或者对原本较为受欢迎的老产品进行迭代优化。大多数门店的销售数据显示，对于老产品的优化会更受欢迎。

第五，包装创新。部分群体追求新潮新颖，追求个性不同。奶茶店可以尝试从包装上进行创新，以吸引这部分消费群体的注意。

第六，制定营销策略。线上线下结合，多点触达顾客。利用小程序、会员系统等线上途径，结合线下的门店广告牌进行营销。

第七，广告宣传。新品上市时，通过广告宣传支持，包括线上和线下的宣传海报、显示屏、点餐台的立牌等，确保新品能够得到足够的曝光。

通过上述策略，奶茶店可以在保持品牌特色的同时，不断推出符合消费者需求的新产品，从而提升市场竞争力，树立诚信经营的企业形象。

随着规模的扩大和门店数量的增加，喜茶在管理和运营方面也面临诸多挑战。如何确保每家门店的服务质量和产品质量，如何有效管理供应链和人员，成为喜茶需要面对的重要课题。此次裁员风波恰恰暴露出喜茶在管理和运营方面存在的问题。过度加班、年终奖延迟发放等问题集中爆发，不仅影响了员工的工作积极性和忠诚度，也损害了品牌形象，丧失了消费者信任。

喜茶陷入裁员风波，奶茶界"网红"遭遇发展瓶颈，这不仅是一个企业的问题，也是整个奶茶行业需要共同面对的问题。

只有不断创新、提高产品和服务质量、提升管理和运营水平，才能在激烈的市场竞争中立于不败之地。

全国人大常委会通过《中华人民共和国反食品浪费法》

案例概述

2021年4月29日，第十三届全国人大常委会第二十八次会议通过《中华人民共和国反食品浪费法》（以下简称反食品浪费法），自公布之日起施行。该法的颁布实施，为全社会树立了浪费可耻、节约为荣的鲜明导向，为公众确立了餐饮消费、日常食品消费的基本行为准则，为强化政府监管提供了有力支撑，为建立制止餐饮浪费长效机制、以法治方式进行综合治理提供了制度保障。

1.基本情况

（1）出台的背景

随着全社会营养健康意识的提高，特别是随着人口的增加、城市化的推进和人民生活水平的不断提高，优质食品一方面呈现需求刚性增长趋势，另一方面供给不足问题更加突出。数据显示，2022年全国粮食产量创历史新高，达到13731亿斤、增产74亿斤，连续8年保持在1.3万亿斤以上。尽管我国粮食连年丰收，但粮食长期供求仍呈紧平衡状态，影响粮食安全的潜在风险隐患依然存在，作为一个发展中国家，中国对粮食安全始终要有危机意识，决不能放松粮食安全这根弦。但《2018中国城市餐饮食物浪费报告》显示，2013—2015年，中国城市餐饮每年食物浪费总量约为1700万吨至1800万吨，中国餐饮业人均食物浪费量为每人每餐93克，浪费率为11.7%，浪费情况严重。因此，以立法的刚性反对食品浪费就成了底线要求，反食品浪费法的制定实施正当其时。

（2）制定的必要性

反食品浪费法是为了防止食品浪费，保障国家粮食安全，弘扬中华民族传统美德，践行社会主义核心价值观，节约资源，保护环境，促进经济社会可持续发展，根据宪法而制定的法律。制定反食品浪费法的必要性概括起来有四个：

一是保障国家粮食安全的迫切需要。粮食安全是国家安全的重要基础。保障粮食安全，需要在重视粮食生产的同时高度重视防浪费，把粮食生产和防浪费放在同等重要的位置。面对我国食品浪费严重的现实，需要通过立法整治浪费行为，为粮食安全保驾护航。

二是弘扬中华民族传统美德，践行社会主义核心价值观的内在要求。

三是节约资源、保护环境，促进经济社会可持续发展的重要举措。制定反食品浪费法，倡导文明、健康、理性、绿色的消费理念，对于加快推进资源节约型、环境友好型社会建设，促进经济社会可持续发展具有重要意义。

四是巩固深化已有实践成果，建立制止餐饮浪费行为长效机制的现实需求。制定反食品浪费法，将近年来我国实践中行之有效的政策措施上升为法律规定，明确各相关主体的责任，有利于建立长效机制。

2.五项主要内容

（1）关于食品、食品浪费的定义

反食品浪费法所称食品，是指食品安全法规定的食品，包括各种供人食用或者饮用的食物。所称食品浪费，是指对可安全食用或者饮用的食品未能按照其功能目的合理利用，包括废弃、因不合理利用导致食品数量减少或者质量下降等。

（2）关于反食品浪费的原则和要求

强调国家厉行节约，反对浪费。明确国家坚持多措并举、精准施策、科学管理、社会共治的原则，采取技术上可行、经济上合理的措施防止和减少食品浪费。国家倡导文明、健康、节约资源、保护环境的消费方式，提倡简约适度、绿色低碳的生活方式。

（3）关于政府及其部门职责

压实各级政府及有关部门关于反食品浪费法的责任。一是明确各级人民政府加强对反食品浪费工作的领导，确定反食品浪费目标任务，建立健全反食品浪费工作机制，组织对食品浪费情况进行监测、调查、分析和评估，加强监督管理，推进反食品浪费工作。二是规定县级以上地方政府应当每年向社会公布反食品浪费情况，提出加强反食品浪费措施，持续推动全社会反食品浪费。三是重点明确国务院发展改革部门、商务主管部门、市场监督管理部门、粮食和物资储备部门有关反食品浪费的职责。

（4）相关部门职责细分

国务院发展改革部门应当加强对全国反食品浪费工作的组织协调；会同国务院

有关部门每年分析评估食品浪费情况，整体部署反食品浪费工作，提出相关工作措施和意见，由各有关部门落实。

国务院商务主管部门应当加强对餐饮行业的管理，建立健全行业标准、服务规范；会同国务院市场监督管理部门等建立餐饮行业反食品浪费制度规范，采取措施鼓励餐饮服务经营者提供分餐服务、向社会公开其反食品浪费情况。

市场监督管理部门应当加强对食品生产经营者反食品浪费情况的监督，督促食品生产经营者落实反食品浪费措施。

国家粮食和物资储备部门应当加强粮食仓储流通过程中的节粮减损管理，会同国务院有关部门组织实施粮食储存、运输、加工标准。

国务院有关部门依照本法和国务院规定的职责，采取措施开展反食品浪费工作。

（5）主体责任

坚持约束和倡导相结合，约束公务用餐，规范餐饮服务提供者和餐饮外卖平台的餐饮服务行为，加强单位食堂、学校食堂、校外供餐单位管理，明确旅游经营者、食品经营者责任，倡导个人和家庭形成科学健康、物尽其用、防止浪费的良好习惯和生活方式，要求婚丧嫁娶、朋友和家庭聚会等活动的组织者、参加者应当适度备餐、点餐，文明、健康用餐。

3.市场监督管理部门的监管职责

反食品浪费法明确规定市场监管部门在工作中的监督管理职责，要求各级市场监管部门依法扛起制止餐饮浪费的重大责任，具体包括以下六方面内容：

一是配合商务部门建立餐饮行业反食品浪费制度规范，采取措施鼓励餐饮服务经营者提供分餐服务、向社会公开其反食品浪费情况。

二是制定和修改有关国家标准、行业标准和地方标准时，将防止食品浪费作为重要考虑因素，在保证食品安全的前提下，最大程度防止浪费。

三是会同民政等部门建立捐赠需求对接机制，引导食品生产经营者等在保证食品安全的前提下向有关社会组织、福利机构、救助机构等组织或者个人捐赠食品。

四是持续组织开展反食品浪费宣传教育。

五是建立反食品浪费监督检查机制，受理投诉，对发现的食品浪费问题及时督促整改。食品生产经营者在食品生产经营过程中严重浪费食品的，可以对其法定代表人或者主要负责人进行约谈。

六是对餐饮服务经营者未主动对消费者进行防止食品浪费提示提醒的，餐饮服务经营者诱导、误导消费者超量点餐造成明显浪费的，食品生产经营者在食品生产经营过程中造成严重食品浪费的，依法实施行政处罚。

4.处罚措施

反食品浪费法共32条，分别对食品浪费的定义、反食品浪费的原则和要求、政府及部门职责、各类主体责任、激励和约束措施、法律责任等作出规定。强调国家厉行节约，反对浪费；明确各级人民政府和国务院有关主管部门的职责任务，规范公务用餐、餐饮服务经营者等食品经营者的行为，引导个人和家庭树立正确消费理念；构建政府领导、部门协作、行业引导、媒体监督、公众参与的反食品浪费社会共治机制；科学设定法律责任，以刚性的制度约束、严格的制度执行，坚决制止浪费行为。

关于处罚措施，反食品浪费法第二十八条明确指出，违反本法规定，餐饮服务经营者未主动对消费者进行防止食品浪费提示提醒的，由县级以上地方人民政府市场监督管理部门或者县级以上地方人民政府指定的部门责令改正，给予警告。违反本法规定，餐饮服务经营者诱导、误导消费者超量点餐造成明显浪费的，由县级以上地方人民政府市场监督管理部门或者县级以上地方人民政府指定的部门责令改正，给予警告；拒不改正的，处一千元以上一万元以下罚款。违反本法规定，食品生产经营者在食品生产经营过程中造成严重食品浪费的，由县级以上地方人民政府市场监督管理部门或者县级以上地方人民政府指定的部门责令改正，拒不改正的，处五千元以上五万元以下罚款。

案例点评 ·

反食品浪费法实施已经三年多了，在社会各界的共同努力下取得了良好效果，食品浪费势头得到初步遏制。企业节约责任意识明显增强，反食品浪费也成为消费者的自觉行动，光盘行动等已经越来越成为社会的共识。近日，中国青年报社和问卷网的一项联合问卷调查显示，71.2%的受访者反食品浪费意识比以前提高了，68.5%的受访者外出就餐会打包剩饭菜，65.5%的受访者会积极践行"光盘"行动。

反食品浪费法的颁布实施在全社会倡导节约粮食、珍惜食物，为全社会树立浪费可耻、节约光荣的鲜明导向，为公众确立餐饮消费、食品消费的基本行为准则，为建立制止餐饮浪费长效机制、以法治方式进行综合治理提供制度保障。

改革开放以来，我国经济得到飞速的发展，我国城乡人民物质生活得到极大改善，生活方式也变得更加丰富多样，但同时食品浪费现象也越来越突出。生态环境部环境规划院的资料显示，据测算，我国城市餐饮业仅餐桌食物浪费量就在1700万至1800万吨，相当于3000万至5000万人一年的食物量。

尽管我们在经济领域取得巨大成就、我国人均粮食占有量已多年超过400公斤的国际粮食安全标准线，肉、蛋、奶等食品供应充足，但我国人均耕地数量少，粮食供求仍处于紧平衡状态。世界处于百年未有之大变局，国际形势复杂严峻，我们必须居安思危，反对食品浪费以保障国家粮食安全。

同时，反食品浪费也是促进中国经济社会可持续发展的重要举措。

反食品浪费法成为促进全民勤俭节约风尚的重要契机。食品浪费严重违背了中华民族勤俭节约的传统美德和社会主义核心价值观。勤俭节约是中华民族的传统美德。成由勤俭败由奢，勤俭节约不仅关系个人修养，也关系一个国家、一个民族的发展兴衰。怎样对待节俭和浪费，反映着一个国家和民族的价值观念和文明程度，也昭示着这个国家和民族的发展前景。勤俭节约，从身边做起，让勤俭理念从餐饮消费开始。习近平总书记高度重视传承勤俭节约优良传统，号召"努力使厉行节约、反对浪费在全社会蔚然成风"。"锄禾日当午，汗滴禾下土。谁知盘中餐，粒粒皆辛苦。"这首古诗传诵千古，道出了粮食的来之不易和珍惜粮食的重要性。反食品浪费，不仅是对这一传统美德的现代诠释，更是对年轻一代的深刻教育。

反食品浪费法推动绿色循环经济发展。反食品浪费法提出"国家倡导文明、健康、节约资源、保护环境的消费方式，提倡简约适度、绿色低碳的生活方式"，食品产业对实现碳达峰碳中和的责任重大。据统计，食品产业是高碳产业，约占全球温室气体排放总量的1/4，尤其畜牧业是排放量最高的部分，在食品产业碳排放量中占比高达31%，此外，农作物生产、土地占用和生产供应链也是主要的碳排放源，生产供应链中仓储运输的电力消耗、能源消耗及制冷剂逸散等也都是高碳行为。因此反食品浪费对碳达峰碳中和意义重大。通过深入贯彻落实反食品浪费法，塑造节约型社会文化，改变人们的消费方式和生活方式，在全社会树立绿色理念。这不仅关系到国家可持续发展的核心利益，而且关系到子孙后代和中华民族永续发展。

食品浪费现象是一个复杂的问题，存在于食品的生产、储存、流通、消费等多个环节，生产端、销售端、服务端反食品浪费起着关键作用。企业是反食品浪费的第一责任人，要从制度建设入手，加强从食材选配到餐桌服务全链条管理。企业作为消费链条的起点，只有牢固树立反食品浪费意识，法规才能落到实处；销售者作为连接生产者和消费者的桥梁，其销售行为对消费者的购买决策具有重要影响，销售者要合理引导消费者购买行为，减少食品浪费；服务提供者如餐饮企业、外卖平台等，在提供服务的过程中也承担着反食品浪费的重要责任，应当通过精细化管理，提高服务质量和效率，减少食品浪费。

建立反食品浪费长效机制，推动反食品浪费工作常态化、持续化才能收到成效。反食品浪费法颁布实施后，国家有关部门制定发布了配套规定，如国家发展改革委办公厅、商务部办公厅等出台了《反食品浪费工作方案》，各地方陆续制定地方性法规，中央和地方层面都建立了粮食节约和反食品浪费专项工作机制。

反食品浪费须社会共治才能久久为功，需利用更多更具有针对性、可操作性的配套措施。

一是加强执法检查。各级市场监管部门应加强对餐饮服务提供者的执法检查，特别是在餐饮外卖、婚宴、自助餐、酒店、单位食堂等重点环节，严查诱导超量点餐等违法行为。

二是建立行业标准。鼓励行业协会等组织制定反食品浪费的行业标准，包括点餐量建议、菜品分量标准等，为餐饮服务提供者提供操作指南。

三是开展宣传活动。通过媒体、网络等多种渠道，广泛宣传反食品浪费的重要性和必要性，增强全社会的节约意识。倡导"文明餐桌、光盘行动"，鼓励消费者按需点餐，剩余食品打包带走。

四是普及智能系统。利用大数据分析技术，为消费者提供科学合理的点餐建议，减少超量点餐的可能性。实时监测和分析各菜品的点单量和剩余量，为餐饮服务提供者提供优化菜品设置的依据。

五是建立信用档案。为餐饮服务提供者建立反食品浪费信用档案，记录其在防止食品浪费方面的表现。对于存在超量点餐等浪费行为的餐饮服务提供者，根据其违规程度在信用档案中给予相应扣分或处罚记录。

反食品浪费不仅是对餐桌上的浪费说"不",更是关乎资源节约、环境保护、文化传承与经济发展。反食品浪费与每个人息息相关,没有旁观者,人人都是参与者,需要每个人携起手来,用实际行动践行反食品浪费的理念,共同守护我们的美好家园。

2021年新出生人口数较2016年下降四成　婴配奶粉行业面临寒意

案例概述

新出生人口数关系着婴幼儿配方奶粉行业的市场容量，随着近年来新出生人口数量的持续下滑，国内的奶粉市场也持续萎缩。

2022年1月17日，国家统计局公布的数据显示，2021年全年出生人口为1062万人，相比2016年的1883万人少了约四成。此前澳优乳业董事长颜卫彬曾公开表示，2021年之后，国内新出生人口可能还会有更大的下降，明年、后年整个市场用户可能会减少400万至500万的数量级，这将给婴配奶粉企业带来非常大的压力。

1.背景分析

在中国，新出生人口数量的下降已成为不容忽视的社会现象，对婴幼儿配方奶粉行业产生了深远的影响。这一变化不仅涉及亿万家庭，也直接影响着相关企业的市场前景。

2021年对于婴幼儿配方奶粉行业来说是艰难的一年，国内新出生人口从2016年的1883万人，逐步下滑到2019年的1465万人，2020年的1200万人，2021年的1062万人。2021年新出生人口数比2016年少了约四成，直接引发了奶粉消费市场总规模的萎缩。

人口下降的原因是多方面的，涉及社会经济、生育政策和文化变迁等多个层面。

首先，社会经济因素在人口下降中扮演了重要角色。随着经济发展和生活成本的上升，许多年轻人家庭面临较大的经济压力，这直接影响了他们的生育意愿和生育行为。此外，教育、医疗和住房等资源的分配不均，也加剧了他们对生育的顾虑。

其次，生育政策的调整对人口变化有着直接影响。虽然近年来中国逐步放宽了生育限制，实施了全面二孩政策，乃至提倡三孩政策，但这些政策的激励效果并不如预期，许多家庭由于种种原因并未选择生育更多孩子。

最后，文化变迁同样影响着生育率。随着社会观念的更新，个人发展、职业规划和生活质量逐渐成为年轻人考虑的重点，晚婚、晚育甚至不婚、不生育的现象越来越普遍。

业内人士指出，人口下降对婴幼儿配方奶粉行业及相关企业的直接影响，表现为市场需求的减少、产品竞争的加剧及对新业务模式和增长点的深入探索的需求。

2.奶粉股股价整体表现低迷

据媒体统计消息，2021年9月24日，"奶粉龙头"中国飞鹤盘中跌近5%报12.52港元/股，总市值1130亿元，股价也创造了该股票52周内的新低。实际上，进入2021年以来，中国飞鹤的股价便一路震荡走低，半年多以来，中国飞鹤市值蒸发超过1000亿港元。

业内人士指出，本轮奶粉行业调整的关键在于市场总量的萎缩，2019年以后人口出生率开始下滑，特别是新冠疫情出现后的2020年至2021年，人口出生率下降的幅度比较大，给行业突然来了一场暴风雪。未来随着我国新生人口数量的持续下降，国内婴幼儿配方奶粉市场规模将面临更大压力，存量市场进展也将更加残酷，奶粉企业不得不重新审视现有的战略布局。

值得注意的是，目前婴配奶粉销售中，3段奶粉占到总量的半壁江山，3段奶粉一般是针对12个月到36个月的幼儿设计的，因此新出生人口下滑的影响还会滞后1~2年才会体现。

当然也应该看到，公布的2021年的新出生人口数据好于此前的行业预期，而且疫情延迟的生育需求在未来两年预计也会逐步释放，加之国家鼓励三孩政策逐步见效，目前行业或已经触底。

3.婴配奶粉市场面临收缩

婴幼儿配方奶粉行业人口红利逐渐衰退，已然是大势所趋。奶粉行业受到正面冲击，市场消费基数正在减小，从近年来婴幼儿配方奶粉的产量、销量趋势等便可窥见一斑。

《中国乳制品产业链全景图》显示，2020年全国奶粉产量为101.2万吨，同比下降3.77%；2021年全国奶粉产量为97.9万吨，同比下降3.25%。

尼尔森IQ于2020年发布的《婴幼儿配方奶粉市场洞察及趋势报告》显示，在人口红利减退大背景下，中国市场母婴相关品类，如奶粉、婴儿辅食、尿布、孕妇奶粉等母婴相关品类在2022年均有所下滑。同时，尼尔森IQ最新数据显示，2023年1—11月，婴儿配方奶粉全渠道销售额同比上一年下降13.7%，其中线下渠道下降17.4%。

弗若斯特沙利文的报告进一步证实了这一点。报告显示，中国婴配奶粉市场零售量从2019年开始下降，预计到2025年将下降到76.49万吨，2020—2025年零售量的年复合增长率为–4.1%。

4.最严国标更益于中国宝宝

随着我国新增人口数量见顶，我国奶粉行业量增抑或见顶，业内人士大多认为未来行业发展将主要由价增驱动。业内人士指出，近几年婴幼儿奶粉消费需求大幅减少；与之相对，国内居民收入与消费水平快速提高，对高品质、高单价的产品需求增多，有望带动婴幼儿奶粉市场均价的上扬。

2021年3月18日，国家卫健委发布《食品安全国家标准　婴儿配方食品》(GB 10765—2021)《食品安全国家标准　较大婴儿配方食品》(GB 10766—2021)和《食品安全国家标准　幼儿配方食品》(GB 10767—2021)三项营养与特膳食品标准。与此前的2010版婴幼儿配方食品系列标准相比，新国标将原有的《食品安全国家标准　较大婴儿和幼儿配方食品》(GB 10767—2010)分为《较大婴儿配方食品》与《幼儿配方食品》两个标准，新政策实施具有2年的过渡调整期。2023年2月22日婴幼儿配方奶粉新国标规定开始实施，只有通过新国标配方注册的奶粉产品才能在中国境内出售。这份被业内称为"史上最严"的奶粉新国标，因其严要求受到社会高度关注。统计显示，截至2023年2月15日，已有31家乳企旗下112个品牌的316个配方获得新国标注册。

婴幼儿奶粉国标的修订，体现了健康理念的改变。"各个国家都在修订相关标准，尤其是国际食品法典委员会对婴幼儿配方食品标准作了较大修订，包括一些营养素的指标，标准是要越来越符合现代健康理念或最新科学证据。"新国标主要起草人之一、中国营养学会秘书长韩军花介绍。新国标调整了较大婴儿和幼儿配方食品中蛋白质含量要求，并增加了较大婴儿配方食品中乳清蛋白含量要求；调整了较大婴儿配方食品中碳水化合物含量要求，与婴儿配方食品要求一致；增加了较大婴儿和幼儿配方食品中乳糖含量要求，并明确限制蔗糖在婴儿和较大婴儿配方食品中添加，使婴配奶粉更适合中国宝宝体质。

新国标的"严"，体现在框架更细致、配方营养素更精准、安全性指标更协调、原料要求更严格。"新国标对奶粉的生产指标要求更加严格，意味着企业必须在生产过程中进行严格控制，否则很容易超出标准范围，成为不合格产品。"韩军花介绍。旧国标对奶粉中添加的很多维生素没有设置上限值，企业在生产过程中添加的量较多也是合格的。但新国标实施后，任何一个营养素都规定了最小值与最大值，超出标准范围的将成为不合格产品。

另据三元食品负责人介绍，为了适应新国标对品质的要求，三元奶粉升级 A2 奶源推出了爱力优、爱蓓益、爱多恩三款"新国标"奶粉，主打差异化营销，满足消费者功能性、性价比等多元化需求。下一步，企业还将不断提升创新能力，持续搭建我国健康母乳数据库，推进婴配奶粉母乳化研究。

5.众多乳企寻找新的业绩增长点

新国标落地后，实力较强的奶粉企业有望通过优化升级迎来新的发展机遇，而实力较弱的中小企业则面临更大挑战，市场集中度或将进一步提高。新国标颁布恰逢乳品企业配方"二次注册"时期，新国标注册成本高，同时需要企业在较短时间内完成配方升级并准备注册材料，这非常考验企业的综合实力。业内人士指出，婴幼儿配方奶粉是奶粉行业的主要营业收入来源，在行业进入存量竞争的背景下，众多乳企开始寻找新的业绩增长点，主要体现在以下两方面：

一方面，随着新国标的实施，头部企业纷纷推出新国标产品，并持续加码高端市场；同时，羊奶粉、有机奶粉、特殊配方奶粉等满足不同消费者个性需求的细分产品，也成为婴幼儿奶粉企业的"新战场"。

另一方面，婴幼儿奶粉企业近年来也纷纷延长品类生命线，在婴幼儿配方奶粉以外转战儿童奶粉、老年奶粉等新领域。

据了解，近几年，布局或是再次加码儿童奶粉的企业品牌逐渐增多。据不完全统计，目前入局儿童奶粉的品牌包括伊利、启赋、合生元、君乐宝、雀巢能恩、皇家美素佳儿、美赞臣、爱他美、a2、佳贝艾特、美素佳儿、贝因美、惠氏、贝拉米、认养一头牛、Cow&Gate、BEBA、蓝河、雅培等。

案例点评

中国近年来新出生人口数量急剧下降，尤其是2021年新出生人口较2016年减少约40%的现象，不仅对婴幼儿配方奶粉行业造成了直接冲击，还对整个食品产业产生了深远的影响。这一人口结构的变化正迫使食品企业重新评估市场战略、调整产品结构，以应对前所未有的挑战。

1.人口下降对食品市场供需关系的重塑

人口是食品消费的基础，尤其是新生人口直接影响着婴幼儿食品、奶粉及相关产品的市场需求。随着新生人口的大幅减少，食品市场的整体需求结构正在发生变化。

首先，新生儿减少直接导致婴幼儿食品需求的萎缩。婴配奶粉行业是最典型的例子，需求下降已在市场表现中得到充分体现。随着奶粉需求的减少，企业不得不面对市场容量萎缩的问题，行业竞争也更加激烈。那些依赖婴幼儿市场的食品企业正在面临巨大的生存压力，不得不寻求新的增长点。

其次，人口下降对其他与家庭消费相关的食品市场也产生了连锁反应。例如，与婴幼儿食品关联紧密的母婴产品市场，如婴儿辅食、尿布、孕妇营养品等，亦难逃需求萎缩的影响。家庭结构的小型化和人口老龄化趋势，使得食品企业不得不重新调整产品定位，更多地关注老年食品、健康食品及高端定制化食品市场。这一需求变化要求企业具备更强的市场敏锐度和快速反应能力，以适应不断变化的消费结构。

2.企业竞争策略的调整与升级

面对市场需求的变化，食品企业的竞争策略也正在经历深刻调整。市场容量缩小，促使企业加快产品升级和多元化布局，以应对日益激烈的竞争环境。

首先，食品企业纷纷向高端化、差异化发展。随着消费者对健康、营养和品质的重视度提高，企业开始转向生产高品质、高附加值的产品，如有机食品、功能性食品和特医食品等。例如，婴配奶粉市场中，企业通过推出含有益生菌、有机配方等新产品，试图在激烈的市场竞争中脱颖而出。这一策略不仅提高了产品的市场竞争力，也推动了食品产业整体向高附加值方向发展。

其次，企业加大了在研发和创新领域的投入。面对市场的萎缩，企业认识到只有通过技术创新和产品创新，才能在未来的市场中占据有利地位。新型食品技术的应用，如生物技术、食品功能强化技术等，正在成为企业提升竞争力的关键手段。同时，数字化转型也是企业应对市场变化的重要策略，数据分析、智能制造、供应链优化等数字技术的应用，有助于企业提高生产效率和市场响应速度，从而在激烈的市场竞争中占据先机。

3.产业链条的调整与结构优化

人口下降不仅影响食品市场的需求，还对整个食品产业链条的结构产生了深远的影响。从原材料供应、生产加工到终端销售，各个环节都在经历结构性调整，以适应市场的新需求。

首先，原材料供应链面临调整。婴幼儿食品需求的下降，直接影响了乳制品、谷物等原材料的供应链条。部分供应商面临订单减少的压力，不得不寻求新的市场或调整生产结构。例如，部分乳制品企业开始拓展成人奶粉、功能性乳制品等领域，以填补婴幼儿奶粉市场的萎缩。同时，供应链的数字化和智能化发展，也在提升供应链的效率和灵活性，使企业能够更好地应对市场需求的变化。

其次，食品生产加工环节也在经历优化调整。面对需求的下降，食品企业正通过优化生产流程、提高生产效率来降低成本。例如，自动化生产线的引入、智能制造技术的应用，帮助企业在降低生产成本的同时，提升了产品质量和生产灵活性。此外，企业还在积极探索绿色生产、可持续发展模式，以应对日益严峻的环境压力和消费者对可持续产品的需求。这些措施不仅优化了生产结构，也为食品企业在市场竞争中提供了新的优势。

最后，终端销售渠道正在加速变革。随着消费者购买行为的变化，食品企业在销售渠道上也进行了大幅调整。例如，电商平台的崛起和线上购物的普及，正在改变传统的销售模式。食品企业开始更多地依赖线上销售渠道，并通过大数据分析、精准营销等手段，提升消费者的购买体验。此外，社区团购、生鲜配送等新型销售模式的兴起，也为食品企业开辟了新的市场空间。未来，如何更好地融合线上线下渠道，将成为食品企业制胜市场的关键。

4.全球食品产业面临的人口挑战

人口结构变化对食品产业的影响并非中国所独有，而是全球普遍面临的挑战。随着全球人口增速放缓、老龄化加剧，各国食品产业都在经历类似的调整。

在发达国家，人口老龄化和低出生率正推动食品市场向健康化、功能化方向发展。老年食品市场增长迅速，功能性食品、保健食品需求增加，食品企业在产品开发中更加注重营养成分的优化和健康效益的提升。

在发展中国家，尽管部分地区仍处于人口红利期，但人口增速放缓的趋势已开始显现。食品企业在这些市场上不仅要应对消费者需求的多样化，还需应对由人口变化带来的长期市场不确定性。这一趋势要求企业在全球布局中更多地关注人口结构变化对市场的影响，并通过灵活调整产品和市场策略实现可持续发展。

此外，全球食品产业还面临环境保护和资源可持续利用的双重挑战。随着人口增长放缓，资源紧张和环境压力却在不断加剧。这促使食品企业更加关注绿色生产、循环经济和可持续发展，推动产业链向更加环保、高效的方向转型。

综上所述，中国人口下降对食品产业的影响是多层次的，涉及市场需求、企业竞争策略、产业链结构等方方面面。面对这一挑战，食品企业必须加强创新，调整战略，优化产业链条，以适应市场需求的变化。同时，通过借鉴全球市场的经验，食品企业还可以更好地应对未来的挑战，实现可持续发展。未来，如何在市场需求变化的背景下，保持竞争力并实现长期发展，将是食品企业面临的最大考验。

案例三十二　打火机都烧不化　钟薛高雪糕引发质疑

案例概述

2022年7月6日，常处于舆论旋涡的钟薛高再次被推上热搜。网络流传的一段视频显示，一网友用打火机点燃钟薛高雪糕疑似烧不化。对此，钟薛高客服热线工作人员表示，雪糕一般常温下3至5分钟融化，"烧不化的情况我们也是第一次听到"，已记录该问题，之后将会有专员回应。

1.钟薛高发家史

2018年初，林盛和周兵在上海市嘉定区联合创立了钟薛高食品（上海）有限公司，开始向雪糕市场进军。据介绍，公司起名"钟薛高"，其实是"中式雪糕"的"中雪糕"之谐音。钟薛高正是以中式雪糕为主要产品而创立的。

充满发展潜力的钟薛高，在创办当年便完成了天使轮和Pre-A轮两轮融资。

钟薛高的蹿火来得十分突然。2018年天猫"双11"，钟薛高推出一款名为"厄瓜多尔粉钻"的雪糕，宣传该雪糕采用世界上的第四种巧克力，"稀有程度远远超过钻石"，牢牢抓住了消费者的"尝鲜感"，于是，即使在售价高达66元一支的情况下，15小时依然售出了2万支，创下了同品类的销售纪录。钟薛高也因此登上热搜，一战成名。

2019年，钟薛高销售额突破1亿元，在当年618电商节中甚至创下开售21分钟便达到200万元销售额的佳绩。即便在新冠疫情横行中国的2020年，钟薛高也售出了4800万支雪糕。经统计，2021年5月到2022年5月，钟薛高共卖出1.5亿支雪糕，增长高达176%，营收达到8亿元；之后稳坐2020年和2022年"双11"同品类销量第一，被称为"雪糕中的爱马仕"。

钟薛高自2018年创办至2021年，每一年的销量都实现了爆发性的增长。尽管从体量来说，钟薛高尚未挤进中国雪糕市场的头部阵营，但对产品的差异化定位、花式营销、电商销售成绩等，还是让钟薛高被视为传统雪糕行业中的新消费品牌代表之一。广告行业出身的林盛，曾服务过大白兔、味全等快消品品牌，他曾对自己的营销打法深信不疑，"做品牌必须让自己成为网红、出圈，然后从网红努力走向长红，最后变成品牌"。

2."爱要不要"事件

部分消费者认为钟薛高的雪糕虽然贵了点但是好吃，但是更多的消费者觉得钟薛高雪糕不好吃，没有这个价格应该有的味道。

于是，钟薛高的雪糕自从进入市场开始，就一直因为被质疑价格太贵、价不配位而收到不少负面评价，进而引发了不少风波。

2021年6月4日，钟薛高创始人林盛接受了北京卫视财经频道访谈节目《艾问人物》的采访。采访视频的片段在网络上开始传播后，"钟薛高雪糕最贵一支66元"冲上了微博热搜第一。

于是，针对视频中林盛一句"爱要不要"的言论，网友们开始展开多种带有讽刺性质的二次创作，大量关于钟薛高的负面信息在社交平台上涌现。

一时间，"爱要不要"四个字，让钟薛高的公关部门面临巨大的舆论压力。这句话是在什么样的语境下出现的呢？

这句话出现在采访中。当主持人询问道："这么贵，哪来的底气和自信？"林盛对此回答："它就是那个价格，你爱要不要。因为它确确实实成本结构就是那样的，我就算拿成本价卖，甚至我倒贴一半价格卖，还是会有人说太贵。"再以林盛在采访中所说的钟薛高雪糕的成本较高，光柚子和酸奶一吨就要120万元为前提，"爱要不要"的言论，原意指作为材料的柚子成本较高。因此，原话应为"（柚子）它就是那个价格，你爱要不要"。

话虽如此，但"爱要不要"这句话的确是有些随意，本不应该成为一个企业管理者在公众场合发表的言论。所以，即使这起"爱要不要"风波后来被证实是有心人的恶意剪辑、断章取义，但此时钟薛高的品牌形象已经呈现出不可逆转的下滑。

经此一事，钟薛高在网络舆论上逐渐倾向了负面。

3."不融化"雪糕事件

2022年7月2日，钟薛高雪糕再次冲上微博话题热搜。

热搜内容是一个名为"京城红某人"的博主，在7月1日搬运了来自小红书的所谓钟薛高雪糕融化"实验"的帖子。"实验"使用了钟薛高的海盐椰椰雪糕作为对象，并声称该雪糕在31℃下静置一个小时仍未融化。

于是，舆论哗然，迅速发酵，许多视频博主为了蹭热度，第一时间在社交平台发布各种钟薛高雪糕的融化"实验"视频，甚至出现了雪糕"火烧不化"的视频。

面对广大网友对钟薛高添加过量的添加剂，导致雪糕"不融化"甚至"烧不化"的质疑，钟薛高多次回应。当天晚上，也就是7月2日21点26分，钟薛高官方即通过微博正式回应此事，全文如下：

> 钟薛高海盐椰椰雪糕近来受社会各界关注较多，在此做相关说明：
>
> 钟薛高一贯坚持品质第一，为消费者带来美味、优质的产品体验与品质追求。我司所有雪糕产品均按照国家标准GB/T 31119—2014《冷冻饮品 雪糕》合法合规生产，并于检测合格后出厂。
>
> 钟薛高海盐椰椰雪糕配方中主要成分为牛奶（35.8%）、稀奶油（19.2%）、椰浆（11.2%）、加糖炼乳（7.4%）、全脂乳粉（6.0%）等。产品中蛋白质含量为6.3克/100克，固形物含量约40%，高于国家标准GB/T 31119—2014《冷冻饮品 雪糕》中对清型雪糕蛋白质含量≥0.8克/100克，及固形物含量≥20%的要求。
>
> 关于消费者关心的卡拉胶，其来源于红藻类植物，广泛使用于冰淇淋、雪糕和饮品中，适量的卡拉胶有助于雪糕中乳蛋白保持相对稳定的状态。平均每支78克钟薛高海盐椰椰雪糕中卡拉胶添加量约为0.032克，符合国家标准GB 2760—2014《食品安全国家标准食品添加剂使用标准》中，卡拉胶可在冷冻饮品中"按生产需要适量添加"的规定。
>
> 以上信息确保真实准确。食品安全无小事，好品质更是钟薛高一贯的坚持。我们认为用烤雪糕、晒雪糕或者加热雪糕的方式，来评断雪糕品质的好坏并不科学。
>
> 钟薛高全力配合有关部门工作，同时我们希望并欢迎公众及媒体秉承科学的立场对相关问题进行调查、科普。
>
> 2022年7月6日
> 钟薛高冰淇淋事业部

之后，钟薛高又通过引用"上海网络辟谣""中国食品安全网"科普视频，继续对钟薛高雪糕"实验"的网络舆情进行辟谣。

事后看来，网友们的"实验"方式可能确实不够科学、站不住脚，但钟薛高的公关部门依然没能完全扭转网友们的负面评价。

4.虚假宣传引爆争议

如果说"爱要不要""不融化"事件是由于产品负面评价过多，企业公关难以控制而产生的风波，那么，监管部门的处罚则是给钟薛高来了一记"实锤"，打破了消费者对该品牌的信赖。

据上海市黄浦区市场监管局发布的行政处罚决定书，2019年3月，钟薛高在线上店铺销售的一款轻牛乳冰激凌产品，网页刊载有"不加一滴水、纯纯牛乳香"等宣传内容。

经官方核实，该款冰激凌产品配料表明确含有饮用水成分，故其宣传内容和实际情况不符，系引人误解的虚假宣传，被处以行政处罚6000元。

2019年8月，钟薛高旗下的另一款产品——酿红提雪糕，也同样"栽"在虚假宣传上。据悉，钟薛高在销售的酿红提雪糕产品页面宣称"不含一粒蔗糖或代糖，果糖带来更馥郁的香气，只选用吐鲁番盆地核心葡萄种植区特级红提，零添加，清甜不腻"。经市场监管部门检验，该红葡萄干规格等级实为散装/一级，品牌方"特级红提"话术构成虚假宣传，被处以行政处罚3000元。

2021年6月17日，钟薛高在其官方微博发布道歉信称："过去犯过的错虽然可以改正，却无法抹去。曾经在创业初期的两次行政处罚，如同警钟，不断提醒我们要更谨慎、更准确、更负责任地与用户沟通。对于我们曾经犯过的错误以及给大家带来的困扰，我们再次郑重地向大家道歉。"

从这些处罚书中，除钟薛高屡次涉及虚假宣传外，人们或许还可以得出一个结论，即钟薛高用成本远低于消费者心理预估的次级原料充当特级原料，并将产品卖出了高价。消费者奔着特级红提的噱头购买雪糕，可咽下肚子的却几乎等同于超市里售卖的十几元一斤的普通葡萄干。

倘若钟薛高认真把控产品质量，对广告法了解透彻，也不会出现这么大的风波。一直强调真材实料为核心卖点的钟薛高，却正是因为"真材实料"翻了车。

案例点评

网传在31℃的室温下放置近1小时后，钟薛高旗下一款海盐口味的雪糕仍然没有完全融化，有网友甚至使用打火机点燃也烧不化。对此，上海市市场监管局回应表示"已关注到此事"。之后钟薛高发文称，所添加的卡拉胶有助于雪糕中乳蛋白保持相对稳定状态，符合国家标准。相关舆情引发消费者热议，一直以来标榜无添加、纯天然的"贵族"雪糕，如何才能支撑起"高贵"的价格，如何才能让消费者觉得物有所值？

市场是优胜劣汰、瞬息万变的。对于网红雪糕的发展，在迎合新消费需求，生产一些价格"稍微"贵、消费者"勉强"可以接受的产品的同时，更为重要的是站在消费者的角度对产品作出承诺。产品的品质和消费者体验感，才是决定品牌行稳致远的核心因素。

1.食品添加剂安全性的界定

食品级的增稠剂种类很多，国家对其使用有明确的标准和规范。只要使用符合国家相关规范，食品增稠剂对人体健康是无害的。使用食品增稠剂可以改变食品的色香味形，改变食品的质地，即软硬度，提高口感，延长其保存时间，在国家标准范围内合理使用是安全的。

此外，很多食品增稠剂是食材里的天然成分，如卡拉胶、淀粉、果胶等，它们同时也是一种膳食纤维，在营养学上也提倡人体摄入一些这种胶类物质。虽然在食品加工中提倡尽量少用增稠剂等食品添加剂，但有时无法避免使用到食品添加剂，因为使用食品添加剂能起到延长保存时间、改善营养、提高品质的作用。在合理规范使用的前提下，食品增稠剂是安全的，对人体健康无害。

对一支高浓度的雪糕来说，要想保证和提高口感，生产厂家通常会添加大量的浓缩乳或者稀奶油，同时添加一定比例的胶状类产品原料，卡拉胶就是其中一种。卡拉胶是从麒麟菜、石花菜、鹿角菜等红藻类海草中提炼出来的亲水性胶体，广泛用于制造冰淇淋、糕点、软糖等。果冻里的主要成分就是卡拉胶，连吃上10个大果冻，会引起肠道的应激反应。但基本上来说它是无害的，会被排泄出去。

事实上，食品乳化增稠剂在冰淇淋行业使用较为普遍。综合成本和口感的考虑，一般冰淇淋企业会将卡拉胶单体的使用剂量控制在万分之五左右，以确保产品符合国家食品安全标准。

2."火烧不化"该作何解释

世界上其实并不存在不融化的雪糕。如奶粉、奶酪、乳蛋白、乳脂、乳糖等固形物含量高，水成分少，产品完全融化后自然就为黏稠状，不会完全散开变成一摊水状——固体无论如何融化，它也不能变成水。

钟薛高"烧不化"而融化呈黏稠状，是因为这款产品配方中主要成分为牛奶、稀奶油、椰浆、炼乳、全脂奶粉、冰蛋黄等，产品本身固形物含量达到40%左右，除部分原料本身含少量水外，配方未额外添加饮用水。同时对于添加问题，为使商品出厂后在运输、仓储及货架期等时间内保持良好风味和形态，产品使用极少量的食品乳化增稠剂，且均严格按照国家相关标准添加，消费者可放心食用。

卡拉胶之类的胶状物，在燃烧的过程中会碳化。换言之，除了钟薛高，如果将一份浓度很高（比如75%左右）的浓缩乳冻住，再拿到太阳下暴晒甚至用火去烧，结果它还是成为胶类物质，而不会变成一摊水。

3.品质是支撑品牌长久前行的关键要素

每年进入夏季后，全国各地气温逐步升高，雪糕成了很多人消暑解热的首选。然而，近年来许多雪糕品牌的身价逐渐让人"高攀不起"，小卖部冰柜里的雪糕甚至不会明码标价，人们随手拿起一根就可能价值十几元，甚至几十元，在结账时陷入"买也痛心，退也尴尬"的两难境地。即使消费者咬牙买下，味道也不一定让人满意。这些身价高昂、味道莫测的雪糕就像装在盲盒里，随时都可能给顾客带来一次"不愉快的体验"，被消费者无奈地称为"雪糕刺客"。

如今，走进便利店或商超，钟薛高的身影依然可见，价格依旧显眼，只是少了些"人气"。据介绍，该品牌雪糕经常做促销活动，有几款雪糕甚至打七折销售。商店冰柜上贴的雪糕标价，其中比较便宜的在3元左右，而一支钟薛高丝绒可可冰淇淋标价17.8元，一支钟薛高草莓白巧雪糕则标价22.8元。"在我们店里基本没有比这个品牌还要贵的雪糕，行情并不太好，最近网上信息闹的，就更不好卖了。"商家如此表示。

在消费认知中，雪糕应该归属于大众消费品而非高档消费品。像钟薛高这样的网红产品，优点就是打"短平快"，成名时间短、见效快、效益高，缺点就是产品可持续发展的能力差。近年来，我国消费观念经历了一些转变，随着广大消费者理性消费及自我防护等意识的不断提高，如果商家仍将主要靠搞一些营销噱头，以高价吸引消费者，可能会引发越来越多民众的反感。

"雪糕刺客"刺的只有消费者的钱包吗？广为诟病的溢价和风评极差的性价比，损失的绝不仅仅是消费者的钱包。严重的溢价带来的只能是短暂的利益，而品质、声誉和口碑这些支撑一个品牌价值的要素，以及相关行业的市场秩序，才是这场"溢价刺杀"中真正的受害者。

夏天，需要降火的不只是老百姓。雪糕品牌沉下心来不断提升产品品质、遵循市场定价秩序并正视消费者利益，如此才是商家能够长久经营的唯一正道。

国家市场监管总局推进民生领域"铁拳"行动

案例概述

2021年7月16日，以"纵深推进'铁拳'行动 严查民生领域违法行为"为主题，国家市场监管总局举行2021年第三季度例行新闻发布会。新闻发布会上，相关负责人汇报了"铁拳"行动的总体情况。2021年4月，国家市场监管总局印发《2021民生领域案件查办"铁拳"行动方案》，在全国范围组织开展"铁拳"行动。自行动开展以来，各级市场监管部门聚焦民生领域群众反映强烈、社会舆论关注的突出问题，重拳出击，严厉打击生产经营有毒有害食品、农兽药残留超标食品和"山寨"酒水饮料行为等，查办了一批与群众紧密相关、性质恶劣的违法案件。

1.总体情况

"铁拳"行动之所以被称为"铁拳"，就是要铁面执法、握指成拳，聚焦解决民生领域群众急难愁盼问题，查处一批有重大震慑力的大案要案，实现"查办一案、警示一片、震慑几年，让监管长出牙齿，让违法者付出代价"的执法效果，营造安全放心的消费环境，不断提升人民群众的满意度和获得感。新闻发布会上，国家市场监管总局负责人介绍了"铁拳"行动情况。

（1）聚焦民生领域8类违法行为

"铁拳"行动坚持问题导向、目标导向，聚焦关系群众生命健康安全的重点商品、贴近群众生活的重点服务行业，以及农村与城乡接合部市场、制售假冒伪劣产品多发的重点区域，重拳出击，重点打击8类违法行为：一是销售药残超标的畜产品、水产品及未经检验检疫或检出"瘦肉精"的肉类；二是宣称减肥和降糖降压降脂等功能的食品中添加药品；三是生产销售"偷工减料"劣质钢筋、线缆；四是生产销售劣质儿童玩具；五是中介机构"乱收费"；六是翻新"黑气瓶"；七是农村市场"山寨"酒水饮料、节令食品；八是"神医""神药"等虚假广告。

（2）各地市场监管部门全力推进实施

国家市场监管总局党组高度重视"铁拳"行动，执法稽查局牵头建立工作协调机制，相关司局协作配合，积极推进。31个省（区、市）和新疆生产建设兵团均制定了"铁拳"行动方案，26个省（区、市）市场监管部门还专门召开会议，对"铁拳"行动作出部署。北京、上海、安徽、山东、四川等10多个地方市场监管部门将"铁拳"行动作为"一把手"工程，主要负责同志靠前指挥，抽调精干力量，全力推动实施。

（3）案件查办展现警示震慑效应

行动开展以来，各地每月向国家市场监管总局报送查办的典型案件。据不完全统计，截至2021年6月15日，全国各级市场监管部门查办医疗、药品、保健食品虚假违法广告案件678件，处罚金额1408万元；查办教育培训类虚假违法广告案件242件，处罚金额306万元。为进一步发挥"铁拳"行动的警示震慑效应，各地市场监管局还将违法失信企业列入严重违法失信企业名单，采取相应的管理措施，加强信用约束，警示经营者守法经营。

2.5起涉食品案例通报

本次新闻发布会上，国家市场监管总局负责人公布了部分典型案例，其中涉及如下5起食品案例。

（1）贵州查处未履行食用农产品批发市场主体责任案

2021年4月30日，遵义黔北果蔬投资经营有限责任公司因未履行食用农产品批发市场主体责任的违法行为，被处以12.5万元罚款的行政处罚。

2021年3月12日，遵义市市场监管局执法人员暗访时发现，遵义黔北果蔬批发市场开办方遵义黔北果蔬投资经营有限责任公司未审查入场经营者食品经营许可证，未配置食用农产品检验所需的设备及检验人员对入场食用农产品进行检验，未委托符合法律法规规定的食品检验机构进行入场食用农产品检验，并杜撰虚假检验报告在市场内进行张贴公示。经查，遵义黔北果蔬投资经营有限责任公司的上述行为从2020年6月持续至案发，违反了食品安全法第六十一和六十四条的规定。该企业还存在伪造虚假检验报告在市场进行发布的行为，已另案从重处罚。

（2）四川查处未经许可从事食品经营及经营未经检疫肉制品案

2021年3月15日，西昌市市场监管局将西昌市奇阳商贸有限公司未经许可从事食品经营及经营未经检疫肉制品案移交公安机关处理。

2021年2月19日，根据有关案件线索，西昌市市场监管局执法人员对西昌市奇阳商贸有限公司租赁的冻库库房进行检查，发现标示为"28XiangGangZhiHao"冷冻鸡脚筋2件（12.5千克/件）、冷冻阿兰那牛肚1件（20千克/件）、冷冻鸡肾12件（10千克/件），当事人不能提供上述冷冻肉制品检疫证明等证明材料。经查，上述肉制品是该公司经营管理人员陈某某分别从昆明郑某、成都海霸王市场购进，只有微信交易记录和对方的电话号码、微信号，不能出具入境货物检疫证明、核酸检测证明、消毒证明和供货方资质信息等证明材料，共购进50件，已销售35件。西昌市奇阳商贸有限公司提供的食品经营许可证，经核实为虚假证件；经调取系统销售开票数据，仅2018年8月24日至2021年2月14日，该公司商品进货金额为4037万元、销售单据金额为1211.5万元。该公司未经许可经营食品的行为违反了食品安全法第三十五条的规定；经营未经检疫的肉制品行为违反了食品安全法第三十四条第一款第（八）项的规定，已涉嫌犯罪，西昌市市场监管局依法将该案移交公安机关处理。

（3）浙江查处生产销售有毒有害食品案

2021年1月，台州市玉环市市场监管局联合公安机关，共同查处云南丽江得慈延年生物科技有限公司非法生产销售添加抗炎药双氯芬酸钠的有毒有害食品案，捣毁生产工厂1个、地下窝点2个、仓库2个，17人被采取刑事强制措施，查扣涉案"古禅茶""寿竹根"等8种产品及原料共5000千克，涉案货值超2000万元。

2020年7月，玉环市市场监管局通过网络监测发现，辖区内有人通过微信销售"古禅茶""无相禅茶"，宣称产品具有治疗痛风的效果。经查明，2016年至2020年12月，丽江得慈延年生物科技有限公司实际控制人陶某某，从广西北海地下窝点陈某某处采购含有双氯芬酸钠成分的原料颗粒，制作"古禅茶""无相禅茶"等宣称具有治疗痛风功效产品，对外进行代理销售，陈某某的双氯芬酸钠原料由广西南宁罗某某提供，为罗某某从某医药公司购进。

2021年3月初，浙江省玉环市公安局在云南省丽江市玉龙县得慈延年生物科技有限公司（总部）及多个线下代理商处开展执法行动，共扣押16部手机，扣押"古禅茶""无相禅茶"等有毒有害产品及原材料等约5000千克。至此，一条生产销售有毒有害食品的违法链条被全部查获,原料供应、生产、销售环节的17名犯罪嫌疑人全部被抓捕归案。

（4）天津市市场监管委查处李某销售假冒知名品牌白酒案

2021年5月20日,天津市市场监管综合行政执法总队对李某销售假冒知名品牌白酒进行查处,现场查扣侵犯注册商标专用权白酒286瓶,货值19万余元。因李某行为涉嫌构成犯罪,案件已移送公安机关,当事人已被依法采取强制措施。

5月20日当天,天津市市场监管综合行政执法总队根据举报线索,对位于城乡接合部的一家烟酒店进行检查。执法人员仔细勘察烟酒店房屋结构后,在房间衣柜后发现暗门,并有大量白酒堆放其中。经鉴定,暗门内存放白酒全部为假冒产品,涉及茅台、五粮液、剑南春、国窖、汾酒、洋河等知名品牌,共计286瓶,货值19.77万元。李某的行为违反了商标法第五十七条规定,侵犯了上述品牌白酒注册商标专用权。因李某不能提供假冒白酒的进货票据,其隐匿销售行为明显具有主观故意,且情节严重,涉嫌构成犯罪。执法人员立即向公安机关通报情况,协同开展深入调查,并依法将案件移送公安机关。

（5）福建查处销售侵犯商标专用权饮料案

2021年5月11日,福州市市场监管局对仓山区明文食杂店销售侵犯注册商标专用权饮料的违法行为作出没收233箱侵权饮料、罚款10万元的行政处罚。

2020年12月3日,福州市市场监管局接到举报,反映仓山区盖山镇白湖村埔垱88号明文食杂店销售的"RiderBull维生素饮料"与知名品牌"RedBull红牛"维生素饮料极为相似,涉嫌侵犯注册商标专用权。接到举报后,福州市市场监管局执法人员迅速前往该食杂店检查,现场发现233箱"RiderBull维生素饮料"。这些饮料罐身正面所用标识与天丝医药保健有限公司所持有的第1264582号注册商标标识高度相似,标识图案均为镜像对称的两头红色公牛,图案中部均有圆环,极易造成混淆。经查,当事人于2020年9月从一送货上门的业务员处购进260箱"RiderBull维生素饮料",进价为60元/箱,购货金额1.56万元。截至案发,当事人共售出27箱,售价为70元/箱。当事人行为违反了商标法第五十七条规定,侵犯了注册商标专用权,福州市市场监管局依法对当事人作出行政处罚。

据国家市场监管总局广告监管司负责人介绍,下一步,国家市场监管总局将聚焦工作重点,进一步扩大战果,推动整治行动深入开展。

案例点评

　　市场监管工作与人民群众切身利益息息相关，开展民生领域案件查办"铁拳"行动，是市场监管部门践行人民城市理念、回应民生诉求、保障群众权益的重要实践。从2021年开始，聚焦危害民生权益的"重点领域"和"行业性""苗头性"问题，尤其在食品安全范畴，市场监管部门开展"铁拳"行动，查收了生产及经营不符合安全标准食品、销售"山寨"酒水饮料、生产及销售农兽药残留超标食品等多起违法案件，严守食品安全底线，切实维护人民群众的合法权益。

1.生产及经营不符合安全标准食品典型案例

　　经营未经检疫肉类制品安全风险较大，是"铁拳"行动打击重点之一。四川省西昌市市场监管局查处西昌市奇阳商贸有限公司未经许可从事食品经营及经营未经检疫肉制品案中，查处的食品包括冷冻鸡脚筋、冷冻鸡肾及冷冻阿兰那牛肚。本次案件涉案金额较大，涉及多个违法行为，当事人不仅违法使用虚假食品经营许可证从事无证经营，同时涉案冷冻肉制品无进口检疫手续，无法说明合法来源，违反了食品安全法有关规定，已涉嫌违法犯罪。

　　（1）我国禁止从印度输入牛肉及其相关产品

　　目前国内进口的肉品种类主要包括鲜、冷牛肉，鲜、冷、冻猪肉，鲜、冷、冻绵羊肉或山羊肉，家禽的鲜、冷、冻肉及食用杂碎，来源国包括乌拉圭、阿根廷、美国、澳大利亚、新西兰、巴西、西班牙等。和国外饮食消费习惯不同，中国消费者喜欢吃鸡爪、鸡翅和鸡内脏，而国外是以鸡胸肉或者大块的琵琶腿为主，对鸡爪和内脏的需求较低。海关总署数据显示，2019年前10个月，中国进口冻鸡62.5万吨，其中鸡翅逾21万吨、鸡爪近16万吨，占同期冻鸡进口量的约63%。进口牛肉主要来自巴西、乌拉圭、阿根廷、澳大利亚、新西兰、智利等国家。依照《肉与肉制品术语》（GB/T 19480—2009），牛肚属于牛副产品。

　　本案提及的阿兰那牛肚为印度厂牌，阿兰那源自梵语，依照海关总署动植物检疫司《禁止从动物疫病流行国家／地区输入的动物及其产品一览表》及进出口食品安全局《符合评估审查要求的国家或地区输华肉类产品名单》，我国禁止进口印度牛肉，因此阿兰那牛肚极有可能属于走私进口产品。

（2）我国对进口肉类产品实施检验检疫准入制度

进口冻肉是进口后在我国境内销售、食用或加工复出口，可供人食用的屠宰畜禽胴体及其分割产品、脏器、副产品及其熟制加工品。进口冻肉在我国食品进口中扮演着重要的角色，丰富了国内食品供应，满足了消费者多样化的需求，有助于国内肉类市场保供稳价。

然而，肉类也是非洲猪瘟、高致病性禽流感、口蹄疫等动物疫病病毒的传播载体，因此，世界上大多数国家或地区均规定肉类进出口贸易须获得官方的准入许可。新冠疫情期间，针对有关部门对多个国家进口肉类检测发现新冠病毒阳性率较高，海关总署曾作出声明"暂停20个国家共99个企业肉类进口"，不少企业也因本国疫情缘故主动中止了对华出口业务。疫情结束以来，我国肉类产品质量安全水平持续向好，但一些地区有关肉类产品的违法犯罪行为仍时有发生，严重扰乱市场秩序，威胁人民群众身体健康，需要各地市场监管部门加以警惕。

我国海关总署依据《中华人民共和国进出口食品安全管理办法》对进口肉与肉制品实施检验检疫准入管理，对境外国家（地区）的食品安全管理体系和食品安全状况开展评估和审查后，确定该国（地区）获得准入肉类名单。向中国境内出口肉类的境外生产企业，应由所在国家（地区）主管当局向海关总署推荐予以注册后，方可向中国出口。

2.生产销售有毒有害食品典型案例

浙江省玉环市公安局联合市场监督管理局，共同查处云南丽江得慈延年生物科技有限公司非法生产含有双氯芬酸钠成分的"古禅茶""无相禅茶"茶产品一案，就属于生产销售有毒有害食品的典型案例。

（1）双氯芬酸钠实为有毒有害非食品原料

双氯芬酸钠属于非甾体抗炎药，是一种处方药，具有消炎、镇痛和解热作用，临床上应用必须严格掌握适应症和禁忌症，凭执业医师处方才可调配。若在不知情的情况下长期或者大剂量使用，容易引起头痛、腹痛、便秘、腹泻、消化不良、胃肠道出血、水钠潴留等多种不良反应，因此，我国有关部门严格禁止此类产品在市场上流通。

由于双氯芬酸钠和布洛芬等都具有较强的镇痛作用，在"古禅茶""无相禅茶"中予以添加，可以让消费者获得其实为药效的"茶功效"，进而成为不法商家稳定的"收入来源"。但是，药品难免会有一定的副作用，患者如果在医嘱下服用，一般不会出现不可控的局面。比如医生在开含双氯芬酸钠、布洛芬成分的药品时，也会开保护胃黏膜的药，一旦出现胃部不适或黑便等现象，就会迅速停药并采取补救措施。而饮用"古禅茶"的患者，却是在完全不知情下服用，他们丧失了主动减少副作用的机会，一些消费者甚至出现胃部疼痛甚至消化道出血等症状，原因也就在于此。

从某种程度上甚至可以理解为，这类行为是经营者在茶叶产品里"下毒"，才导致对消费者的身体产生危害。因此，防止一些不正当经营者向食品、保健品中非法添加西药的行为，成为有关监管部门需要解决的一项重要课题。

（2）食物中非法添加西药行为屡次被查处

在食品或保健品中违规添加违禁化学药品的情况并不是个例。此前，原国家食品药品监督管理总局曾发布通告称，监管发现了51家企业生产的69种保健酒、配制酒中违法添加了西地那非（俗称"伟哥"）等化学物质，其中不乏海南椰岛鹿龟酒等知名品牌和企业，监管部门均依法采取了相应的处罚措施。另据新华社2018年6月的一则报道称，一些商家所宣称的"喝着咖啡就能减肥"，其实是在咖啡里加入西布曲明等违禁成分。

在产品中非法添加西药之所以成为一种"潜规则"，除了获利空间巨大外，还在于所添加的药品难以被检测到，或者检测的成本和条件要求较高，难以得到普及。

食品安全法明确规定，禁止生产经营非食品原料生产的食品或者添加食品添加剂以外的化学物质和其他可能危害人体健康物质的食品，生产经营的食品中不得添加药品。当前，我国市场监管工作的重点有三个方面：一是需要进一步建立健全严惩违法制度，对于故意违法、造成严重后果的企业，实行巨额罚款，强化刑事责任追究。二是需要建立巨额赔偿制度，在涉及人民群众生命健康的领域，加大对消费者的直接赔偿力度。三是需要鼓励消费者积极举报食品市场中的不良行为，对非法添加剂说"不"，共同编织食品安全防护网。也只有消费者主张自身权益的维护，才能提升消费者在市场中的地位和权利，才能有效打击在各类食品、保健品中非法添加西药的行为。

通过多种专项行动的开展，市场监管部门的"铁拳"行动全面曝光违法典型案件，震慑违法犯罪，防范和化解食品安全风险，营造安全放心的消费环境，不断增强人民群众的获得感、幸福感、安全感。

案例三十四　食品科技推进食品产业高质量发展

案例概述

食品产业能够"疏解矛盾、跨越发展",离不开科技创新的支撑。为介绍食品产业一年来所取得的创新成果,2022年11月29日,中国轻工业联合会组织中国糖业协会、中国酒业协会、江南大学等15家单位,编写并发布《2022年度中国食品工业创新发展报告》(以下简称《报告》)。据介绍,2022年,面对全球经济下行压力加大、新冠疫情延宕等挑战,中国食品工业全力保障民生、积极应对需求、稳定市场供应,以占全国工业5.1%的资产,创造了7.1%的营业收入,完成了8.1%的利润总额,为稳经济、促民生、保就业作出了积极贡献。

1.我国食品产业发展尚需补齐短板

《报告》指出,当前,我国食品产业已进入"消费升级、结构调整、动力转换"的新时期,面对不断出现的发展新趋势、市场新需求,食品产业存在亟待补齐短板的四个主要问题。

一是食品产业的基础创新虽已取得一定成效,但相关投入仍显不足。数据显示,2022年制造业规上企业研发投入强度为1.55%,轻工业约为1.2%,其中,农副食品加工业为0.58%,食品制造业为0.72%,酒、饮料和精制茶制造业为0.4%,明显低于全国工业制造业平均水平;部分企业的综合能耗在110千克标准煤/吨以上,高出国际先进水平30%以上。此外,在基础领域的绿色生物制造产业链、生物制造工业菌种或工业酶的创制、智能生物制造过程与装备及生物制造产业示范4个环节的前沿和共性技术方面,仍需要国家持续在项目、重点实验室等方面给予支持,补齐短板,才能实现更广泛的技术并跑和某些领域技术领跑。

二是原料价格高企,供应链尚不稳定。2022年疫情反复,部分地区企业生产、运输、销售等环节受到制约,生产成本有所增加。比如,果蔬罐头生产及储运成本持续上涨，主要品种黄桃、柑橘、番茄均出现原料价格上扬的现象，特别是加工番茄，价格比近3年的平均价格高出21%。同时，橙汁、椰汁等部分品类的饮料，生产原料在一定程度上依赖进口，受国际市场、运输环境、价格波动影响大。

三是若干加工装备自主创新能力较低。如长期以来我国畜禽肉类加工装备、自动化控制技术和元器件开发能力较弱，装备的设计水平、稳定可靠性等亟待提升。以技术创新提升装备整体水平，最终打破国际垄断，已成为保障畜禽加工产业供应链稳定畅通的必要举措。

四是产业"整体性缺人"现象较为突出。如果说科技是第一生产力、创新是第一动力，那么，人才则是第一资源。当前，食品产业优质人才依然缺乏，如目前开设制糖专业的职业学院和高等院校很少，且因工作地点远离城区、工资福利较低，企业难以留住人才，近年制糖专业的毕业生去糖厂工作的比例大约仅为1/3。

2.科技创新从四个方面助力食品产业高质量发展

《报告》指出，食品产业谋发展，就要向科技创新要方法。2022年，我国食品产业遵循这一思路，开展了丰富的创新实践，为高质量发展开辟了新航线。

据了解，2022年，中国轻工联评选科学技术奖励232项，其中，食品类发明奖6项，占3%，食品类进步奖54项，占23%，食品类奖项总数占比较上年增长5个百分点。中国轻工联完成科技成果鉴定203项；食品领域新增经中国轻工联发文认定的重点实验室8家、工程技术研究中心7家，创新平台总数超过80家，约占轻工全行业的35%，覆盖了生物发酵、酿酒、饮料等传统领域及食品营养健康、安全检测等综合领域。

除了亮眼的数据，食品产业的创新成就还从四个方面体现在产业链环节的优化升级上。

一是在原料端，一批批农业新品种、新技术、新装备、新模式走向田间地头，为提升产业链韧性和安全水平、从源头上提升产品质量发挥了重要作用。以恒顺醋业为例，2022年，公司全面推进生产过程数字化转型，进一步提升产品质量稳定性和生产效率，利用江苏镇江独特的地理优势，在周边建立了4500亩香陈醋专用糯米种植基地，并在江苏建成了万余亩的食醋专用粮种植基地。采用"公司＋基地＋农户"的合作种植和定向采购模式，统一农资供应、统一技术管理，消除了原材料的质量安全风险。

二是在生产环节，食品装备企业加强技术创新，坚持走专精特新发展道路。

2022年，罐头企业应市场需求，加速提升生产效率，积极推动加工用新设备的研发和使用，柑橘去皮机等设备得以快速推广。2022年，食品企业对生产装备的需求不断升级，促使装备企业加大研发投入力度，加快创新步伐，提升创新梯度。

三是在产品打造方面，市场出现丰富多样的新产品，让消费者"有兴趣、合心意"。2022年，预制食品成为新风口，低GI（血糖生成指数）、低钠、低酒精度的创新产品多，增量快，益生元、后生元、益生菌产品正被越来越多消费者加入购物车，饮料、软糖等类型的零食化保健食品受到欢迎，植物基食品知名度进一步提升。此外，越来越多的食品企业发力减少碳足迹，将低碳目标纳入产品的整个生命周期。2022年，速冻食品从大袋装或散装形式逐渐过渡到小袋装及锁鲜装；蒙牛推出无标签新品，包装取消PET塑料材质瓶标、减少印刷油墨、将PS材质变更为更利于回收利用的PP材质。

四是在营销环节，互联网渗透率进一步提升。研究显示，伴随消费群体的更迭，食品消费需求差异化、复合化愈发凸显，主题场景体验、感官新体验、IP打造成为新的营销亮点，餐饮消费模式也从堂食等传统模式发展为线上线下双主场，形成"堂食+外卖+外带+零售"多业态发展模式。

3.科技力量给食品产业发展注入新活力

在跨界融合的大趋势下，科技创新成果层出不穷，正深刻地影响着食品产业与行业的发展。于2022年12月28日举办的"2022食品科学前沿热点问题论坛"上，与会专家表示，从田间地头到室内农场、从传统肉蛋奶到植物和昆虫蛋白、从细胞到细胞肉，科技创新给食品行业发展注入新活力。

（1）我国植物蛋白领域研究水平全球领跑

高水分挤压技术在制备具有类似动物肉纤维结构和质地的新型植物基肉制品方面优势明显，但一直以来受限于关键核心装备的研发。在国家重点研发计划项目、国家自然科学基金和国家农业创新工程项目重点任务等项目的支持下，研究人员从理论研究、技术创新及产品创制三个方面取得了重要的研究进展：一是关于基础理论研究，揭示了高水分挤压过程中蛋白质多尺度结构变化与纤维结构形成机理；二是关于关键工艺技术和装备创新，明确不同植物蛋白高水分挤压特性，让高水分挤压花生蛋白与动物肉的质地接近；三是探索高水分挤压法制备植物基肉制品的路径，实现在线一次性完成熟化、拉丝等集成工序，改善植物基肉制品风味问题。文献检索发现，中国农业科学院农产品植物蛋白结构与功能调控创新王强团队，在植物蛋白挤压研究领域发表论文数量占国内总发文量的52%，占全球发文总量的6%，被引次数500余次，我国在植物蛋白挤压研究领域处于全球领先水平。

（2）皮克林（Pickering）乳液成为研究热点

微凝胶乳液主要依靠非共价键维系稳定性，一旦加热，非共价键很容易被破坏，分子剧烈运动会导致乳液的稳定性下降。科技工作者希望找到一种具有热促稳定蛋白，在加热后会逐渐形成黏弹性膜，以增加食品加工过程中的适应性。筛选发现，肌原纤维蛋白就是一个很好的热诱导凝胶蛋白。在研究中，西南大学食品科学学院初步构建起微凝胶肌原纤维蛋白皮克林乳液体系，并初步研究其在包埋番茄红素体系中的应用。

（3）细胞培养肉产业向好

作为一种新型的肉类蛋白生产方式，细胞培养肉技术可以大幅减少肉制品生产周期，肉制品质量可控、绿色高效。在细胞培养肉技术的研究中，制备优化可用于大规模生产种子细胞，细胞易于获取，且能够在体外持续增殖并有较高的肌管分化效率；在培养过程中，细胞的基因组也相对稳定。南京农业大学食品科技学院研究团队利用微载体，成功放大培养肌肉干细胞和间充质干细胞，国内细胞培养肉进入百升级生物反应器试生产阶段。

目前，全球主要食品生产企业正在积极进行减盐，然而减盐存在多重技术挑战。在肉制品应用减盐项目中，应用超高压技术可以使和蛋白结合的一部分钠离子被释放出来，从而达到减盐目的等。

专家进一步表示，食品产业要紧跟国家发展战略，在肯定发展成就的同时，更要认真研究产业发展瓶颈，扎实做好科技创新工作，持续赋能食品产业高质量发展。

案例点评

《2022年度中国食品工业创新发展报告》的发布，无疑为我国食品产业的创新发展描绘了一幅振奋人心的画卷。在全球经济下行和疫情的双重压力下，中国食品工业不仅成功保障了民生需求，稳定了市场供应，更以显著的经济效益展现了行业的强大生命力。这充分证明，科技创新是食品产业疏解矛盾、跨越发展的关键所在。通过整合多方力量编写的《报告》，不仅总结了过去的创新成果，更为食品产业未来的发展指明了方向，彰显了科技创新在推动产业转型升级中的核心地位。这样的成绩和努力，值得我们给予高度评价和期待。

认清自身短板，寻求发展机会。《报告》数据清晰客观地反映出，当下我国食品产业存在基础创新投入不足、前沿核心技术缺乏、食品原料价格高波动、供应链不稳定、加工装备自主创新能力较低、产业"整体性缺人"现象突出等关键问题。这不仅反映出我国食品行业整体研发能力相对薄弱，产业技术和核心竞争力也受到极大的制约。国家和社会各界应共同关注并采取措施，助力食品产业补齐这些关键短板。在经济全球化背景下，加大研发投入，特别是在绿色生物制造等前沿技术领域的支持，是实现食品产业高质量发展的必由之路。企业应通过多元化采购、加强供应链管理等方式，构建稳定、高效的供应链体系，降低原料价格波动带来的影响；企业和科研机构提高对加工装备研发的投入，提升国产装备的市场竞争力，提升自主创新能力；政府和高校应加大对食品专业人才的培养力度，完善和优化人才培养体系；企业则需通过改善工作条件、提高待遇等方式，吸引和留住优秀人才。食品行业整体融合创新不仅是打破国际垄断、保障供应链稳定的需要，也是推动产业转型升级的重要手段，对于食品产业的长远发展至关重要。我国食品产业在发展过程中面临的这些问题，既是挑战也是机遇。只有正视短板，采取有效措施加以改进，才能推动食品产业实现更高水平的发展。

加强科技创新，革新食品工业。科技创新在食品产业的应用和推广，为产业链的各个环节带来了革命性的变化。《报告》清晰展示了从原料端的创新到营销环节的科技创新升级，每一步都体现了产业升级的深度和广度。原料来源创新体现在种植方式的改善、低质农产品利用、药食同源开发、合成生物技术的创新，不仅保障了食品的安全与品质，也为农业生产带来了新的活力，体现了农业现代化的成果。生产环节的技术创新，特别是食品装备企业的专精特新发展，规模化、自动化和智能化的创新提升了生产效率和产品质量。产品打造方面的创新，反映了市场需求的多样化和消费者对健康、环保食品的追求。预制食品、低GI产品、益生元等新产品的推出，不仅丰富了市场供给，也引领了消费趋势，展现了食品产业的市场敏感性和创新能力。营销环节的互联网渗透和创新，揭示了数字化时代食品产业的新机遇。线上线下相结合的营销模式，不仅拓宽了销售渠道，也增强了消费者的购物体验，为食品产业带来了新的增长点。科技创新在食品产业中的应用创新，不仅提升了产业自身的竞争力，也为消费者带来了更加安全、健康、便捷的食品选择。这些成果表明，我国食品产业正沿着科技创新驱动的高质量发展道路稳步前进，未来可期。

科技推动发展，创新造就未来。《报告》从植物蛋白、皮克林乳液、细胞培养肉等产业方向详细展示了我国在食品科技创新上的实力，也为食品产业的发展提供了强有力的技术支撑。这种创新不仅有助于满足市场对健康、可持续食品的需求，也为传统农业带来了新的转型机遇。在食品产业高质量发展的机遇下，我国食品科学家应结合我国食品资源特点和优势，根据食品行业发展需求，加强对食品功能活性物的发掘、筛选、富集技术，功能活性物活性机制研究技术，功能活性物稳态、增效递送体系构建技术，功能活性物活性评价及产业化研究等现代食品工程技术的攻关研究，为现代功能食品开发提供理论支撑及技术支持，强力推动功能食品行业的发展。

科技创新是食品产业发展的不竭动力，只有紧跟国家发展战略，扎实做好科技创新工作，才能持续赋能食品产业高质量发展。这不仅是对过去成就的肯定，也是对未来发展路径的清晰规划。

雅培安纽希等婴配产品不合格 涉及营养成分和食品安全

案例概述

婴幼儿配方奶粉作为关系下一代健康成长的重要食品，其安全问题一直备受各方关注。近年来，国家在婴配奶粉安全监管方面日益严格，相关产品抽检不合格率逐年降低。据《2021中国奶业质量报告》显示，2021年我国婴幼儿配方奶粉抽检合格率已超过99.89%。

尽管如此，仍有少部分婴幼儿配方奶粉因为种种因素无法通过安全抽检。2022年3月15日，据媒体爆料，国家市场监管总局及各地市场监管局发布的食品抽检通告显示，2021年抽检不合格的婴幼儿配方奶粉，包括麦蔻乐芬、雅培铂优恩美力及安纽希等品牌产品，不合格原因包括营养素含量不达标、含有香兰素、菌落总数超标等。

1.婴配奶粉抽检不合格情况

（1）麦蔻乐芬1段奶粉铁项目不合格

2021年2月9日，广东省市场监管局发布关于1批次不合格食品风险控制情况的通告（2021年第41号）。

其中，国家市场监管总局委托广州检验检测认证集团有限公司抽检的广州市灿辰生物科技有限公司销售、标称蜜儿乐儿乳业（上海）有限公司总代理、Valio Ltd，Lapinlahti production plant生产的"麦蔻乐芬婴儿配方奶粉（0~6月龄，1段）"（原产国：芬兰；抽样单号：GC20000000606432321；规格：500克/盒；生产日期：2020-04-22）铁项目不合格，检出值为0.182mg/100kJ，产品包装标签明示值为0.3mg/100kJ，食品安全国家标准要求为0.10~0.36mg/100kJ且实际含量不应低于标示值的80%。经国家食品质量监督检验中心（上海）复检，维持初检结论。

2022年1月12日，国家市场监管总局发布了关于10批次食品抽检不合格情况的通告（2022年第4号），通报了与上述不合格奶粉同一批次产品的抽检情况，及对涉事企业的处罚结果。

通告显示，在检出上述不合格产品后，跟踪抽检到山东保和堂商贸有限公司分销、山东省济南市章丘区明水皇家贝贝孕婴用品店销售的以上同一批次产品，经山东省食品药品检验研究院检验发现，其铁含量值仍不符合产品标签标示要求，检出值同样为0.182 mg/100kJ。因其代理的2批次婴儿配方奶粉铁含量值低于产品标签标示值的80%，上海市市场监管局对蜜儿乐儿乳业（上海）有限公司中国大陆地区实际总经销商上海泰灏国际贸易有限公司两案并罚，没收违法所得15.6万元，罚款130.6万元。

广州市荔湾区市场监督局、济南市市场监管局分别对销售上述不合格产品的广州市灿辰生物科技有限公司、山东省济南市章丘区明水皇家贝贝孕婴用品店和分销商山东保和堂商贸有限公司作出行政处罚，累计没收违法所得和罚款8.67万元。

（2）雅培1段奶粉检出香兰素

2021年5月6日，上海市市场监管局对雅培贸易（上海）有限公司作出行政处罚，处罚事由为"生产经营被包装材料、容器、运输工具等污染的食品、食品添加剂"，对其没收物品，没收违法所得343.740729万元，罚款909.314058万元。

5月16日，雅培方面对媒体公开回应称，单一批次的雅培铂优恩美力配方奶粉1段900克产品（产品批次：18042NT，生产日期：2020-06-03）在2020年12月国家市场监管总局抽检中检出极微量香兰素，该批次产品中检出的极微量香兰素对婴幼儿健康无危害。

6月25日，浙江省市场监管局发布了关于总局抽检8批次不合格食品核查处置情况的通告。其中，宁波孩子王儿童用品有限公司鄞州万达店因销售的雅培铂优恩美力婴儿配方奶粉0~6月龄1段，香兰素不符合食品安全国家标准规定，被市场监管部门罚款1.5万元。

（3）安纽希婴配奶粉菌落总数检测值等不合格

2021年9月17日，国家市场监管总局发布了关于7批次食品抽检不合格情况的通告（2021年第38号）。

其中，1批次黑龙江鞍达实业集团股份有限公司制造、标称安纽希（天津）婴幼儿食品科技有限公司中国销售运营、上海市奉贤区慢妮母婴用品店销售的安纽希婴儿配方奶粉（0~6月龄，1段，生产日期：2021-01-14），菌落总数检测值为230CFU/g，100CFU/g，130CFU/g，55CFU/g，990000CFU/g，标准规定为$n=5$、$c=2$、

$m=1000CFU/g$、$M=10000CFU/g$。

另1批次黑龙江鞍达实业集团股份有限公司制造、标称安纽希（天津）婴幼儿食品科技有限公司中国销售运营、哈尔滨市道外区家有宝贝孕婴童生活馆销售的安纽希婴儿配方奶粉（0~6月龄，1段，生产日期：2021-03-19），二十二碳六烯酸（DHA）与总脂肪酸比检测值为0.0099%，标准规定为≤0.5%且实际含量不应低于标示值的80%；二十碳四烯酸（ARA）与总脂肪酸比检测值为0.0259%，标准规定为≤1%且实际含量不应低于标示值的80%。

黑龙江省绥化市市场监管局督促企业立即召回相关产品，要求企业停业整顿，没收违法所得1845.36元，罚款87.2万元。

上海市市场监管局对销售不合格产品的单位上海市奉贤区慢妮母婴用品店作出行政处罚，没收违法所得1736元，罚款5万元。

对抽检发现的不合格食品，国家市场监管总局已责成辽宁、黑龙江、上海、江西、山东等省级市场监管部门立即组织开展核查处置，查清产品流向，督促企业采取下架召回不合格产品等措施控制风险；对违法违规行为，依法从严处理；及时将企业采取的风险防控措施和核查处置情况向社会公开，并向总局报告。

2.婴配奶粉抽检不合格主要问题

2021年抽检不合格的问题婴配奶粉，总体表现在三个方面：

（1）营养成分不达标

对于婴配奶粉，如产品中每100卡路里含有少于1毫克的铁（1卡路里=0.0041859kJ），可能无法为某些婴儿提供足够的铁，特别是早产婴儿或出生体重低的婴儿、出生时铁含量低的婴儿或因疾病而有缺铁风险的婴儿。婴儿期铁摄入不足可能导致缺铁性贫血，如果不及时治疗，会导致不可逆转的认知和功能发育损害。所以，每100卡路里含铁量低于1毫克的婴儿配方奶粉产品，需要在标签上注明可能需要补充铁质。

涉事的麦蔻乐芬奶粉，产品明示值0.3mg/100kJ，按80%的规定计算，其检出值应该为0.24mg/100kJ但实测为0.182 mg/100kJ，即其检出值不符合有关规定，生产企业受到处罚理所当然。

另外，婴配奶粉中的维生素A、DHA和ARA、低聚果糖营养强化剂和叶黄素等营养成分添加，国家也是有相关要求的。

第一，维生素A为婴配奶粉的必需添加成分，其添加标准见表4。

表4 婴配奶粉中的维生素A的指标规定

营养素	指标			
	每100kJ		每100kCal	
	最小值	最大值	最小值	最大值
维生素A/（μg RE）ᵃ	14	43	59	180
	18	54	75	225

资料来源：《食品安全国家标准 较大婴儿和幼儿配方食品》（GB 10767—2010）。

第二，DHA和ARA在婴幼儿配方食品现行国标规定中都属于可选择性成分，最大添加量分别不超过总脂肪酸含量的0.5%和1%。同时，根据《食品安全国家标准 预包装特殊膳食用食品标签》（GB 13432—2013），在产品保质期内，能量和营养成分的实际含量不应低于标示值的80%。此外，值得注意的是，在2021年发布的新国标中，DHA仍然作为可选择成分，但对其添加量提出了要求，例如，对于1段、2段奶粉的DHA含量最低值要求为3.6mg/kJ。

第三，低聚果糖属于营养强化剂，其添加标准见表5。

表5 营养强化剂的添加标准

营养强化剂	食品分类号	食品类别（名称）	使用量ᵃ
低聚半乳糖（乳糖来源）	13.01 13.02.01	婴幼儿配方食品 婴幼儿谷类辅助食品	单独或混合使用，该类物质总量不超过64.5g/kg
低聚果糖（菊苣来源）			
多聚果糖（菊苣来源）			
棉子糖（甜菜来源）			

资料来源：《食品安全国家标准 食品营养强化剂使用标准》（GB 14880—2012）。

第四，叶黄素的添加标准见表6。

表6 叶黄素的添加标准

营养强化剂	食品分类号	食品类别（名称）	使用量ᵃ
叶黄素（万寿菊来源）	13.01.01	婴幼儿配方食品	300~2000μg/kg
	13.01.02	较大婴儿和幼儿配方食品	1620~4230μg/kg
	13.01.03	特殊医学用途婴儿配方食品	300~2000μg/kg

资料来源：《食品安全国家标准 食品营养强化剂使用标准》（GB 14880—2012）。

（2）食品添加剂违规添加

《婴幼儿配方食品和谷类食品中香料使用规定》显示：凡适用范围涵盖0~6个月婴幼儿配方食品不得添加任何食用香料；较大婴儿和幼儿配方食品中可以使用香兰素、乙基香兰素和香荚兰豆浸膏，最大使用量分别为5mg／100ml、5mg／100ml和按照生产需要适量使用。

涉事的雅培1段奶粉对应于"0~6个月"婴配食品，却被检出香兰素，显然属于不合格产品。

（3）菌落总数超标

据《食品安全国家标准　婴儿配方食品》（GB 10765—2010），婴儿配方食品同一批次产品5个样品的菌落总数检测结果均不得超过10000CFU/g，且最多允许2个样品的检测结果超过1000CFU/g。

安纽希婴配奶粉出现990000CFU/g菌落总数检测值，属于超标的不合格产品。

3.婴配奶粉抽检合格率逐年上升

经整理2018—2021年前三季度国家市场监管总局食品安全抽检监测司发布的抽检汇总数据（见表7），相关数据显示：2018年婴幼儿配方食品的抽检合格率为99.78%；2019年婴幼儿配方食品的抽检合格率为99.8%；2020年婴幼儿配方食品的抽检合格率为99.89%；2021年前三季度婴幼儿配方食品的抽检合格率为99.95%。

表7　2018—2021年前三季度抽检汇总报表

年份	婴幼儿配方食品			特殊医学用途配方食品		
	抽检批次	不合格	合格率（%）	抽检批次	不合格	合格率（%）
2018年第一季度	2675	2	99.9	154	2	98.7
2018年第二季度	2452	8	99.7	170	2	98.8
2018年第三季度	2319	6	99.7	188	2	98.9
2018年第四季度	3618	6	99.8	166	0	100
2019年第一季度	1534	2	99.9	161	0	100
2019年第二季度	1131	3	99.7	28	0	100
2019年下半年	5293	12	99.8	196	0	100
2020年全年	15330	17	99.89	1117	1	99.91
2021年上半年	4128	6	99.85	291	0	100
2021年第三季度	3673	2	99.95	420	0	100

资料来源：国家市场监管总局。

从逐年提高的抽检合格率可以看出，国家对婴幼儿配方食品的品质及安全监管成效显著，各乳企对产品品质及安全性也越来越重视。2021年，不管是发布新修订的《市场监督管理严重违法失信名单管理办法》，还是出台新国标与二次配方注册制，都是国家对婴配奶粉生产监管的进一步完善，也是我国婴幼儿配方奶粉安全与品质方面的再一次升级。

案例点评

婴幼儿由于身体发育还不完善，抵抗力较差，对不利因素敏感性高。因此，作为婴幼儿的主要食品甚至是部分婴儿的唯一食物来源的婴幼儿配方奶粉，其食品安全质量，直接影响着婴幼儿的健康和机体的正常生长发育。

国家市场监管总局及各地市场监管局发布的食品抽检通告显示，2021年抽检不合格的婴幼儿配方奶粉，既有国内产品也有国外产品，这说明了以下四方面情况。

1. 食品安全事件无国界，国外食品未必都安全

古今中外都存在食品安全事件，号称食品最安全的美国，也多次发生食品安全事件，近10余年间，美国就有两次大规模的鸡蛋受沙门氏菌污染事件，分别召回了5亿枚和1亿多枚鸡蛋。近年来，国外更发生了多次奶粉食品安全事件，法国乳业巨头拉克塔利斯集团的奶粉分别于2005年和2017年发生过两次沙门氏菌污染奶粉事故，前者造成141起病例，后者造成38起病例。2013年恒天然集团新西兰奶制品公司有3批浓缩乳清蛋白被肉毒杆菌污染。这些事件提示消费者：不要盲目追求进口食品，认为进口食品一定安全；购买符合食品安全国家标准的食品才是食品安全的保证。

2. 食品的微生物污染仍需重视

2021年国家市场监管总局发布的关于7批次食品抽检不合格情况的通告中，1批次的安纽希婴儿配方奶粉（0~6月龄，1段），菌落总数超标。奶粉生产采用喷雾干燥的方法，其进风温度可达150~200℃，相比一般食品，奶粉不容易发

生细菌超标现象。这一现象和我国疾控部门的监控现象一致，2001—2015年对食物中毒的监控结果显示，无论是发生的起数，还是发生的人数，细菌性食物中毒都是最多的。这个结果提示食品生产企业，应该始终将微生物污染的控制作为食品安全控制的重要目标，通过对从业人员、机器设备、生产环境、生产原料和生产过程的全程食品安全管理，控制食品安全，提升产品的食品安全质量。

3.严格做好食品添加剂的管理和使用工作

食品添加剂在现代食品工业发展中发挥了巨大的作用，合理使用食品添加剂不会造成食品安全事件。但是，食品添加剂毕竟不是人体需要的成分，对人体而言属于外来化学物质，在体内的代谢、排泄会增加肝肾负担，有的食品添加剂在过量摄入时，还会表现出一定的毒性效应，因此，应按照食品安全国家标准合理使用食品添加剂。本案例中，雅培1段奶粉被检出香兰素，不符合我国食品安全标准"凡适用范围涵盖0至6个月婴幼儿配方食品不得添加任何食用香料"的规定。本案例提示，在生产出口产品时，应考虑到不同国家食品安全标准的不同，应按照进口国的食品安全标准组织生产。进口商也要按照我国的食品安全标准，进行进口产品的准入和验收。

4.营养品质也是食品安全的重要构成

食品安全法对食品安全的定义为："食品安全是指食品无毒、无害，符合应有的营养要求，对人体健康不造成任何急性、亚急性或者慢性危害。"这指出了食品安全不仅包括产品的质量安全，也包括营养品质符合应有的要求，把营养品质也纳入了食品安全的范畴。食品的营养品质，对婴幼儿尤为重要。由于婴幼儿的身体发育还不完善，消化能力差，加之生长发育快，对营养的需求高，所以他们容易受营养缺乏的影响。本案例涉及的营养缺陷问题包括铁含量不达标、二十二碳六烯酸（DHA）与总脂肪酸比值、二十碳四烯酸（ARA）与总脂肪酸比值不达标。铁是人体必需的营养素，可以构成血红蛋白，参与氧的运输；构成肌红蛋白，参与氧的储备；构成含铁酶类，参与药物等外来有毒成分的代谢解毒。

尽管对0~6个月的正常婴儿而言，不摄入铁也不会造成铁缺乏，但考虑到特别是早产婴儿或出生体重低的婴儿、出生时铁含量低的婴儿或因疾病而有缺铁风险的婴儿，婴儿期铁摄入不足可能导致缺铁，因此规定，每100卡路里含铁量低于1毫克的婴儿配方奶粉产品，需要在标签上注明可能需要补充铁质。本案例涉及的奶粉，产品明示值0.3mg/100kJ，实测为0.182 mg/100kJ，低于标示的80%，属于含量和标示不符。提示进口商，在进口食品时，应进行产品标示的符合性检验，合格后方可进口。

DHA是大脑细胞膜的重要构成成分，参与脑细胞的形成和发育，对神经细胞轴突的延伸和新突起的形成有重要作用，可维持神经细胞的正常生理活动，参与大脑思维和记忆形成过程。ARA是构成细胞膜的一种脂肪酸，与婴儿脑部发育关系密切。由于儿童时期是神经发育的重要时期，因此在婴幼儿配方奶粉中添加DHA和ARA非常必要，且添加量应符合总脂肪酸的占比要求。本案例涉及的奶粉，DHA和ARA与总脂肪酸比值不达标，提示生产企业在组织生产时，不仅要关注产品的食品安全危害因素的控制，对有营养要求的产品，还应关注产品的营养品质。

案例三十六　法院：预包装食品不能等同于有包装食品

案例概述

2021年4月16日，有媒体刊发"判例！不能简单将包装食品等同于预包装食品"报道，引发关注。该报道称，2019年9月，消费者林某在网购海参时，因认为所购海参为预包装食品，且包装不符合国家安全标准，将销售店铺投诉至市场监管部门。市场监管部门经查证认为，该店铺所售海参属于散装食品，违法事实不能成立，不得给予行政处罚，予以结案。林某不服该市场监管部门作出的答复，将某区市监局诉至法院。经过两级审理，二审法院认为相关起诉情况缺乏事实和法律依据，终审判决驳回原告的全部诉讼请求。

1. 干海参属于散装食品并不属于预包装食品

据报道，消费者林某诉称，2019年9月，其向某区市监局投诉举报，称其在网购平台的某旗舰店购买了即食海参，收货后发现这些海参均属于定量预包装食品，无生产许可证、产品标准号、营养成分表等信息，不符合国家安全标准，请求依法进行查处。

2019年9月12日，某区市监局作出《投诉举报办理告知书》，主要内容为两点：一是经立案调查，旗舰店古慈汉方公司营业执照、食品经营许可证齐全并合法有效，该公司是食品经营企业，不需要食品生产许可证；二是林某源购买的干海参，均系古慈汉方公司从生产厂家大包购进，该食品大包装标签标示生产方信息、保质期以及生产许可证等事项，均符合食品安全法相应规定。

据此，某区市监局认为，古慈汉方公司购进上述食品后，根据客户需求以散装称重形式对外进行销售，该公司销售的干海参不属于预包装食品，属于销售散装食品，其标识标注不违反食品安全法的规定。故有关举报违法事实不成立，并予以结案。

林某不服，认为涉案即食海参应认定为预包装食品，而非散装食品，且某区市监局办案程序违法，未履行法定职责。综上，林某向某市市监局提出行政复议，请求撤销某区市监局作出的投诉举报答复，重新作出行政行为并书面告知。

2020年1月6日，某市市监局表示，对古慈汉方公司进行现场调查并进行询问工作，以无法确认古慈汉方公司的违法行为，违法事实不清为由，决定结案，并送达林某有关《行政复议决定书》。

2.预包装食品与散装食品比对

本案的争议焦点，主要在于涉案食品属于散装食品还是预包装食品。这需要对两种商品进行比对。

（1）两者定义

预包装食品：食品安全法将其定义为预先定量包装或者制作在包装材料和容器中的食品。《食品经营许可管理办法》将其定义为预先定量包装或者制作在包装材料和容器中的食品，包括预先定量包装以及预先定量制作在包装材料和容器中并且在一定限量范围内具有统一的质量或体积标识的食品。可以看到，预包装食品的定义包括了两个构成要点，一是预先定量，二是包装或者制作在包装材料和容器中，同时满足这两个要件的食品才是预包装食品。

散装食品：散装食品，指无预先定量包装，需称重销售的食品，包括无包装和带非定量包装的食品。关于散装食品的管理，原卫生部出台的《散装食品卫生管理规范》自2004年1月1日起已开始施行。

（2）两者共同特征

两者的标签都要求标注：食品名称、生产日期、保质期、生产者的名称、地址和联系方式。这些内容是食品最基础的属性和安全信息，目的是保护消费者的知情权、选择权和监督权，也有助于提醒经营者规范经营，及时清理过期食品，避免将不同品种的食品混淆，防止交叉污染，防范食品安全风险。食品标签只有真实地标注了上述信息，才可以作为"食品"进入流通环节进行销售，这就是预包装食品和散装食品共同具有的内涵特征，称为"食品性"。

（3）两者不同特征

关于预包装食品，其标签所单独具有的内容，包括规格、净含量、成分或者配料表、产品标准代号、食品添加剂通用名称和生产许可证编号，具体为以下四方面的含义：

一是生产许可证编号。食品安全法规定国家对食品生产经营实行许可制度。从事食品生产、食品销售、餐饮服务，应当依法取得许可。《工业产品生产许可证管理条例》规定，国家对生产乳制品、肉制品、饮料、米、面、食用油、酒类等直接关系人体健康的加工食品的企业实行生产许可证制度。生产许可证编号表明了预包装食品的生产主体要求，即需要取得相关食品生产加工资质。

二是产品标准代号（规格）。《中华人民共和国标准化法》规定对工业产品的品种、规格、质量、等级或者安全、卫生要求需要统一的技术要求，应当制定标准。预包装食品的产品标准就是来自对食品质量控制的要求，《中华人民共和国产品质量法释义》对产品质量与产品标准关系的解释为：在产品或者包装上注明采用的产品标准，是表明产品质量符合自身标注的产品标准中规定的质量指标，判定产品是否合格，则以该项明示的产品标准作为依据。产品标准代号（规格）表明了预包装食品的产品质量要求，即需要有统一的工业产品技术规范。

三是净含量。《定量包装商品计量监督管理办法》对净含量的定义为除去包装容器和其他包装材料后内装商品的量。而要想准确测得商品的量值，就需要生产过程和工艺流程的监控、生产环境的监测以及产品质量与性能的检测，也就是需要生产过程建立完善的工业计量体系。净含量表明了预包装食品的计量要求，即需要工业计量活动控制生产全过程。

四是成分或者配料表（食品添加剂）。根据《预包装食品标签通则》（GB 7718—2011）的规定，各种配料应按制造或加工食品时加入量的递减顺序一一排列。制造或加工食品的概念来自食品工业（或称食品制造业），是以农副产品为原料通过物理加工或利用酵母发酵的方式制造的食品。成分或者配料表（食品添加剂）表明了预包装食品的生产方式要求，即通过食品工业制造或加工出来的。

综上，根据上述预包装食品标签表示出的生产主体、产品质量、计量和生产方式的要求，可知预包装食品具有不同于散装食品的工业产品特征，也即具有"工业产品性"。

而关于散装食品，散装食品区别于预包装食品，其显著特征之一是称量销售，即不预先确定销售单元，按基本计量单位进行定价、直接向消费者销售的食品。

3.法院判决驳回原告全部诉讼请求

在上述行政处理及行政复议起诉一案中，北京互联网法院一审认为，食品安全法第六十八条规定，"食品经营者销售散装食品，应当在散装食品的容器、外包装上标明食品的名称、生产日期或者生产批号、保质期以及生产经营者名称、地址、联系方式等内容",根据食品安全法立法原意,上述规定是为了保护消费者的知情权、选择权和监督权,有助于消费者了解食品的安全性,以防范食品安全风险。其中关于散装食品的容器、外包装应理解为放置整包散装食品的容器、外包装,而非扩展至将整包散装食品分别称量后再分别进行包装的外包装或容器。具体到本案中,古慈汉方公司通过网络对外销售涉案食品,其在淘宝店铺销售页面已对外公示涉案食品的生产日期、批号、保质期、生产者名称、地址、联系方式等内容,有助于消费者了解涉案产品的具体信息,应视为符合食品安全法关于散装食品对外公示相应信息的规定。

鉴于此,某区市监局在收到林某的举报后,对古慈汉方公司进行了现场调查并进行询问工作,最终以无法确认古慈汉方公司的违法行为,违法事实不清为由决定结案并作出书面答复送达林某,已履行了法定职责,并无不当。某市市监局在法定复议期限内,履行了受理、审查、决定、送达等程序,复议程序也并无不当。

综上,2021年3月1日,北京互联网法院一审判决,林某的相关诉讼请求缺乏事实和法律依据,依照《中华人民共和国行政诉讼法》第六十九条、《最高人民法院关于适用〈中华人民共和国行政诉讼法〉的解释》第一百三十六条第一款的规定,判决驳回林某的全部诉讼请求。

之后,林某因不服北京互联网法院的判决,向上级法院提起上诉。经审理,北京市第四中级人民法院于2021年3月31日作出二审终审判决,驳回上诉,维持一审判决。

案例点评

近年来,因食品包装问题所引发的诉讼不少,其中有部分纠纷即是所谓"预包装食品"纠纷,如本案例所示的购买干海参案例。而比此案例更出名的则为重庆农妇售卖150碗自制粉蒸肉被判十倍赔偿案件。粉蒸肉案件一审、二审均认定商户出售的粉蒸肉为"预包装食品",应按照预包装食品的要求标识清楚、明确、完整,但因其粉蒸肉没有任何标识,而被认定为"三无"食品,被判决十倍赔偿。粉蒸肉案后经高院再审,认定原一、二审案件适用法律错误,撤销了一、二审判决。由此我们可以看出，有些管理部门，对何为"预包装食品"认识不清，误将有包装的食品等同于"预包装食品"。

那么何为"预包装食品"呢？食品安全法规定，"预包装食品，是指预先定量包装或者制作在包装材料和容器中的食品"。简单来说预包装食品可以"即开即食"。《预包装食品标签通则》规定，"预先定量包装或者制作在包装材料和容器中的食品，包括预先定量包装以及预先定量制作在包装材料和容器中并且在一定限量范围内具有统一的质量或体积标识的食品"。我们通常在超市中看到的盒装豆腐、米酒等都属于预包装食品，用材用料、保质期、生产日期、重量、存储条件、产品标准代号等信息全在外包装盒上。依据食品安全法第六十七条的规定："预包装食品的包装上应当有标签。标签应当标明下列事项：（一）名称、规格、净含量、生产日期；（二）成分或者配料表；（三）生产者的名称、地址、联系方式；（四）保质期；（五）产品标准代号；（六）贮存条件；（七）所使用的食品添加剂在国家标准中的通用名称；（八）生产许可证编号；（九）法律法规或者食品安全标准规定应当标明的其他事项。专供婴幼儿和其他特定人群的主辅食品，其标签还应当标明主要营养成分及其含量。"

但同时市场上也有另一种食品，称量出售的散装、现装食品、即做即售食品，这些食品为方便顾客携带，也配有简易包装或购物袋之类。这类一般称为"散装食品"。那么，什么是散装食品呢？2015年全国人大法工委信春鹰主编的《食品安全法解读》中说："散装食品，指无预包装的食品、食品原料及加工半成品，但不包含新鲜果蔬，以及需清洗后加工的原粮、鲜冻畜禽产品和水产品等，即消费者购买后可不需要清洗即可烹调加工或直接食用的食品，主要包括各类熟食、面及面制品、速冻食品、酱腌菜、蜜饯、干果及炒货等。"但食品安全法第六十八条又规定"食品经营者销售散装食品，应当在散装食品的容器、外包装上标明食品的名称、生产日期或者生产批号、保质期以及生产经营者名称、地址、联系方式等内容"。由此看来，散装食品亦应当在外包装上标明食品名称、生产日期等信息。但在生活实践中，散装食品的显著特征是称量销售，即不预先确定销售单元，按基本计量单位进行定价、直接向消费者销售，大多数无外包装，仅在销售现场插有标签。所谓的外包装也不过是为方便顾客携带而提供的塑料袋之类的东西而已。从目前来看，我国现有的食品安全监管体系中，预包装食品是特指具备食品生产加工资质的主体所生产出来的带有包装的产品，故而明确排除了至少四类食品，即现制现售食品、散装食品、食用农产品以及小作坊和食品摊贩销售的食品。本案所涉及的商户虽是从其他公司进货，并根据购买者要求的数量将大包来货进行散装销售，但该种销售方式，并不改变该类海产品的原本形状及质量标准，也不改变该产品为"散装食品"的性质，故应当按照散装食品对待。

而散装食品称重销售的特征也决定了其包装的不确定性，顾客自带包装的也有，故在散装食品的外包装上标明产品信息的规定并不现实。根据食品安全法、农产品质量安全法、《食用农产品范围注释》等法律法规，干海参属于经过干制保鲜防腐处理和包装的水产动物初加工品范畴，从内容物属性来看属于食用农产品。食用农产品是指在农业活动中直接获得的植物、动物、微生物以及通过加工但未改变其基本自然性状和化学性质的产品。食用农产品不属于预包装食品，故无须适用《预包装食品标签通则》。同时受案法院还强调了两个方面：商家通过网络对外销售涉案食品，其在网络店铺销售页面已对外公示涉案食品的生产日期、批号、保质期、生产者名称、地址、联系方式等内容，有助于消费者了解涉案产品的具体信息，便捷销售的方式属于合理方式，应视为符合食品安全法关于散装食品对外公示相应信息的规定。而有关部门在接获举报后，对商家进行了现场调查工作，最终无法确认其存在违法行为。由此可见，法院的裁判理由一是基于通过网络公式的方式，公开商品信息，可以视为符合食品安全法第六十八条外包装上标明产品信息的规定，二是依据现有法律无法认定商家的违法行为。由此案可见，食品安全法所列举的销售食品种类，尚无法涵盖市场的全部，但依据"法无禁止即可为"的原则，法律没有禁止以网络公示的形式标明商品信息的前提下，商家可以此方式公布商品信息。

案例三十七　瑞幸咖啡宣布完成金融债务重组　实现整体盈利

案例概述

2022年4月11日，瑞幸咖啡公司在官网发布公告称，公司已经顺利完成债务重组，在债权人的支持下，公司正式结束作为债务人的破产保护程序。2022年5月24日，瑞幸咖啡披露2022年一季度报告：一季度实现营收24.05亿元，同比增长89.5%；净利润1980万元，上年同期净亏损2.325亿元；非GAAP净利润为9910万元，上年同期净亏损1.76亿元；非美国会计准则（Non-GAAP）下，营业利润为9210万元。2021年同期营业亏损为3.08亿元。公司经营利润首次转正，实现整体盈利。另外，瑞幸咖啡一季度净新开556家，环比增长9.2%。

1.双喜临门：完成债务重组，业绩快速增长

瑞幸咖啡在官网公告称，公司完成了金融债务重组，走完美国破产法第15章的程序。由此，瑞幸咖啡在任何司法管辖区不再受到破产或破产程序的约束。公告称，早前最终报告已于2022年3月4日提交给纽约南区美国破产法院，要求执行命令以结束第15章案件。

如最终报告所述，瑞幸咖啡先前根据美国破产法第15章获得其开曼群岛安排方案的认可和执行，并根据该方案成功重组其金融债务。没有人反对结束第15章案件的动议，破产法院于2022年4月8日下达批准这一请求的命令。破产法院的判决标志着瑞幸咖啡在美国的破产程序正式结束。如先前宣布的，根据开曼群岛大法院于2022年2月25日的命令，关于公司的清盘请愿书（经修订）已被驳回，公司的临时清算程序也已成功结束。因此，在任何司法管辖区，公司不再受到破产或破产程序的约束。

随着历史问题基本解决，瑞幸咖啡的收入节奏也随之加快。数据显示，瑞幸咖啡自营门店与联营门店等在2022年一季度收入均为正值。此外，自营门店层面利

润率也进一步提升，由2021年同期的6.2%提升至2022年一季度的20.3%，同店销售增长率则达到41.6%。营收数据的增加进一步带动了交易用户数的增长。数据显示，瑞幸咖啡第一季度月平均交易用户数为1600万，较2021年同期增长83%。

在2022年一季度报告发布前，瑞幸咖啡还对董事会进行了调整，新董事会由大钲资本三名董事、管理层两名董事，以及四名独立董事构成，郭谨一继续担任董事长。自大钲资本联合IDG、Ares SSG完成对前管理层被清算股权的收购行动并成为瑞幸咖啡控股股东后，这是公司董事会的首次调整。

瑞幸咖啡董事长兼CEO郭谨一在业绩说明会上表示，过去两年，瑞幸咖啡在战略、运营、治理机制、管理架构和组织文化等方面实现了根本性的提升。在2022年一季度，尽管受到疫情影响，公司的业绩依然稳定增长，并且第一次实现了经营利润转正，"这充分证明了瑞幸咖啡的商业模式"。

2.创新产品推动业绩增长

开发创新型爆品，或许是瑞幸咖啡业绩强势增长的一个重要原因。

瑞幸咖啡强推的生椰拿铁成了2021年夏天的顶流饮品。一经发布，瑞幸生椰拿铁就全部售罄，品牌因为缺货登上了热搜，由此拉开了2021年饮品"万物皆可椰"的序幕，其他新茶饮头部品牌也纷纷推出与椰子相关的饮品。

随着瑞幸咖啡推出生椰拿铁新品，椰子的热度也随之升温，而且一度很难买到。据瑞幸咖啡官方微博，自2021年4月12日起开始正式推广新品生椰拿铁，截至5月31日，一个多月的时间里，瑞幸咖啡生椰系列累计已经卖出了42万杯。到6月30日，瑞幸咖啡称生椰系列产品单月销量超1000万杯，刷新了它的新品销量纪录。

即使瑞幸咖啡在这个新品上架10天后就监控到了销售远超预期，对外表示会进行补货，但直到2021年6月底，仍有不少消费者在社交平台上表示"我每次只能看到'售罄'两个字"，同时不少品尝过的网友评价称瑞幸生椰拿铁是YYDS（永远的神）。

除业绩稳健增长外，瑞幸咖啡负责人在2022年2月的一封给员工的内部信中称，门店扩展已经进入"高质量精细化"运营阶段。2021年，瑞幸咖啡全年共推出了113款全新现制饮品，仅2022年1月份，瑞幸咖啡就实现新开门店总数约360家，刷新了瑞幸咖啡单月新开店总数纪录；春节黄金周的门店交易额是去年同期的3倍，"瑞幸咖啡从公司战略、企业文化、合规管理到运营逻辑都焕然一新"。该负责人还表示，"今天标志着瑞幸咖啡的新开始。瑞幸咖啡利用（美国破产法）第

15章的程序实现了其在美国的金融债务重组。在债权人的支持下，我们成功地走出了这个过程，我们相信瑞幸咖啡在长期增长和为股东创造价值方面处于有利地位"。

2022年4月6日晚，瑞幸咖啡官方微博宣告，生椰拿铁在诞生一周年之际，实现了1亿杯的销量。在生椰拿铁走红后，瑞幸咖啡并没有放弃持续打造爆款的尝试。因为推新品的速度过快，某三线城市瑞幸咖啡店员王楠告诉记者，自己每周四都要在"瑞幸咖啡大学"App上学3~5个小时，学习新品做法。

2022年4月11日早上，瑞幸咖啡与椰树集团联合官宣年度新品"椰云拿铁"，也成了小红书、微博等社交平台上的热门讨论话题。

3.放开加盟入口，门店数量超过星巴克

2020年初，面对造假风波，瑞幸咖啡不得不减慢门店扩张速度，必要时砍掉经营不佳的门店。截至2020年底，瑞幸咖啡共有4803家门店，而在2019年年底，这个数字是4910。2021年1月，瑞幸咖啡又逐步放开了加盟店的入口。

财报数据显示，瑞幸咖啡门店数量在持续扩张，这很大程度上与加盟店的增加有密切关系。2020年瑞幸咖啡门店分布为3929家直营店、874家加盟店。而到了2021年，在瑞幸咖啡门店总数中，自营店4397家、加盟店1627家。其中，大部分加盟店都来自下沉市场。瑞幸咖啡2021年第四季度净新增353家门店，截至2021年末，门店总数已达6024家，其中自营门店4397家，联营门店1627家，其门店数量已经超过星巴克在中国的5557家，成为中国最大的连锁咖啡品牌之一。

截至2022年第一季度末，瑞幸咖啡门店数量增至6580家，其中自营门店4675家，联营门店1905家，成为中国规模最大的咖啡连锁品牌之一。

与此同时，瑞幸咖啡加盟店的营收增速也远远把自营店甩在身后。财报数据显示，2021年瑞幸自营门店收入为61.93亿元，同比增长78.3%；加盟门店的收入为13.06亿元，同比增长312.5%。其中第四季度，加盟门店收入4.488亿元，同比增长248.4%。

4.强化社群营销，增加交易客户

瑞幸咖啡是一家靠营销发家的企业，营销是其长项。在2020—2021年，瑞幸咖啡加强了私域社群营销，重点开展留存客户和提高客户购买频次，沉淀了一批忠实用户。2021年，瑞幸咖啡平均每月交易客户为1300万，到了第四季度，平均每

月交易客户达到了1620万，较2020年同期970万客户增长67.1%。

这得益于瑞幸咖啡"小程序+社群运营策略"的成功，不仅提供了持续获客拉新的渠道来源，更重要的是实现了高频的用户留存和复购。瑞幸咖啡较早就推出了自己的小程序，并在运营过程中不断优化。现在的小程序功能日趋完善，除了基本的线上点单，还能实现商城、自由卡、营销区、好喝榜、会员中心等细分功能，形成了独具瑞幸咖啡风格的线上商城模式。

小程序可以结合线上线下的消费场景，无论是线上点单、自取、外卖等多种配送方式，将线上流量引入线下门店，还是门店内扫码点单，简化门店服务流程，核心都是为门店吸引更多用户。瑞幸咖啡小程序还设有营销功能，如高频率发放优惠券、邀请好友各得20元、充4赠3、拼单满减，以及各类定制会员玩法等，都主动提高了用户活跃度，促成在线拉新和转化。

事实上，瑞幸咖啡已经打通了小程序、公众号、视频号、社群、朋友圈等微信生态之间的互通互联，比如公众号定期推送内容营销沉淀用户、视频号每周多次定期直播等，至此，瑞幸咖啡搭建形成了获客、交易、转化、留存的微信运营闭环。

同时，瑞幸咖啡的营销洞察力也十分出色，采用互联网花式打法，将咖啡的"场景消费"转变为"全民消费"。继生椰拿铁爆火出圈，创下6月单月销售超1000万杯的纪录后，瑞幸咖啡于2021年9月提前签约自由式滑雪世界冠军谷爱凌为品牌代言人，在冬奥会期间迎合赛事热度，联合微博、微信生态各平台、社群等，同步推出为夺冠报喜打call、4.8折优惠福利、视频号上传话题视频、更新小程序首页banner图、更新菜单推荐等一大波营销，这波营销让瑞幸咖啡多款谷爱凌定制产品售罄，获得了不错的市场反应和品牌热度。

近年来，全国各地涌现了更多新兴咖啡品牌，竞争日趋白热化。截至目前，线下已有M Stand、Manner、Seesaw等新兴咖啡品牌涌现，并且纷纷受到资本关注。线上则有隅田川、时萃、三顿半等咖啡抢占冻干、浓缩液等细分品类市场。这意味着，瑞幸咖啡并不孤单，在资本的助推下，下一个瑞幸咖啡出现也许只是时间问题。

而在2022年1月，英国《金融时报》报道称，瑞幸咖啡正考虑在纳斯达克重新上市，最早可能在2022年年底。如果瑞幸咖啡能够回归纳斯达克，意味着充沛的现金流和融资将为其持续扩张减少阻碍。不过瑞幸咖啡已经否认了上述重返消息的真实性。

案例点评

　　瑞幸咖啡的案例展示了企业从危机中复苏并实现逆转的典型路径，其关键点在于战略调整、产品创新、市场扩张与营销策略的综合运用。

1.债务重组的成功与战略转型

　　破产保护是一种法律程序，旨在帮助陷入财务困境的企业重组债务，避免破产清算。通过破产保护，企业可以获得暂时的法律保护，避免债权人强制执行债务，从而有时间进行财务重组和业务调整。债务重组则是通过与债权人协商，重新安排债务偿还计划，可能包括延长还款期限、降低利率或部分债务减免。

　　瑞幸咖啡在经历了2019年的财务造假丑闻后，迅速采取了破产保护措施，并于2022年成功完成了金融债务重组。这一过程不仅是对公司财务状况的修复，更是其战略转型的重要一步。通过债务重组，瑞幸咖啡不仅摆脱了破产程序的束缚，还为未来的可持续发展奠定了基础，这体现了公司管理层在危机管理上的果断。

　　在重组过程中，瑞幸咖啡得到了债权人的支持，显示出其在市场中的一定信誉和潜力。重组后的瑞幸咖啡，专注于业务的扩展和创新，反映了公司在危机管理和战略调整方面的灵活性与前瞻性。

　　对于其他面临财务危机的企业，这展示了通过破产保护程序重组债务，实现业务持续运营的可能性。同时，尽管面临行业竞争加剧和过往的信誉挑战，瑞幸咖啡通过持续的内部改革和市场策略调整，实现了业绩的显著增长。这表明，企业在面对危机时，通过创新、灵活调整策略、强化数字化能力，并保持对市场趋势的敏锐洞察，可以实现自我救赎并重新获得市场信任。此外，它也提醒企业，长期成功需要坚实的业务基础和合规经营。

2.创新产品的推动作用

　　产品生命周期包括引入期、成长期、成熟期和衰退期。企业需要在不同阶段采取不同的策略，以延长产品的生命周期。创新是延长产品生命周期的重要手段，通过不断推出新产品或改进现有产品，企业可以保持市场竞争力和消费者的兴趣。

生椰拿铁的成功是瑞幸咖啡创新策略的典范，它不仅创造了爆款产品，还引领了市场趋势。这说明了在快速变化的消费市场中，精准把握消费者偏好并迅速响应的重要性。产品创新是企业增长的关键驱动力，尤其是在高度竞争的消费品行业。

此外，瑞幸咖啡在新品推出后的快速补货和市场反应能力，显示出其在供应链管理和市场营销上的高效运作。这种灵活的市场策略，使得瑞幸咖啡能够在竞争激烈的咖啡市场中占据一席之地。

3.门店扩张与加盟模式的成功

自营模式是企业直接管理和运营门店，控制力强，但扩展速度较慢，成本较高。加盟模式则是通过授权第三方经营门店，扩展速度快，成本较低，但控制力较弱。

瑞幸咖啡通过增加加盟店，特别是在下沉市场，实现了快速的网络扩张，这不仅增加了市场覆盖率，还有效分散了经营风险。结合自营与加盟的优势，企业可以在保持品牌控制力的同时实现快速扩张。自营模式有助于确保服务和产品的质量，而加盟模式则可以迅速扩大市场覆盖，特别是在广阔的下沉市场中。这种混合经营模式（自营＋加盟）的灵活性，是其超越星巴克成为中国最大咖啡连锁品牌之一的关键。这一成就不仅是市场份额的体现，更是品牌影响力增强的体现。同时，瑞幸咖啡的混合经营模式也体现了有效的风险分散策略。通过在不同市场和地区实施不同的经营模式，企业能够平衡潜在的经营风险，提高整体的业务稳定性和可持续性。总之，瑞幸咖啡的案例启发了其他企业如何通过灵活的经营策略和市场洞察来优化业务扩展和品牌建设。

4.社群营销与用户黏性的提升

瑞幸咖啡在营销策略上也展现出了独特的优势。通过私域社群营销，瑞幸咖啡成功地提高了客户的留存率和复购率。"小程序＋社群运营策略"的有效运用，展示了如何利用数字工具提高用户黏性和复购率；同时，通过构建微信生态闭环，瑞幸咖啡有效地利用了社交网络的力量。这为其他品牌提供了在数字时代构建用户基础的范例。

瑞幸咖啡的营销不限于传统的广告投放，而是通过社交平台与用户建立深度互动。这种方式不仅增强了用户的品牌认同感，也提升了品牌的忠诚度。通过与消费者的紧密联系，瑞幸咖啡能够更好地把握市场趋势，及时调整产品和服务。

瑞幸咖啡的营销策略为其他企业提供了宝贵的经验教训，特别是在如何利用数字化工具和社交平台提升用户参与度、增强品牌忠诚度以及提高市场响应速度方面。在这个数字化迅速发展的时代，企业必须不断创新和适应，才能在竞争中保持领先。

5.未来展望与挑战

尽管瑞幸咖啡在债务重组后实现了业绩的快速增长，但未来仍面临诸多挑战。市场竞争的加剧、新兴品牌的崛起，都可能对瑞幸咖啡的市场地位构成威胁。此外，如何保持持续的创新和用户黏性，将是瑞幸咖啡未来发展的关键。

在资本市场方面，瑞幸咖啡若能成功回归纳斯达克，将为其提供更多的融资机会，助力其进一步扩张。虽然瑞幸咖啡否认了短期内重新上市的计划，但这一讨论反映了市场对其业务复苏的认可。然而，市场的不确定性和消费者偏好的变化，仍需瑞幸咖啡保持高度的敏感性和灵活性。

星巴克两门店被曝使用过期食材 监管部门责成停业整改

案例概述

2021年12月13日，《新京报》刊发调查报道《卧底星巴克：咖啡食材过期继续卖，保质期随意改，报废糕点再上架》，指出无锡市两家星巴克门店存在多种食品安全问题：食材过期后仍继续使用，并被做成多款畅销饮品售出；主管、店员"言传身教"篡改保质期，有的食材被人为"延保"一周；承诺"开封后不过夜"的糕点，第二天被偷偷上架；店员用吧台毛巾擦垃圾桶；门店提前处理问题食材应付检查；等等。

无锡市市场监管局官网显示，报道刊发当日，无锡市、区两级市场监管部门对涉事的星巴克震泽路店、昌兴大厦店进行了重点检查，初步核实相关企业有更改食品原料内控期限标识、使用超过内控期限原料的行为，责成两家涉事门店停业整改。

1.巧克力液、抹茶液过期后，仍被加工成饮品售出

星巴克在国内拥有超过5100家直营门店。星巴克在官网上给出承诺："以行业最高标准为基础，制定并严格执行星巴克食品安全金标准。"

然而，新京报记者在无锡市两家星巴克门店卧底调查发现，在所谓的"金标准"下，一些门店触碰了食品安全的红线：食材过期后仍继续用，做成多款畅销饮品售出；主管、店员"言传身教"篡改保质期，有的食材被人为"延保"一周；承诺"开封后不过夜"的糕点，第二天偷偷上架。

2021年10月下旬，新京报记者应聘进入无锡星巴克震泽路店工作，工作内容是制作包括咖啡在内的各种饮品。记者上岗不久就发现，食材过期后仍被继续使用。

星巴克《产品开封保质期汇总表》标明，巧克力液在冷藏条件下，保质期为48

小时。10月31日上午，记者发现冰箱里存放的一桶巧克力液已过了保质期，但店员并未按规定报废处理。店员不止一次用那桶过期的巧克力液给顾客制作饮品，包括畅销早餐饮品可可蒸气奶。

当天店内的过期食材并非只有这一种，一壶用于制作抹茶拿铁的抹茶液也已过期。一名店员用这壶抹茶液给顾客做了一杯抹茶拿铁，之后这壶抹茶液被放回原处，供下次使用。

2.过期前10分钟换标签，店内一天出现4种过期饮品

用过期食材在店内并非特殊情况，而是主管和店员心知肚明的惯例。

2021年11月7日下午，记者看到摆在吧台的一壶红茶液没有贴保质期标签，一名在吧台制作饮品的店员解释称：因为已过期，就把标签撕掉了。

记者在吧台找到了一张纸条，上面记录了几种食材的过期时间，包括红茶液、奶油、桃果肉和抹茶液4种食材。当记者看到这张纸条时，这4种食材均已过期。

但在店员眼里，这些食材没有什么问题，仍照常用它们给顾客制作饮品。

为"掩护"使用过期食材的行为，一些食材的保质期标签常常被随意篡改。

2021年11月6日，有一壶抹茶液将于13点49分过期。在过期前的10分钟，星巴克一名店员发现周围没有顾客，便撕下抹茶液保质期标签，并迅速贴上一张新标签。如此一来，原本已过期的抹茶液，便可堂而皇之再用一天。

篡改食材保质期并不是这家星巴克门店的特殊操作。在星巴克另一家门店，面对过期的食材，他们也是同样处理。

2021年11月21日，记者在星巴克无锡昌兴大厦店发现，店内用于制作"星冰乐"的可可碎片已过期。不过，值班主管发现后没有将其报废，而是撕下保质期标签，直接换了新标签，将过期时限延后了一周。

"冬天星冰乐做得少，（可可碎片）一个星期用不完。"一名店员透露，篡改保质期并非只用于这一种原料，摩卡酱和桃果肉到了过期时间，也会直接改保质期。

3.规定当天报废，次日却又偷偷上架售卖的糕点

不只是饮品食材，无锡昌兴大厦店售卖的糕点同样存在问题。如开封后的糕点不能长时间存放，但有些糕点摆了一天也无人问津。记者询问无锡多家星巴克门店，均承诺开封后的糕点如卖不掉，会在当天报废。星巴克昌兴大厦店的店员也给出了同样的承诺，但记者发现，实际情况并非如此。

2021年11月9日一大早，记者看到一个食品储存盒里放着培根芝士蛋堡、香肠培根谷物三明治和法式香浓巧克力可颂等各式糕点，均已拆封。一名主管告诉记者，这些都是前一天剩下的，他吩咐记者把它们摆上柜台继续卖："先卖昨天剩下的，再卖今天新进的。"由于开封了较长时间，有的糕点已非常干硬，稍一触碰就掉碎渣。之后几天，记者发现这家店几乎每天都会把前一天剩下的糕点偷偷摆上柜台。

除了食材问题，星巴克门店还存在卫生问题，如用吧台毛巾擦垃圾桶。一次打扫时，值班主管吩咐记者用咖啡吧台的白毛巾擦垃圾桶。擦完垃圾桶后，主管也没有要求丢弃这条吧台毛巾，仅要求简单清洗后，就让记者把白毛巾放回吧台。而这之后，其他店员继续用这条毛巾擦拭吧台和咖啡机。

新京报记者在某网络投诉平台上检索发现，有关星巴克的投诉并不少见，有多名网友称在星巴克喝出异物，也有人投诉吃完糕点后出现腹痛腹泻情况。

4.星巴克回复：致歉、整改

2021年12月13日上午，星巴克被曝出两家门店存在使用过期食材等问题。当天中午，星巴克发布消息，表示深感震惊，已关闭这两家涉事门店，并启动内部调查。

当天晚上，星巴克又对此事进行回复，内容如下：

经过调查，我们已确认媒体报道的两家无锡门店的伙伴（员工）存在营运操作上的违规行为。这两家门店的情况警示了我们在食品安全标准的日常执行中存在不足。对此，我们向所有顾客致以最诚恳的歉意。同时，我们已于第一时间采取了以下行动：

1.两家涉事门店已闭店进行调查与整改；

2.中国内地所有星巴克门店立即启动食品安全标准执行情况的全面自查；

3.立即组织对所有门店零售伙伴的重新培训，严格落实食品安全制度；

4.对所有门店，增加来自内部及第三方的定期检查与突击检查频率及范围；

5.强化食品安全问题的伙伴内部举报通道；

6.积极探索更多技术手段，减少人为操作因素的干扰，争取从源头杜绝此类事件的发生。

对于此次事件，我们会密切配合政府相关部门的调查，也恳请公众及媒体对我们进行持续监督。

5.市场监管局公告：无锡两家星巴克门店因使用过期食材共被罚款超百万元

星巴克震泽路店的店员说，每半个月，上级管理部门都会到店检查。但是面对检查人员，店员并不紧张。门店值班主管示意一名店员及时清理吧台，又让他提前检查了一遍食材的保质期。由于只有一名检查人员，店员便可以趁其检查其他项目时，及时处理掉过期食材，或快速换上新的保质期标签。有时为了避免出现意外，店员会提前撕掉旧的标签以掩盖真实的保质期。不出所料，最终检查人员发现的都是无关痛痒的小问题。

但是，食品安全没有小事，该来的还是要来。2022年2月9日，记者从无锡市市场监管局获悉，2021年12月被曝光存在食品安全问题的两家星巴克门店，近日被处以警告、罚款、没收违法所得等行政处罚。

市场监管部门作出的行政处罚信息显示，根据上海星巴克咖啡经营有限公司无锡震泽路店和上海星巴克咖啡经营有限公司无锡昌兴大厦店两家门店的监控视频，当事员工通过篡改、撤换、撕毁调制的食品原料保质期标签等方式，使用过期的食品原料。其中，昌兴大厦店还存在经营超过保质期的糕点食品行为。

此外，相关行政处罚信息还显示，两家门店的当事员工均曾使用红色棉毛巾交替擦拭吧台和蒸奶棒等食品接触面，红色棉毛巾未能实现专用。

依据食品安全法相关规定，无锡国家高新技术产业开发区（无锡市新吴区）市场监管局对昌兴大厦店处以警告、罚款67万余元并没收违法所得2万余元的行政处罚；对震泽路店处以警告、罚款69万余元并没收违法所得1万余元的行政处罚。行政处罚公示日期均为2022年2月8日。

案例点评

1.食品安全问题的聚光灯下

2021年12月，星巴克无锡两家门店被曝出使用过期食材、篡改保质期标签等一系列严重违反食品安全规定的行为，这一事件迅速成为舆论关注的焦点。

它不仅揭示了星巴克这一国际品牌在食品安全管理上的巨大漏洞，也再次将中国政府对食品安全的重视推向了前台。

以下从中国政府对食品安全的"四个最严"要求、食品企业高标准下的执行不力、食品安全监督的必要性和吹哨人制度，以及此案件对食品安全治理体系和社会共治的影响等四个方面进行深入探讨。

2.中国政府对食品安全的"四个最严"要求

中国政府对食品安全的重视程度前所未有，明确提出"四个最严"要求，即"最严谨的标准、最严格的监管、最严厉的处罚、最严肃的问责"，旨在构建覆盖从农田到餐桌全过程的监管体系，确保人民群众"舌尖上的安全"。

在星巴克过期食材事件中，无锡市市场监管局迅速响应，对涉事门店进行了全面检查，并依据相关法律法规作出了严厉处罚。这不仅体现了政府对食品安全问题的零容忍态度，也彰显了"四个最严"要求的实际执行力度。通过此次事件，我们可以看到中国政府在保障食品安全方面的决心和行动力，为整个食品行业树立了标杆。

3.食品企业高标准下的执行不力

星巴克作为全球知名的咖啡连锁品牌，一直以来都以其高品质、高标准的服务和产品著称。然而，此次事件却让我们看到了其在实际执行过程中的巨大漏洞。尽管星巴克在官网上明确承诺"以行业最高标准为基础，制定并严格执行星巴克食品安全金标准"，但部分门店却公然违反规定，使用过期食材、篡改保质期标签等行为屡禁不止。

这一现象引发了我们对食品企业高标准下执行不力的深刻反思。食品企业的标准再高，如果没有得到有效的执行和监督，也只是一纸空文。因此，食品企业不仅要制定科学合理的标准，更要加强内部管理，确保各项规定得到有效执行。同时，政府和社会各界也应加大对食品企业的监督力度，确保其严格按照标准生产经营。

4.食品安全监督的必要性和吹哨人制度

星巴克过期食材事件的曝光，离不开新京报记者的卧底调查和深入揭露。这一事件再次凸显了食品安全监督的必要性，也让我们看到了吹哨人制度在保障食品安全中的重要作用。

吹哨人制度是指鼓励企业内部员工或外部知情人士揭露企业违法违规行为的制度。在食品安全领域，吹哨人制度的建立可以有效遏制企业的违法违规行为，保护消费者的合法权益。星巴克事件中，正是新京报记者的勇敢揭露，才使得这一严重问题得以曝光并受到应有的处罚。

因此，我们应该加强对吹哨人制度的宣传和推广，鼓励更多的人参与到食品安全的监督中来。同时，政府和企业也应为吹哨人提供必要的保护和支持，确保他们不会因揭露问题而遭受打击报复。

5.此案件对食品安全治理体系和社会共治的影响

星巴克过期食材事件不仅是一次具体的食品安全事件，更是一次对食品安全治理体系和社会共治的深刻考验。这一事件促使我们重新审视和反思当前的食品安全治理体系和社会共治模式。

首先，此案件暴露出食品安全治理体系中的薄弱环节。尽管中国已经建立了相对完善的食品安全法律法规和标准体系，但在实际执行过程中仍存在诸多问题。因此，我们需要进一步加大法律法规的落实和执行力度，完善监管机制和问责制度，确保各项规定得到有效执行。

其次，此案件推动了食品安全社会共治的进程。食品安全问题关系到每个人的切身利益，需要社会各界共同参与和治理。通过此次事件，我们看到了媒体监督、公众参与等社会共治力量在保障食品安全中的重要作用。未来，我们应该进一步加强媒体监督、公众参与等社会共治机制的建设和完善，形成政府、企业、社会三方联动的食品安全治理格局。

最后，此案件也为我们提供了宝贵的经验和教训。我们应该从中汲取经验教训，不断完善食品安全治理体系和社会共治模式；同时加大对食品企业的监管力度和处罚力度，增强消费者的自我保护意识和能力，推动科技创新在食品安全领域的应用等。通过这些措施的实施和推进，我们可以更好地保障人民群众的食品安全和身体健康。

6.共筑食品安全防线，守护人民群众健康

星巴克过期食材事件虽然是一起具体的食品安全事件，但它所引发的影响和启示却是深远的。它让我们看到了中国政府对食品安全的重视和决心，也让

我们看到了食品企业在高标准下执行不力的现实问题，更让我们看到了食品安全监督的必要性及吹哨人制度在保障食品安全中的重要作用。

未来，我们应该继续加强食品安全治理体系和社会共治模式的建设和完善，加大对食品企业的监管力度和处罚力度，增强消费者的自我保护意识和能力，推动科技创新在食品安全领域的应用等。只有这样，我们才能共筑食品安全防线守护人民群众的健康和安全。

案例三十九　海关总署修订公布《中华人民共和国进出口食品安全管理办法》

案例概述

2021年4月12日，为进一步加强进出口食品安全监管、保障进出口食品安全，海关总署公布修订后的《中华人民共和国进出口食品安全管理办法》（以下简称《办法》），自2022年1月1日起施行。

相关信息显示，根据《中华人民共和国食品安全法》及其实施条例、《中华人民共和国海关法》、《中华人民共和国进出口商品检验法》及其实施条例、《中华人民共和国进出境动植物检疫法》及其实施条例、《中华人民共和国国境卫生检疫法》及其实施细则、《中华人民共和国农产品质量安全法》和《国务院关于加强食品等产品安全监督管理的特别规定》等法律、行政法规的规定，海关总署对原《进出口食品安全管理办法》进行修订，并形成新的《办法》。

1.修订背景及目的

原《进出口食品安全管理办法》于2012年3月1日发布施行，对进出口食品安全监管发挥了重要作用。近年来，党中央、国务院对食品安全提出更高要求，食品安全法及其实施条例也分别于2015年和2019年进行整体修订，海关全面深化改革和关检业务深度融合、我国进出口食品贸易量大幅增加、新冠疫情、国际贸易摩擦、国际食品安全等新风险新挑战新变化，对海关进出口食品监管提出更高要求，现行规定已不能完全适应监管新形势，有必要予以修订。

在《办法》正式施行之后，以前发布的多项管理办法和管理规定被废止，比如2011年9月13日原国家质量监督检验检疫总局令第144号公布并根据2016年10月18日原国家质量监督检验检疫总局令第184号以及2018年11月23日海关总署令第243号修改的《进出口食品安全管理办法》、2000年2月22日原国家检验检疫总局令第20号公布并根据2018年4月28日海关总署令第238号修改的《出口蜂蜜检验检疫管理办法》、2011年1月4日原国家质量监督检验检疫总局令第135号公布并根据2018年11月23日海关总署令第243号修改的《进出口水产品检验检疫监督管理办法》、2011年1月4日原国家质量监督检验检疫总局令第136号公布并根据2018年11月23日海关总署令第243号修改的《进出口肉类产品检验检疫监督管理办法》、2013年1月24日原国家质量监督检验检疫总局令第152号公布并根据2018年11月23日海关总署令第243号修改的《进出口乳品检验检疫监督管理办法》、2017年11月14日原国家质量监督检验检疫总局令第192号公布并根据2018年11月23日海关总署令第243号修改的《出口食品生产企业备案管理规定》。

2.四点说明

2021年4月26日，海关总署对《办法》进行了解读，并作出四点说明。

（1）贯彻落实党中央、国务院以及相关法律法规关于进一步强化食品安全工作的要求

《办法》明确将"安全第一、预防为主、风险管理、全程控制、国际共治"作为海关食品安全监管基本原则（第三条）；同时通过增设一系列制度，建立更为科学、严格的进出口食品安全监管制度。监管制度主要包括：建立境外国家食品安全管理体系和食品安全状况评估审查制度，明确细化评估审查程序及内容（第十一条至第十七条）；在境外评估审查、指定口岸进口、指定监管场地、合格评定、控制措施等制度中充分贯彻食品安全法风险管理理念；压实企业主体责任，细化食品进口商自主审核义务（第二十二条、第二十三条）；在授权范围内补充违反备案变更规定、拒不配合核查、擅自提离海关指定或认可的场所等违法行为的法律责任，增强相应规定的可操作性（第五章）。

（2）总结重大食品安全事件及疫情疫病应对，特别是新冠疫情防控经验，完善风险预警及控制措施

《办法》新增《中华人民共和国国境卫生检疫法》及其实施细则作为立法依据（第一条）；明确中国缔结或参加的国际条约协定作为进出口食品监管依据（第四条、第九条、第三十八条）；细化《食品安全法实施条例》第五十二条有条件限制进口、暂停或者禁止进口等控制措施的具体方式及适用情形（第三十四条、第三十五条、第三十六条），其中特别明确规定进口食品被检疫传染病病原体污染或者有证据表明能够成为检疫传染病传播媒介的，海关可以采取暂停或者禁止进口的控制措施。

（3）固化海关全面深化改革、关检业务深度融合成果及执法经验

《办法》重点对进出口食品安全监管流程与主要制度予以固化，明确进出口食品监督管理、进口食品现场查验的具体内容（第十条、第二十八条）；固化《海关全面深化改革2020框架方案》实施成果，新增出口申报前监管规定，进一步提升通关时效（第四十八条、第四十九条）；明确海关运用信息化手段提升进出口食品安全监管水平（第六条）。

（4）优化整合海关食品安全监管领域规章结构布局。《办法》整合吸纳了进出口肉类产品、水产品、乳品以及出口蜂蜜检验检疫监督管理办法等5部单项食品规章中的共性内容，其他需进一步明确的事项将以规范性文件形式发布。同时，考虑到"出口食品生产企业备案"已由许可审批项目调整为备案管理，并已发布相关规范性文件，现行《出口食品生产企业备案管理规定》一并予以废止。通过本次修订，在海关进出口食品监管领域基本形成以《进出口食品管理办法》为主、《进口食品境外生产企业注册管理规定》为辅、相关规范性文件为补充的执法体系。

3.四个变化

经媒体统计，相比较之前文件，本次修订的《办法》有以下四个变化。

（1）首次引入"合格评定"概念

《办法》第十条规定，海关依据进出口商品检验相关法律、行政法规的规定对进口食品实施合格评定。进口食品合格评定活动包括：向中国境内出口食品的境外国家（地区）［以下简称"境外国家（地区）"］食品安全管理体系评估和审查、境外生产企业注册、进出口商备案和合格保证、进境动植物检疫审批、随附合格证明检查、单证审核、现场查验、监督抽检、进口和销售记录检查以及各项的组合。

（2）明确对境外国家（地区）启动评估的六种情形

《办法》第十二条规定，有下列情形之一的，海关总署可以对境外国家（地区）启动评估和审查：

一是境外国家（地区）申请向中国首次输出某类（种）食品的；

二是境外国家（地区）食品安全、动植物检疫法律法规、组织机构等发生重大调整的；

三是境外国家（地区）主管部门申请对其输往中国某类（种）食品的检验检疫要求发生重大调整的；

四是境外国家（地区）发生重大动植物疫情或者食品安全事件的；

五是海关在输华食品中发现严重问题，认为存在动植物疫情或者食品安全隐患的；六是其他需要开展评估和审查的情形。

（3）首次提出了"视频检查"的方式

《办法》第十四条规定，海关总署可以组织专家通过资料审查、视频检查、现场检查等形式及其组合，实施评估和审查。这种灵活的检查方式是互联网技术发展对进口食品监管带来的极大便利，也是应对国外疫情的重要抓手，能极大地提高检查效率，从而进一步降低检查成本和风险。

（4）首次明确进口保健食品中文标签形式

《办法》首次明确进口保健食品、特殊膳食用食品的中文标签必须印制在最小销售包装上。第三十条规定，进口食品的包装和标签、标识应当符合中国法律法规和食品安全国家标准；依法应当有说明书的，还应当有中文说明书。

对于进口鲜冻肉类产品，内外包装上应当有牢固、清晰、易辨的中英文或者中文和出口国家（地区）文字标识，标明产地国家（地区）、品名、生产企业注册编号、生产批号；外包装上应当以中文标明规格、产地（具体到州/省/市）、目的地、生产日期、保质期限、储存温度等内容，必须标注目的地为中华人民共和国，加施出口国家（地区）官方检验检疫标识。

对于进口水产品，内外包装上应当有牢固、清晰、易辨的中英文或者中文和出口国家（地区）文字标识，标明商品名和学名、规格、生产日期、批号、保质期限和保存条件、生产方式（海水捕捞、淡水捕捞、养殖）、生产地区（海洋捕捞海域、淡水捕捞国家或者地区、养殖产品所在国家或者地区）、涉及的所有生产加工企业（含捕捞船、加工船、运输船、独立冷库）名称、注册编号及地址（具体到州/省/市）等内容，必须标注目的地为中华人民共和国。

进口保健食品、特殊膳食用食品的中文标签必须印制在最小销售包装上，不得加贴。

进口食品内外包装有特殊标识规定的，按照相关规定执行。

此外，《办法》还提出，在监督管理以及法律责任方面，海关总署要依照食品安全法规定，收集、汇总进出口食品安全信息，建立进出口食品安全信息管理制度。各级海关负责本辖区内以及上级海关指定的进出口食品安全信息的收集和整理工作，并按照有关规定通报本辖区地方政府、相关部门、机构和企业。通报信息涉及其他地区的，应当同时通报相关地区海关。对于未遵守《办法》规定出口食品的，由海关依照食品安全法相关规定给予处罚。

案例点评 ·· 🖉

1.新时代新标志

"民以食为天，食以安为先"，食品安全关系到国家和社会的稳定发展，关系到公民的生命健康权利。其实，食品安全问题不仅存在于中国，也是全球长期普遍存在的问题。严格的进出口食品安全监管，不仅直接关系到国内消费者的健康和福祉，还提升了我国在国际贸易中的信誉和竞争力。

党的十八大以来，习近平总书记多次作出重要指示，强调要把食品安全作为一项重大的政治任务来抓，用最严谨的标准、最严格的监管、最严厉的处罚、最严肃的问责，确保人民群众"舌尖上的安全"，坚决筑牢国门食品安全防线。

本次新修订的《中华人民共和国进出口食品安全管理办法》，进一步完善了我国进出口食品安全监管工作措施和程序，明确了进出口食品安全管理的法律责任。

《办法》从修订前的六十四条增至修订后的七十九条，紧紧围绕进口食品安全链条监管和出口食品安全全过程监管，充分考虑海关职能定位，海关业务改革要求，以及优化外贸营商环境，实现外贸高质量发展等相关精神，对海关涉及进出口食品安全监管的部分工作程序和内容进行了调整。

《办法》主要分为"食品进口"和"食品出口"两个章节，将进出口食品安全信息管理、风险预警措施、风险监测等内容编入"监督管理"章节，新增"风险预警控制措施""应急管理""监督检查措施""过境食品检疫""复验管理"等规定。对于指定口岸、标准适用、指定或认可场所、注册企业退出等规定进行了进一步明确；细化了进口食品合格评定、境外国家（地区）食品安全管理体系评估和审查、进口商自主审核、通报、进口和销售记录、信用管理等要求。其中，"食品进口"部分共计二十九条，规定了进口食品监管依据、合格评定活动、进口商自主审核、包装标签标识要求、指定或认可场所、后续监管、风险控制措施、召回等内容。"食品出口"部分共十九条，明确了对出口食品安全监管的各项措施；对出口食品企业推荐对外注册和境外通报核查等予以明确；根据近年来中国出口食品贸易不断增长、质量安全水平持续提升的实际，对出口食品生产企业卫生控制、出口食品生产企业监督检查、出口食品现场检查和监督抽检、出口食品风险预警控制措施等方面提出制度要求。

本次《办法》是自2018年关检机构改革和业务融合，进出口食品安全监督管理职责划入海关后的首次修订，有机融合了原检与原关的执法监管作业标准、流程及制度，将直接影响进出口食品安全海关监管中的行政许可、合格评定结果、货物处置方式、复验、行政处罚、行政强制等执法行为，已成为我国进出口食品安全海关监管领域最基础、最专业、最系统的法律文件，标志着中国进出口食品安全工作进入一个新的历史阶段。

2.《办法》的法律体系及现行监管模式简介

海关监管。来源于海关法相关规定，适用于进出口食品、食品添加剂申报、查验、有关场地及经营主体管理等事项。

进出口食品安全检验。来源于食品安全法及其实施条例规定，适用于进出口食品的原料、加工、生产、销售、监督、评估等检验项目及事项。

进出口商品检验。来源于食品安全法和商品检验法及其实施条例规定，适用于对法检商品目录中商品实施数量、重量、规格、质量等方面的检验事项。

动植物检疫。来源于动植物检疫法及其实施条例规定。适用于进出境动植物检疫活动中，对属于进出境动植物检疫范围内食品实施进境检疫审批、口岸检疫等事项。

国境卫生检疫。来源于卫生检疫法及其实施细则规定，适用于食品被检疫传染病污染，或者有证据表明可能成为检疫传染病传播媒介时的处置事项等。

农产品质量安全监管。来源于农产品质量安全法规定，适用于涉及食用农产品的质量安全监管。

食品特别规定法律关系。来源于《国务院关于加强食品等产品安全监督管理的特别规定》，尚有个别内容作为海关对进出口食品安全监督管理的补充依据。

生物安全监管。来源于生物安全法规定，适用如进出口食品生物安全国家准入等情形。

转基因生物安全监管法律关系。来源于《农业转基因生物安全管理条例》规定。海关对来自转基因生物的进出口食品按照该条例的规定实施监管。

除上述列出的 9 种法律关系外，还包括行政许可、行政强制、行政处罚等行政法律关系，大大增加了海关执法的复杂性。

3.现行监管模式

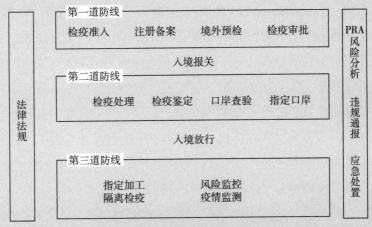

图3　我国现行进出口食品安全监管模式

如图3所示，我国现行进口食品安全监管主要包括以下步骤：

第一步：国家准入。海关总署对拟向中国出口食品的国家或地区的食品安全管理体系和食品安全状况进行评估，确定相应的检验检疫要求，并与对方主管当局签署双边协议。

第二步：注册。进口食品境外生产企业注册，分两种情况：一是所在国家（地区）主管当局推荐注册；二是企业申请注册。

第三步：备案。即进口食品的进出口商分别向中国海关申请备案。

第四步：检验检疫。海关依据进出口商品检验相关法律、行政法规的规定对进口食品实施合格评定。进口食品在取得检验检疫合格证明之前，应当存放在海关指定或认可的场所，经评定合格的，由海关出具合格证明，准予销售、使用。

第五步：后续监管。海关对通过体系评估已获得向中国出口的资格或虽未经过体系评估但与中国已有相关产品传统贸易的国家（地区）开展回顾性审查。

第六步：风险预警。境内外发生食品安全事件或者疫情疫病可能影响到进出口食品安全的，或者在进出口食品中发现严重食品安全问题的，海关采取风险预警及控制措施。

4.新特点之理念更加先进

《办法》与2018年修订版相比，最鲜明的特点是监管理念的变化，主要体现在这几方面：第三条提出，"进出口食品安全工作坚持安全第一、预防为主、风险管理、全程控制、国际共治的原则"；第四条强调，"进出口食品生产经营者对其生产经营的进出口食品安全负责"；第七条规定了海关对进出口食品安全的宣传教育工作职责和与境外食品流通相关组织的交流协作；第五十六条规定了海关在出口食品监管过程中发现问题后与食品安全主管部门的通报机制。

确定了一种以企业履行主体责任为基础、海关监督管理为核心，引入进出口食品相关的国际国内社会各方力量，形成更为有效的监管合力的"合作监管"模式。整个监管过程中，一脉相承食品安全法，既"不失位"又"不越位"，涵盖了食品安全链条中"产""销""管""消"等各利益相关方，从而最大化地促进各方主动遵守规则，降低政府监管成本，提高治理成效。

5.新特点之强化法制建设和法治执行

2018年，关检深度融合后，海关总署按照全面通关一体化的原则，重新设计了检验检疫业务监管体制，将原检作业机制流程，融入企业管理、申报、检查、稽核管理等原海关业务机制流程之中。

由于进出口商品的种类繁杂、风险多样，看似简单的进出口食品安全监管行政执法行为，实际包括食品安全检验、进出境动植物检疫、国境卫生检疫等的一种或几种，在实际监管过程中，具有专业门槛高、技术性强、涉及面广的特点和难点。

本次《办法》修订后，进一步整合、明确和细化了相关监管概念和举措，对依法治理，规范执法，有着重要指导意义。比如，海关对境外国家（地区）的评估和审查在新版《办法》中被提到了重要位置，在2018年修订版中，仅用了半条描述海关此项职能，新版《办法》中，则有六条用以专门规范相关程序：第十条规定了海关对进口食品实施合格评定的情形；第十三条明确了评估和审查的具体内容；第十四、十五条规定了评估和审查可以采取的形式；第十六条规定了可以终止评估和审查的情形；第十七条明确了对评估和审查结果的通报机制。此外，第三十条明确进口保健食品中文标签形式，并作出了更加详细的要求等；第六十八条至第七十二条规定，明确了企业违反《办法》的法律责任。

6.新特点之数字技术赋能智慧治理

机构改革后，技术执法成为海关执法的一个鲜明特点。以"智慧准入""智慧管理""智慧预警""智慧决策"作为核心内容，构建科学化、智能化、可视化的进出口食品安全监管信息化工程，是坚持业务和科技相融合、加大探索智能监管、提升治理效能的重要途径，在风险监测、防控措施、预警通报和溯源追责等环节领域中十分关键。本次《办法》为之赋予了权责。具体表现为：第六条规定海关总署运用信息化手段提升进出口食品安全监督管理水平；第十四至十六条规定，海关总署可制定并实施视频检查计划，并且对视频检查内容、方式和结果应用作出规定；第六十条和第六十一条提到海关制定年度国家进出口食品安全风险监测计划，以及在必要时发布风险预警；第六十二条指出海关制定并组织实施进出口食品安全突发事件应急处置预案；第六十四条提到海关依法对进出口企业实施信用管理；等等。这些规定无不体现出利用大数据、云计算、人工智能等数字技术手段，强化食品产业链的全方面、全过程监管，实现监管方式精准化、智能化和高效化的监管趋势和监管力度。

华润啤酒123亿元控股金沙酒业 拓展白酒布局

案例概述

2022年10月25日晚间，华润啤酒（控股）有限公司（以下简称华润啤酒，HK00291）发布公告，宣布拟以123亿元收购贵州金沙窖酒酒业有限公司（以下简称金沙酒业）55.19%股权。公告显示，华润啤酒的间接全资附属公司华润酒业控股有限公司（简称华润酒业）与金沙酒业订立增资协议、购股协议及股东协议，拟出资10.267亿元向金沙酒业增资并持股4.61%，再以112.733亿元购入金沙酒业50.58%的股权。

两项交易完成后，华润酒业将持有金沙酒业55.19%的股权，一跃成为酱香白酒品牌金沙酒业的第一大股东。继其此前投资山东景芝白酒、金种子酒（SH600199），参股清香型白酒龙头山西汾酒（SH600809）后，加上此次控股金沙酒业，华润系不仅占有啤酒市场份额，白酒版图也进一步扩张至酱酒。

1.华润入局，首次涉足酱酒业务

2022年12月7日信息显示，华润酒业收购金沙酒业的股权案已获市场监管部门的无条件批准。

爱企查显示，华润酒业成立于2020年12月11日，注册地位于海南省海口市，由华润雪花啤酒有限公司（华润啤酒）100%持股。随着此次收购事项获得批准，有关交易也创下白酒行业近年来并购交易额的最高纪录。

国家市场监管总局发布的经营者集中简易案件公示信息还显示，2021年7月，珠海高瓴岩恒股权投资合伙企业（有限合伙）及其关联方拟对金沙酒业进行投资。

上述双方的合作虽然以"失败"告终，但紧随而至的华润啤酒却以接替者的角色、不惜重金的态度、首次涉足酱酒业务的形式，愿意拿出123亿元入股金沙酒业。

作为亿万规模的重点央企之一，华润已经发展成为当前国内"巨无霸"级的多元化民生央企。其业务横跨六大板块、覆盖超26个行业、承载着2000家企业、汇聚了超过37万名员工。最新数据显示，2021年华润集团营收7715亿元，净利润601亿元，总资产超过2万亿元。

而以投资行业头部企业的形式入局，是华润在消费品领域一直以来最常用的战略布局方式之一。在啤酒业务板块，华润更是以"蘑菇战术"用10年左右时间一跃成为中国啤酒市场领头羊，随后，在高端战略的引领之下，华润啤酒从"并购之王"变身"利润之王"，并在2021年，首次实现净利超过青岛啤酒。

2."金沙速度"引来资本助力

有业内人士指出，高瓴投资也好，华润啤酒也罢，他们愿意与金沙酒业商谈合作，愿意拿出真金白银入股，这背后都是"金沙速度"在起作用。

金沙酒业位于贵州省金沙县，地处赤水河流域酱香白酒集聚区，与下游的茅台酒渊源很深。其官网也一直强调，赤水河流域属于酱香白酒集聚区的金沙产区。金沙酒前身是贵州最早的国营白酒生产企业之一，而早在道光年间，金沙所产白酒就有"村酒留宾不用赊"的赞美诗句。民国初期，茅台酒师刘开廷引入茅台大曲酱香工艺，酿造金沙美酒。

金沙酒业拥有摘要和金沙回沙两个酱香品牌，其官网称，2022年这两个品牌价值共1697.67亿元，位居中国白酒第11名。

2015年开始，金沙酒业推出摘要系列，当时，金沙酒业投入重金打造摘要这个新高端品牌。两年后，酱酒热兴起，金沙酒业乘势面向全国布局，摘要成为公司核心大单品，也成为酱酒新势力。从2020年开始，金沙的摘要酒已多次停货涨价，价格上涨至1389元，价格直追飞天茅台。

金沙回沙则是金沙酒业另一大品牌，定位来自贵州金沙的酱香名酒，官网称该酒"畅销贵州60年"，代表产品金沙回沙纪年酒1951系列单瓶的建议零售价为899元。

而以酱酒产品为核心大单品的金沙酒业，也创造出金沙速度业绩神话。据悉，2017年至2021年，金沙酒业的销售收入分别为1.52亿元、5.76亿元、15.26亿元、27.3亿元和60.66亿元，交出了5年销售收入增长近40倍的成绩单；2022年预计金沙酒业销售额达到100亿元。公告披露，金沙酒业2020年、2021年税后净利润分别为6.15亿元、13.15亿元，2022年上半年的税后净利润为6.7亿元，资产净值约为

9.97亿元。

2021年4月，在金沙酒业举行的年度战略发布会上，金沙酒业董事长张道红甚至提出"2024年主板上市，实现千亿市值"的目标。

金沙酒业官网显示，该公司销售市场遍及贵州、山东、河南等31个省区市，年产基酒达2.4万吨，基酒库存超5万吨，并将在"十四五"期间投入85亿元扩产，预计"十四五"末达到5万吨/年的基酒产能与20万吨基酒储存规模。

在华润酒业入局前，金沙酒业为宜昌市国资委全资持有。华润酒业增资与股权收购完成后，将持有金沙酒业55.19%的股权，成为金沙酒业的大股东和控股股东，背靠宜昌市国资委的宜昌财源投资管理有限公司持股降至44.81%。

金沙酒业5年近40倍增长的现在，主板上市与千亿市值的未来，让华润啤酒投入123亿元参与酱酒交易，这在众多业内人士看起来"非常值"，可以说是一个"抄底价"。当然，有了华润这样的巨无霸央企背书，金沙酒业在全国化与高端化方面或将直接受益。

华润啤酒在公告中指出：本集团认为，酱香型白酒倾向于跨越消费周期并产生长期的盈利回报，特别是鉴于中国对酱香型白酒的需求不断增长及消费升级趋势，鉴于该资产利润率高且经营现金流强健，收购优质稀有的白酒资产控股股权，属于"罕见良机"，有利于显著提升集团的估值。

3. 白酒布局"1+N"

华润啤酒（控股）有限公司首席执行官、华润雪花啤酒（中国）有限公司董事长侯孝海此前曾公开表示，华润在白酒业的布局基本上是"1+N"。其中"1"是指要有一个全国性的龙头企业或者龙头品牌，"N"是指有数家在大区里能够形成区域龙头的企业和品牌。

从这段发言来看，华润啤酒对白酒业务不仅仅是"拿钱砸"，而是有清晰且明确的发展目标与翔实可行的未来规划。

回顾华润系投资白酒的历史，华润系从参与山西汾酒改制成为第二大股东，到投资山东景芝白酒、参股金种子酒，再到如今控股金沙酒业，华润系的白酒帝国日臻成型。

华润啤酒曾在公告中表示，2021年8月对山东景芝白酒的投资，是正式进军中国白酒市场的开始。

实际上，华润系畅饮白酒可以追溯到2018年。据媒体报道，当年清香型白酒的典型代表之一山西汾酒宣布，其引进华润创业为战略投资者。华润系以51.6亿元拿下山西汾酒11.45%的股权。山西汾酒2022年中报披露的前十大股东中，华润系的华创鑫睿（香港）有限公司持股11.38%，稳居山西汾酒第二大股东。2018年至2020年，山西汾酒实现营收93.8亿元、118.8亿元、139.9亿元，同期归母净利润分别为14.67亿元、19.39亿元和30.8亿元。有统计数据显示，过去几年间，华润在汾酒的投资最终盈利超360亿元。

2020年由华润雪花啤酒（中国）有限公司100%控股的华润酒业控股有限公司在海口成立，正式宣告华润集团将以华润雪花啤酒为控股平台推进白酒领域的业务。

2021年8月，华润联合鼎晖投资与山东景芝酒业达成战略合作，并获得景芝白酒40%股权。据了解，景芝酒业拥有景芝、景阳春两个中国驰名商标，一品景芝酒被商务部认定为国家地理标志保护产品、中国芝麻香型白酒代表。

2022年2月，华润入主金种子酒，获得金种子集团49%的股份成为集团公司第二大股东。2022年7月11日，安徽金种子酒业股份有限公司在官网公告，其在7月9日召开的集团干部大会上，宣布华润与金种子集团达成战略合作，多名华润系高管"空降"金种子酒管理层，在金种子集团的7个董事席位中获得5席。据了解，金种子是浓香型白酒代表品牌之一。

而今，入局金种子酒不到4个月，华润的白酒帝国又落一子。2022年10月25日披露的公告显示，在收购完成后，金沙酒业将组建新的董事会，董事会成员共7人，其中4名将由华润酒业提名，2名将由宜昌财源提名。金沙酒业董事长将由华润酒业提名并经有关法定程序选举产生，宜昌财源可提名1名副董事长人选。此外，金沙酒业将设1名总经理，由华润酒业提名并经金沙酒业董事会批准。

对于此次收购金沙酒业，华润啤酒方面还表示，主要基于"可比公司分析""白酒行业内的可比交易分析""金沙酒业近期财务及经营表现"以及"收购完成后可取得的潜在协同效应"等四大方面，决定以123亿元的价格收购金沙酒业55.19%的股权。

业内人士指出，考虑到华润前期入股清香型汾酒，2022年入股浓香型金种子，人们有理由相信，华润此番入股酱香型金沙酒业，实际上是完善华润白酒板块不同香型品类的一个重要举措，也是华润啤酒与白酒渠道互补整合的一个重要战略。

案例点评

2022年底到2023年初完成的华润啤酒入主金沙酒业，在各界引起了关注。二者的合作，既是市场验证过的好产品与优质资本的结合，又是酱酒新势力与啤酒老大哥的强强联合，兼之华润明确、详尽的未来规划，让人对金沙及其他华润系白酒的发展期待不已。两年后的今天，当我们重新审视这一布局时，已经显现了阶段性的结果。

1. 一次近乎完美的结合

这次华润收购金沙酒业，无论从食品行业战略布局还是从品牌传播角度看都大有可为。

从食品行业战略布局角度来看，华润啤酒通过收购金沙酒业，实现了从单一的啤酒业务向白酒业务、从平价产品到高端产品的拓展，顺应当前食品行业品类多元化、消费升级的趋势，有助于企业分散市场风险，满足市场需求，增强市场竞争力。同时，金沙酒业的酱香型白酒在特定区域具有较高的市场占有率，华润啤酒可以利用这一优势，进一步扩大市场覆盖范围，提高市场占有率。华润啤酒控股金沙酒业后，可以进一步整合旗下酒类产品的上下游产业链，从原材料采购、生产加工到销售渠道，实现产业链的优化和效率提升。

而从品牌传播角度来看，对于金沙酒业而言，华润啤酒作为国内知名的啤酒品牌，其品牌影响力和市场渗透力十分强大。通过控股金沙酒业，华润啤酒可以利用自身品牌优势，提升金沙酒业的品牌知名度和市场竞争力。同时，金沙酒业的酱香型白酒特色也能丰富华润的品牌矩阵，实现品牌多元化。华润啤酒通过控股金沙酒业，实现了从啤酒到白酒的品类拓展，这不仅拓宽了其业务范围，也为其在高端白酒市场占据了一席之地。在品牌传播上，华润啤酒可以借此机会强化其作为综合酒类品牌的市场定位。实际传播中，在收购金沙酒业后，华润可以利用其成熟的市场传播策略和渠道，为金沙酒业的品牌推广和产品营销提供强有力的支持。同时，金沙酒业的快速增长也为华润啤酒提供了更多的传播素材和故事。

2.双方相向而行

收购后，华润啤酒针对金沙酒业作了很多努力：在营销方面，华润啤酒利用其在高端市场的运作经验，推动金沙酒业的高端化发展；在布局方面，借助华润啤酒的渠道网络，帮助金沙酒业积极拓展市场，实现产品全国化布局；在品牌传播方面，华润酒业助力通过组织变革、品牌焕新等措施，力争金沙品牌价值的快速提升。

华润啤酒还进行了组织变革和管理提效，设立华润雪花和华润酒业两大事业部，构建"啤+白"双赋能新格局，以适应市场变化和增强企业竞争力。

金沙酒业自身通过精细化管理，在经销商库存消化、新市场规则落地、渠道精细化管理等方面取得了良好预期效果。

品牌方面，形成了"摘要+金沙回沙"双品牌战略主线。同时发布了多款新品，如摘要珍品版第三代、摘要诗酒系列、金沙中酱、金沙大酱等，进一步丰富了产品线，提升了品牌竞争力。并对摘要品牌重新定位，更加强调文化感、高品质和高性价比；金沙回沙酒更强化其口味特征与优势。

但不利的因素是，金沙酒业原董事长张道红的退出，可能造成了业绩动荡。他在华润啤酒入主后逐渐边缘化，并最终离开了金沙酒业。这可能对公司内部产生了负面影响，影响了业绩表现。

因此，华润收购金沙酒业后，不管从业绩还是品牌效益叠加情况看，理想能否达成，还有待观察。

3.并购的共性问题

华润啤酒入主金沙酒业在一定程度上实现了双赢局面，但也存在一些问题。实际上这也是很多企业在合并重组中经常要面临和解决的问题。

在管理方面，合并的公司往往有不同的企业文化和价值观，存在文化冲突，这可能导致员工之间的摩擦和误解；同时，不同企业的管理体系可能存在差异，造成管理体系整合困难；合并还有可能引起员工的不稳定感，导致人才流失。

针对这些问题，应采取有效的沟通和培训；合并后需要建立统一的管理机制，以避免混乱和决策延迟；注意员工需求和激励机制，以保持团队的稳定性和动力；等等。

在品牌传播方面，公司之间的合并可能导致原有品牌定位不清晰，消费者难以理解新品牌的价值主张；不同品牌可能有不同的品牌语言和信息传递方式；原有的两个品牌可能具有不同的品牌形象；两个品牌原有的市场传播策略不同；合并后，内部员工可能对品牌传播策略理解不足，影响品牌信息的内部一致性；等等。

为了解决这些问题，合并后需要制定清晰的品牌传播策略，加强内部和外部的沟通，确保品牌信息的一致性，并利用多渠道进行有效的品牌传播；同时，企业应该关注市场和消费者的反应，及时调整品牌传播策略。

华润啤酒入主金沙酒业，作为典型的并购案例，还需要继续观察、研究。跳出这一个案，两个企业合并后如何能够在管理、品牌传播等多个方面实现优势互补，也是深刻的课题，值得思考。

中国营养学会发布《中国居民膳食指南（2022）》

案例概述

2022年4月6日，中国营养学会发布《中国居民膳食指南（2022）》（以下简称《指南》）。《指南》由2岁以上大众膳食指南、特定人群膳食指南、平衡膳食模式和膳食指南编写说明等内容组成，覆盖2岁以上以及9个特定人群的膳食指南。其中，9个特定人群分别是备孕和孕期妇女、哺乳期妇女、0~6月龄婴儿、7~24月龄婴幼儿、学龄前儿童、学龄儿童、一般老年人、高龄老年人、素食人群。本次发布的《指南》还提炼出平衡膳食八准则。

1.《中国居民膳食指南》历年修订情况

为适应中国居民营养健康的需要，增强全民健康意识，帮助居民合理选择食物，减少营养不良和预防慢性病的发生，我国于1989年首次发布了《中国居民膳食指南》，并于1997年、2007年、2016年进行了三次修订，均由中国营养学会编制完成，原卫生部、原国家卫生计生委发布。

为保证《中国居民膳食指南》的时效性和科学性，使其真正契合不断发展变化的我国居民营养健康需求，中国营养学会决定每五年修订一次，并于2020年6月召开理事会启动《中国居民膳食指南》修订工作。在国家卫健委的指导和关心下，经对近年来我国居民膳食结构和营养健康状况变化做充分调查，依据营养科学原理和最新科学证据，结合疫情常态化防控和制止餐饮浪费等有关要求，形成《中国居民膳食指南研究报告》，并在此基础上顺利推进原《中国居民膳食指南》的修订工作。

膳食指南是健康教育和公共政策的基础性文件，是国家推动食物合理消费、提升国民科学素质、实施健康中国－合理膳食行动的重要措施。经过近3年的努力，中国营养学会在修订完成《指南》大众版的基础上，还修订完成了《指南》科普版，帮助百姓作出有益健康的饮食选择和行为改变。与此同时，中国营养学会推出了中国居民膳食宝塔（2022）、中国居民平衡膳食餐盘（2022）和中国儿童平衡膳食算盘（2022）等可视化图形，指导大众在日常生活中进行具体实践。

2. 首次提出"东方健康膳食模式"

我国一直没有属于国人自己的膳食模式。此次修订，专家们结合我国营养调查和疾病监测，发现浙江、上海、江苏、福建、广东等东南沿海一带膳食模式，具有蔬菜水果丰富，常吃鱼虾等水产品、大豆制品和奶类，烹调清淡少盐等优点，且该地区居民高血压及心血管疾病发生率和死亡率较低，预期寿命较长。因此《指南》首次提出，以东南沿海一带膳食模式代表我国"东方健康膳食模式"，希望发挥健康示范作用，有更好的指导性。

作为健康人群合理膳食遵循原则的指导书，《指南》还强调了膳食模式、饮食卫生、三餐规律、饮水和食品选购、烹饪等实践能力等健康行为。除了2岁以上大众膳食指南外，《指南》也包括9大人群的补充说明，即孕妇膳食指南、母乳膳食指南、0~6个月龄婴儿喂养指南、7~24个月龄婴幼儿喂养指南、3~6岁儿童膳食指南、7~17岁青少年膳食指南、老年人膳食指南、高龄老人膳食指南及素食人群膳食指南。与《中国居民膳食指南（2016）》相比，新版《指南》有以下五方面不同：

一是由六条推荐建议升级为八条准则，力度增加。相关变化情况分别为：第一条"食物多样，谷类为主"更新为"食物多样，合理搭配"；第三条在"多吃蔬果、奶类、大豆"的基础上加入"全谷"；第六条、第七条为新增内容；第八条是对《中国居民膳食指南（2016）》第六条的再提炼，尤其强调"公筷分餐"。

二是新增80岁以上高龄老人膳食指南。

三是如前所述，推广并倡议"东方健康膳食模式"，推荐以东南沿海一带饮食为代表的平衡膳食模式。

四是增加规律进餐、足量饮水和会烹会选、会看标签内容，引导健康饮食行为。

五是增加膳食宝塔图形，食谱可视化图形更新，推荐量微调。

3. 八条平衡膳食准则

膳食指南是根据营养科学原则和人体营养需要，结合当地食物生产供应情况及人群生活实践，提出的食物选择和身体活动的指导意见。中国居民膳食指南修订专家委员会在分析我国应用问题和挑战，系统综述和荟萃分析科学证据基础上，提炼出了八条平衡膳食准则。

准则一　食物多样，合理搭配

坚持谷类为主的平衡膳食模式。每天的膳食应包括谷薯类、蔬菜水果、畜禽鱼蛋奶和豆类食物。平均每天摄入12种以上食物，每周25种以上，合理搭配。每天摄入谷类食物200~300g，其中包含全谷物和杂豆类50~150g；薯类50~100g。

准则二　吃动平衡，健康体重

各年龄段人群都应天天进行身体活动，保持健康体重。食不过量，保持能量平衡。坚持日常身体活动，每周至少进行5天中等强度身体活动，累计150分钟以上；主动身体活动最好每天6000步。鼓励适当进行高强度有氧运动，加强抗阻运动，每周2~3天。减少久坐时间，每小时起来动一动。

准则三　多吃蔬果、奶类、全谷、大豆

蔬菜水果、全谷物和奶制品是平衡膳食的重要组成部分。餐餐有蔬菜，保证每天摄入不少于300g的新鲜蔬菜，深色蔬菜应占1/2。天天吃水果，保证每天摄入200~350g的新鲜水果，果汁不能代替鲜果。吃各种各样的奶制品，摄入量相当于每天300mL以上液态奶。经常吃全谷物、大豆制品，适量吃坚果。

准则四　适量吃鱼、禽、蛋、瘦肉

鱼、禽、蛋类和瘦肉摄入要适量，平均每天120~200g。每周最好吃鱼2次或300~500g，蛋类300~350g，畜禽肉300~500g。少吃深加工肉制品。鸡蛋营养丰富，吃鸡蛋不弃蛋黄。优先选择鱼，少吃肥肉、烟熏和腌制肉制品。

准则五　少盐少油，控糖限酒

培养清淡饮食习惯，少吃高盐和油炸食品。成年人每天摄入食盐不超过5g，烹调油25~30g。控制添加糖的摄入量，每天不超过50g，最好控制在25g以下。反式脂肪酸每天摄入量不超过2g。不喝或少喝含糖饮料。儿童青少年、孕妇、乳母以及慢性病患者不应饮酒。成年人如饮酒，一天饮用的酒精量不超过15g。

准则六　规律进餐，足量饮水

合理安排一日三餐，定时定量，不漏餐，每天吃早餐。规律进餐、饮食适度，不暴饮暴食、不偏食挑食、不过度节食。足量饮水，少量多次。在温和气候条件下，低身体活动水平成年男性每天喝水1700mL，成年女性每天喝水1500mL。推荐喝白水或茶水，少喝或不喝含糖饮料，不用饮料代替白水。

准则七　会烹会选，会看标签

在生命的各个阶段都应做好健康膳食规划。认识食物，选择新鲜的、营养素密度高的食物。学会阅读食品标签，合理选择预包装食品。学习烹饪、传承传统饮食，享受食物天然美味。在外就餐，不忘适量与平衡。

准则八　公筷分餐，杜绝浪费

选择新鲜卫生的食物，不食用野生动物。食物制备生熟分开，熟食二次加热要热透。讲究卫生，从分餐公筷做起。珍惜食物，按需备餐，提倡分餐不浪费。做可持续食物系统发展的践行者。

4.膳食宝塔以可视化图形呈现

本次《指南》修订过程中，中国居民平衡膳食宝塔（2022）、中国居民平衡膳食餐盘（2022）和中国儿童平衡膳食算盘（2022）等可视化图形同期完成修订，以指导大众在日常生活中的具体实践。

我国从1997年起，一直采用的是膳食宝塔，2016年增加了中国居民平衡膳食餐盘和中国儿童平衡膳食算盘。膳食宝塔用"塔状"表示食物类别和多少，具体描述并量化了膳食模式。宝塔旁边每类食物的标注量，即1600~2400千卡膳食在一日三餐的平均结构用量。这样的模式最大程度地满足能量和营养素的需要量。与2016版膳食宝塔相比，2022版除第二层蔬果类未调整外，其余各层均有变化。

第一层谷薯类。《中国居民膳食指南（2016）》：谷薯类250~400g，包括全谷物和杂豆50~150g，薯类50~100g；新版《指南》：谷类200~300g，包括全谷物和杂豆50~150g，薯类50~100g。

第三层动物性食物。《中国居民膳食指南（2016）》：畜禽肉40~75g，水产品40~75g，蛋类40~50g；新版《指南》：动物性食物120~200g，每周至少2次水产品，每天一个鸡蛋。

第四层奶类、大豆和坚果类。《中国居民膳食指南（2016）》：奶及奶制品300g；新版《指南》：奶及奶制品300~500g。

第五层烹调油和盐。《中国居民膳食指南（2016）》：盐＜6g；新版《指南》：盐＜5g。

本次修订工作，《指南》还拍摄并分享了大量定量食谱图案、宣传海报以及其他可以呈现的图标，以方便大众学习和实践合理膳食准则，促进合理膳食行动落实。经梳理发现，《指南》对"多吃""少吃""适量""控制""限制"等有了定性描述，对"高盐""高油""高糖""含有""富含""低盐""低油""瘦肉"等进行了定量描述，大众可以更方便、更直观地理解与了解这些词汇的含义。

案例点评

《中国居民膳食指南》自1989年首次发布以来，分别于1997年、2007年、2016年、2022年进行了4次修订，至今我国膳食指南已经有5个版本。膳食指南的制定和修订，其目的是实现平衡膳食，满足膳食营养素参考摄入量的要求。

2020年，中国营养学会中国居民膳食指南修订专家委员会以营养科学原理为基础，针对我国当前主要的公共卫生问题，紧密结合我国居民膳食消费和营养状况的实际情况，在《中国居民膳食指南（2016）》的基础上对膳食指南进行修订，提出了现阶段适合我国居民食物选择和身体活动指导意见的《中国居民膳食指南（2022）》。

《指南》是近百名专家对营养和膳食问题的核心意见和科学共识，也为全体营养和健康教育工作者、健康传播者提供了最新最权威的科学证据和资源，是落实健康中国行动的具体举措。

1.《指南》的五个特点

（1）以科学证据为基础，以平衡膳食为目标，提出八条膳食准则

《指南》补充了2014年7月至2020年10月国内外有关食物与健康研究的新证据，结合《中国居民营养与慢性病状况报告（2020年）》中存在的营养与健康问题，使得《指南》的科学性和实用性进一步提高。

《指南》通过科学研究，包括对食物与健康关系的研究、膳食模式研究、居民膳食和营养问题分析，以及国外膳食指南的研究，循证研究食物与健康的证据，并获得专家一致性建议形成共识，确定了八条膳食指南的准则。优先考虑我国饮食的共性问题，研究和分析健康与饮食、运动和行为相关的关键问题，对排列优先次序和成本效益等给出建议，强化指导多吃、少吃和限制的食物组，对大众更具有指导意义。全篇以食物为基础，以平衡膳食模式为目标。

（2）覆盖所有人群，特别是关注老少妇幼人群

《指南》由2岁以上大众膳食指南、特定人群膳食指南、平衡膳食模式和

膳食指南编写说明三部分组成。为了对老少妇幼等特殊人群进行有针对性指导，特别在膳食指南的基础上，对儿童、青少年、孕妇、乳母、老人、高龄老人等进行了补充说明；结合我国健康老龄化目标，本次新制定了高龄老人（≥80岁）的膳食指南；对婴儿母乳喂养、幼儿以及素食人群制定了专门膳食指南，也就是"1+9"个膳食指南，人人可以找到对自己有帮助的膳食指导意见。

（3）突出实践性，强调饮食文化的支撑作用

膳食与疾病预防和发生密切相关，又受到饮食文化、民族传统、社会和家庭等各方面影响。《指南》强调饮食文化的作用，更加强调了认识食物、量化食物、尊重食物、饮食方式、勤俭节约等启迪新饮食文化的变革。同时提供更多的可视化图形，突出中国特色（宝塔、太极餐盘、算盘）的图表、食谱图，便于百姓理解、接受和使用，对落实膳食指导准则和建议有极大帮助。

（4）结合中国实践，首次提出"东方健康膳食模式"，增强示范性指导

欧洲地中海膳食模式、美国高血压防治计划膳食模式等均为良好膳食模式代表。我国地大物博，各地膳食特点不一。结合我国近期营养调查和疾病监测，专家委员会分析总结我国不同地区膳食模式和健康结局，发现东南沿海一带（浙江、上海、江苏、福建、广州等）膳食模式的优点，以及该地区居民高血压及心血管等疾病发生和死亡率较低、预期寿命较长等，根据这个发现，首次提出以东南沿海一带膳食模式为代表的我国"东方健康膳食模式"，希望能发挥我国的膳食健康示范作用，有更好的指导性。

（5）促进健康中国行动结果性目标的进一步落实

健康中国行动有一系列结果性指标，例如健康知识知晓率、母乳喂养率、成人肥胖率、儿童生长迟缓率、孕妇贫血率和死亡率、老年人膳食管理、全民油盐糖摄入量以及学生和成人体质测定标准合格率、参加运动人数等，都是《健康中国行动（2019—2030）》的约束性或倡导性指标。慢性病特别是肥胖、高血压、糖尿病等预防和规范管理及病死率下降，都与合理膳食密不可分。《指南》是应对以上挑战和实现指标任务的支撑性文件。

2.《指南》的应用

《指南》进一步完善了平衡膳食宝塔、平衡膳食餐盘、儿童平衡膳食算盘等图形，并且拍摄了定量食谱图案、宣传海报以及其他可以呈现的形式，使之更

加可视化、现代化。将食谱的成品通过图片呈现，以方便大众学习和实践合理膳食，促进个人（家庭）层面的合理膳食行动落实。

（1）应用于指导膳食实践

一是指导个人饮食和生活方式。根据《指南》，设计平衡膳食，自我管理一日三餐。了解并实践"多吃"的食物；了解并控制"少吃"的食物；合理运动和保持健康体重；评价个人膳食和生活方式，逐步达到理想要求。

二是应用于公共营养和大众健康指导。《指南》可以发挥多方面的作用，例如作为营养教育实践资源和教材，发展和促进营养相关政策和标准的基础，创造和发展新的膳食计算和资源的工具，科学研究、教学、膳食管理的指导性文件，推动和实施全民营养周、社区健康指导、健康城市等健康促进科学资源，慢性病预防和健康管理的行动指南，《健康中国行动（2019—2030年）》合理膳食行动落实的保障，等等。

三是应用于营养教育与健康促进。设计平衡膳食、膳食管理和评价、营养教育和健康促进是《指南》最常应用的几个方面，膳食指南引航营养教育，形成中国居民践行饮食新食尚、树立饮食文明新风，达到健康促进的目标。

（2）应用于膳食设计方案

根据《指南》的指导原则，个人和群体可以检查自己的饮食，并设计每天的膳食计划。从关心和记录自己饮食开始，设定膳食改善目标，逐步达到和保持平衡膳食。

总之，《指南》是在充分考虑我国不断变化的营养与健康状况和突出营养问题的基础上，以循证营养学为手段，以科学证据为指引，充分考虑公共政策发展趋势修订的。《指南》以问题为导向，以平衡膳食为核心，提出精准化营养指导措施；以慢性病预防为目标，全方位引领健康生活方式；以营养为重要指引，构建新型食物生产加工和消费模式；以营养人才队伍建设为举措，宣传和践行健康中国。《指南》是落实合理膳食行动、实现健康中国行动目标的重要措施。

2021—2022年全国规模以上食品企业工业增加值持续增长

案例概述

据中国食品工业协会于2023年5月16日在河南漯河发布消息称，2022年，全国规模以上食品工业企业（不含烟草）实现利润总额6815.4亿元，同比增长9.6%，高出全部工业13.6个百分点。农副食品加工业、食品制造业和酒/饮料/精制茶制造业分别增长0.2%、7.6%和17.6%，在全国规模以上工业企业利润整体下降4%的情况下，食品工业三个行业利润总额均比上年增长，其中酒/饮料/精制茶制造业还保持了较快增长。

另据工业和信息化部消费品工业司发布的数据显示，2021年1月至12月，全国食品工业规模以上企业实现利润总额6187.1亿元，同比增长5.5%。其中，酒/饮料/精制茶制造业实现利润总额2643.7亿元，同比增长24.1%。

综上，2021年至2022年，全国规模以上食品企业工业增加值连续两年保持稳定增长。

1.我国食品工业表现出强劲的发展韧性

2022年，面对复杂严峻的国际环境和多重超预期因素冲击，我国食品工业坚持高效统筹疫情防控和积极推进高质量发展，稳步前行，表现出强劲的发展韧性。

据统计，2022年，全国规模以上食品工业企业（不含烟草），完成工业增加值同比实际增长2.9%，增速较上年收窄5.8个百分点，全部工业同比实际增长3.6%。分大类行业看，农副食品加工业、食品制造业、酒/饮料/精制茶制造业全面实现增长。另外，我国新型消费发展态势较好，网上零售额占比进一步提升，吃类商品零售额比上年增长16.1%，网络购物作为消费市场增长动力源的态势持续巩固。

数据还显示，2022年，我国规模以上食品工业企业实现营业收入97991.9亿元，比上年增长5.6%。其中，农副食品加工业营业收入58503.0亿元，同比增长6.5%；

食品制造业营业收入22541.9亿元，同比增长4%；酒/饮料/精制茶制造业营业收入16947.0亿元，同比增长4.9%。另外，总体发生营业成本增长5.9%；营业收入利润率为7.0%，比上年提高0.3个百分点；资产负债率为52.8%。

在进出口方面，2022年，我国进出口食品近1.9万亿元，同比增长10.3%。就进出口产品种类看，食用水产品、蔬菜及食用菌和干鲜瓜果及坚果为主要出口食品，粮食、肉类（包括杂碎）、食用水产品为主要进口食品。

2022年，食品工业完成工业增加值占全国工业增加值的比重达到6.3%，对全国工业增长贡献率为5.3%。食品工业营业收入占比仅次于计算机、通信和其他电子设备制造业及电气机械和器材制造业，居第三位；利润占比居第四位。

综合来看，2022年，我国全年食品工业（含农副食品加工业、食品制造业、酒/饮料/精制茶制造业）以占全国工业5.1%的资产，创造了7.1%的营业收入，完成了8.1%的利润总额。

2.我国粮食生产战略取得重大成绩

当前，我国食品行业呈现两大特征：一是以粮食加工为主的农副食品加工业占比较大，二是以精深加工为主的食品制造业和酒/饮料/精制茶制造业发展比较快。

近年来，我国推动种业科技自立自强、种源自主可控，不断提高粮食综合生产能力，谷物总产量稳居世界首位。2022年全国粮食播种面积17.75亿亩，较5年前增加了515万亩，为粮食生产稳定在1.3万亿斤以上提供了有力支撑。经统计，我国粮食产量连续8年稳定在1.3万亿斤以上。2022年粮食产量13731亿斤，人均粮食占有量达486.1公斤，高于国际公认的400公斤的粮食生产线。这不仅保证了居民食物消费和经济社会发展对粮食的基本需求，更为健康中国战略提供了坚强有力的保障。

按照供需大体平衡、适当留有余地的原则，我国将2025年粮食综合生产能力目标值设定为不低于6.5亿吨。"十四五"时期新设置该指标，有利于引导各方面把提高粮食供应保障能力摆在突出位置，守住"谷物基本自给、口粮绝对安全"的底线。

首先，我国粮食支持政策体系基本形成。我国把扶持粮食生产作为强农惠农政策的重点，支持力度不断加大，结构持续优化。到2022年底，我国累计建成10亿亩高标准农田；全国耕地灌溉面积超过10亿亩，农业科技进步贡献率、主要农作物良种覆盖率、农作物耕种收综合机械化率分别从2017年的52.5%、95%、67.2%

提升到2022年的62.4%、96%、73%。

其次,我国粮食产业资金扶持体系运行良好。近年来,我国改革和完善农业补贴制度,继续扩大总量,探索形成农业补贴同粮食生产挂钩机制,新增补贴重点向种粮大户等新型经营主体倾斜,让多生产粮食者多得补贴,鼓励农民种粮。对于粮食产业健全价格、补贴、保险"三位一体"资金扶持体系,坚持并完善稻谷、小麦最低收购价政策,稳定口粮生产。

3.2022年把地方特色食品做成大产业

引导地方充分发挥资源禀赋优势,推动形成"百花齐放"的特色食品产业发展格局,既能够更好满足人民群众美好生活需要,还有助于培育产业发展新动能,这成为2022年我国食品工业发展的一大亮点。

酒香也怕巷子深。扩大地方特色食品影响力,光靠产品好还不够,还要形成区域规模效益。北京市大兴区庞各庄镇给西瓜贴上溯源码,自愿申请并通过庞各庄镇政府认证过的符合规范标准的合作社、瓜农种出的庞各庄西瓜,就可以贴上"西瓜溯源码";该溯源码上印有查询网址、查询电话、防伪涂层、防伪二维码等信息,市民可扫描二维码并输入涂层编码,了解产品名称、西瓜产地、育苗来源等信息,让消费者"安心买""放心吃"。

臭鳜鱼是徽菜的代表菜肴和金字招牌,如今,通过工业化、规模化加工工艺,安徽臭鳜鱼实现了全产业链发展,从即食食品、预制菜到休闲熟食、伴手礼,都可以在网络上随时下单,臭鳜鱼不仅"游"向全国,也"游"向了世界。

湖北潜江举办龙虾节,结合"融合"和"创新"两大核心,推动潜江小龙虾产业与音乐、餐饮业、民宿业、文化产业深度结合,带动龙虾产业和文化旅游资源相融合,打造特色音乐风暴之旅。

作为老工业基地,重庆市大渡口区大力培育重庆小面产业,抢抓契机推出预制重庆小面。2022年,重庆市小面产业园快消品全产业实现营收24.3亿元、同比增长47.3%,成为当地经济转型升级的重要助力。

近年来,各地深入挖掘优势资源,构建具有地域特色的食品产业体系,形成多元化、差异化的产业竞争格局,地方特色食品产业的未来值得期待。

4.2021年食品工业相关企业数量快速上涨

如果说2022年我国的传统优势食品产区规模在不断壮大,回头再看2021年,突出特点是我国一批重点食品企业年营业收入超千亿元，其中，中粮跻身全球五大粮商。2021年的统计数据显示，我国规模以上食品工业企业完成增加值较上年增长7%，规模以上企业营业收入达9.1万亿元。截至2021年末，食品行业累计创建9个国家重点实验室、15个国家工程中心、47个中国轻工业重点实验室、34个中国轻工业工程技术研究中心和54家国家级企业技术中心。

（1）产业集群实现迅速发展

2021年，全国食品产业园区数量共计591个，从园区重点城市分布来看，重庆、长沙、鄂尔多斯、上海、成都、济宁、沈阳、武汉等地的食品园区数量居前；全国食品类企业数量超453万家，主要分布于经济发达的东部沿海区域，中西部的河南省、四川省正在奋力追赶。

截至2022年4月，粮食大省山东省食品工业相关企业数量达72.1万家，占全国食品工业相关企业数量的9.3%，居全国第一位；广东省食品工业相关企业数量达61.9万家，占比8%；河南省相关食品工业企业数量为47.7万家，以6.2%的占比居全国第三位；四川省食品工业相关企业数量为31.4万家，居全国第八位。

（2）酒/饮料/精制茶制造业成绩喜人

2021年，在农副食品加工业、食品制造业等利润总额微降的同时，全国酒/饮料/精制茶制造业利润总额实现上扬，成绩喜人。据四川省统计局数据，2021年，四川省提出重点打造川酒、川茶、川水、川菜等品牌，强化"四川造"食品的市场拓展。当年四川食品饮料行业营业收入迈上万亿元台阶，增长10.3%，川南白酒、郫都调味品、遂宁肉制品等一批特色产业集群不断壮大，规模以上企业在省级农产品加工示范园区集中度达80%。另外，以增长较快的调味品行业为例，四川涌现出天味食品、丹丹郫县豆瓣、鹃城郫县豆瓣等代表性企业，调味品行业年产值列全国第三位。

展望未来，随着新技术、新工艺、新原料、新业态的不断涌现，食品工业对国内整体经济的拉动作用将愈发显著。

案例点评 ···

　　多年来，我国食品产业持续增长，为保障我国人民生命安全和身体健康发挥着不可替代的重要作用。驱动我国食品产业持续增长有很多因素，虽然在不同时期或不同发展阶段这些因素的作用程度不尽相同，但在这些因素的共同作用下，我国食品产业的发展模式和产品供给正在经历着"双转变"。在此过程中，消费、政策、投资、科技和创新无疑具有重要和显著的驱动作用。

1.消费驱动

食品市场是一个开放和充分竞争的市场，消费对市场以及市场竞争具有重要和基础性的影响。"十三五"以来，我国食品消费既有数量的扩张，也有质量结构的调整。一方面是数量增长，与"十三五"期初相比，2022年居民家庭10类食品年平均消费数量达到397千克/人，增加35.6千克/人，增长接近10%，消费数量的增长使市场规模进一步扩大；另一方面是食品消费结构的逐渐变化，与"十三五"期初相比，2022年居民家庭10类食品消费中，粮食、食用油、蔬菜及食用菌、奶类和食糖的占比均有所下降。

食品消费数量和结构的变化主要源自食品消费支出的增长和消费者对食品的认知及健康需求的变化。与"十三五"期初相比，2022年全国居民食品消费支出增长45.29%，其中，城镇居民增长40.91%，农村居民增长68.23%，城乡差距由2.07倍减少到1.63倍。消费者对食品的认知和健康需求直接影响着消费者的选择与购买。随着"健康中国"的发展和居民健康素养的持续提升，安全、卫生、营养、健康和味道已经成为食品选择与购买的重要影响因素，食品消费正在从"吃得饱""吃得好"向"吃得健康"转变。相应地，我国食品供给正在经历着以提供能量为主，向提供能量、营养、功能，甚至情感和文化等多种复合需求的转变。从产品角度，就是要实现"六化"，即安全化、营养化、功能化、方便化、个性化和精致化，"六化"实质上是从"物质文化需要"到"美好生活需要"的转变。伴随着食品质量和品质的提升，企业经济效益也得到了提升。

2.政策驱动

针对食品产业的发展，国家出台了一系列的鼓励政策和法律法规，这些政策和法律法规涉及从田间到餐桌的全产业链和诸多关键核心要素，例如持续提升食品安全保障、提高农产品质量、振兴和促进乳业高质量发展、促进特色产业的集中集聚、促进食品消费和消费升级、促进食品科学技术的研发和应用推广、市场秩序治理、提升居民健康素养等。这些政策和法律法规的出台和具体实施，为食品产业的发展构建了更好的外部环境和必不可少的有力支撑。

3. 投资驱动

资本是产业发展重要的支撑和驱动。受新冠疫情影响，2019年和2020年食品领域的固定资产投资均为负数，但是到2021年和2022年就显著恢复，固定资产投资（不含农户）与上年相比，食品制造业增长10.4%和13.7%，农副食品加工业增长18.8%和15.5%，酒/饮料/精制茶制造业增长16.8%和27.2%。新建固定资产投资与上年相比，食品制造业增长8.1%和20.2%，农副食品加工业增长24.2%和19.1%，酒/饮料/精制茶制造业增长15.8%和31.9%。扩建固定资产投资与上年相比，食品制造业增长7.3%和20.2%，农副食品加工业增长8.8%和8.3%，酒/饮料/精制茶制造业增长22.7%和37.6%。

可以看出，食品领域固定资产投资在疫情后快速恢复并持续增长。投资增长不仅显示出资本对食品产业的青睐与信任，更驱动食品产业的进一步发展。

4. 科学技术驱动

我国食品产业经过近20年的高速发展后，增速明显放缓和收窄，发展面临着更多新的挑战。近些年来，我国食品产业面临着由数量扩张向素质提升的转变。在推动食品产业高质量发展中，需要培育新的驱动力、寻找新的增长点。在高质量发展的诸多要素中，科学技术无疑具有重要且不可替代的基础性作用。与新兴行业相比，食品作为传统产业，科学技术研究与应用所面对的挑战更加艰巨。"十三五"以来，科学技术在我国食品产业发展中的作用越来越显著，为食品产业的转型升级和高质量发展发挥着不可替代的重要支撑作用。

（1）研究与试验发展（R&D）

"十三五"以来，我国食品企业的研发投入显著增长，根据国家统计局数据测算，2022年与"十三五"期初相比发生了非常大的变化：

一是食品制造业、农副食品加工业、酒/饮料/精制茶制造业中规模以上企业R&D经费达到578.5亿元，比"十三五"期初增加75.5亿元，增长15%，其中，食品制造业增长7.9%，农副食品加工业增长38.6%，酒/饮料/精制茶制造业下降45%。

二是2022年R&D经费投入强度为：食品制造业0.72，农副食品加工业0.58，酒/饮料/精制茶制造业0.40，相比"十三五"期初分别增长0.08、0.22和降低0.14。

三是规模以上企业R&D人员全时当量（人年）统计显示：食品制造业和农副食品加工业的全时当量为119958（人年），比"十三五"期初增加了36737（人年），增长率达到44.14%；其中，食品制造业增长63%，农副食品加工业增长31%。

（2）专利增长

随着R&D中投入经费的数量、强度和全时当量的增长，相关成果的增长同样显著。2022年，食品制造业和农副食品加工业中规模以上工业企业的专利及增长状况为：

一是专利申请数32277件，比"十三五"期初增长81.96%，其中，食品制造业增长93.61%，农副食品加工业增长73.07%。

二是发明专利申请9167件，比"十三五"期初增长20.19%，其中，食品制造业增长57.69%，农副食品加工业增长下降5.14%。

三是有效发明专利共计39619件，比"十三五"期初增长157.55%，其中，食品制造业增长163.56%，农副食品加工业增长151.26%。

5.创新驱动

创新是推动产业持续发展的重要动力。新发展动力更多地源于以科技支撑为基础的多维创新。多维创新正在成为食品产业新发展的核心要素。新发展中的创新不是修修补补，不是短期和应急，而是基于新环境、新理念、新思维、新逻辑、新方法之上的理念创新、制度创新、管理创新、科技创新和产品创新的集成，是企业核心竞争力的重构和再造，是食品企业转型升级，实现传统企业向现代企业蜕变蝶化的最重要的推动力。

（1）"十三五"以来的创新发展

"十三五"以来，食品领域进一步开展了多方面的创新，这些创新范围广泛，包括产品创新、工艺创新、组织管理创新和营销创新等，创新的企业数量和项目数量均显著增长。

一是规模以上企业中有产品或工艺创新活动的企业达到19289家，占比59.1%，比"十三五"期初增长44.3%。其中，食品制造业增长59.9%，农副食品加工业增长44.0%，酒/饮料/精制茶制造业增长23.2%。

二是实现工艺创新的企业占规模以上工业企业的比重分别为：食品制造业41.5%，比"十三五"期初增长15.2个百分点；农副食品加工业31.1%，比

"十三五"期初增长12.4个百分点；酒／饮料／精制茶制造业36.7%，比2018年增长12.2个百分点。

三是有组织（管理）或营销创新活动的规模以上工业企业达到15953家，比2018年增长8.81%。其中，食品制造业增长3.8个百分点，农副食品加工业增长1.4个百分点，酒／饮料／精制茶制造业增长2.4个百分点。

四是2022年实现组织（管理）创新活动的企业占规模以上工业企业的比重分别为：食品制造业29.8%，农副食品加工业22.9%，酒／饮料／精制茶制造业28.5%，与2018年相比均略有下降。

五是2022年实现营销创新活动的企业占规模以上工业企业的比重为：食品制造业43.3%，农副食品加工业31.7%，酒／饮料／精制茶制造业41.3%，分别比2018年增长3.6个百分点、1.4个百分点和1.8个百分点。

（2）新产品开发

新产品开发在市场竞争中具有非常重要的作用，也是企业实力和能力的具体体现。R&D的发展及专利的增长，为企业的新产品开发奠定了更加扎实的基础，使企业新产品开发的质量和速度得到提升。

一是2022年食品制造业和农副食品加工业中规模以上企业新产品项目数为41276项，比"十三五"期初增长133.47%。其中，食品制造业增长183.29%，农副食品加工业增长133.47%。

二是2022年食品制造业和农副食品加工业中规模以上企业开发新产品经费共计267.19亿元，比"十三五"期初增长63.78%。其中，食品制造业增长72.97%，农副食品加工业增长58.49%。

三是实现产品创新的企业占规模以上工业企业的比重分别为：食品制造业37.8%，比"十三五"期初增长13.5个百分点；农副食品加工业37.8%，比"十三五"期初增长10.3个百分点；酒／饮料／精制茶制造业29.9%，比2018年增长7.5个百分点。

（3）创新与新产品开发的成效

创新与新产品开发的活跃发展，也为企业带来了相应的经济效益。

一是2022年食品制造业和农副食品加工业中规模以上企业新产品销售收入达到4849.67亿元，相比"十三五"期初增长98.25%。其中，食品制造业增长122.35%，农副食品加工业增长89.62%。

二是2022年食品制造业和农副食品加工业中规模以上企业新产品出口销售

收入达到369.16亿元,相比"十三五"期初增长117.73%。其中,食品制造业增长210.32%,农副食品加工业增长50.06%。

从上述16个维度的统计分析可以看出,新科学、新科技越来越广泛地应用到食品企业的研发、生产、营销和管理等多领域和多环节。科学技术和创新不仅改变了食品产业(企业)发展的外部环境,更在改变着食品产业(企业)的发展模式和经营管理模式。科学技术贡献的显著增加是食品产业高质量发展的重要特征。可以预见,随着数字化、大数据和人工智能等创造未来能力的科学技术渗透的加速,创新既是对食品产业(企业)发展的挑战,也是食品产业(企业)发展的机遇。

国家市场监管总局发布《市场监管总局关于加强固体饮料质量安全监管的公告》

案例概述

2021年12月24日，国家市场监管总局发布《市场监管总局关于加强固体饮料质量安全监管的公告》(以下简称《公告》)，对固体饮料标签标识、警示信息、虚假宣传等作出细化规定。《公告》自2022年6月1日起实施，此前生产的产品，可在保质期内继续销售。

1.背景情况

近年来，固体饮料因携带方便、即冲即饮等特点，受到越来越多消费者的欢迎。但与此同时，固体饮料"伪装"成婴幼儿配方食品、保健食品等销售的现象也时有发生。据媒体报道，全国各地已出现过多起固体饮料虚假宣传的案例。明明只是普通食品，却在说明上明示、暗示产品能治病，有的产品还公然标注适用体弱人群。

现实中，不少企业为了利益在产品宣传中打"擦边球"，甚至踏着红线走，不仅损害消费者权益，也是对自身品牌形象的损害。某知名饮料，在旗下乳茶产品的产品标识和宣传中，没有说明"0糖"和"0蔗糖"的区别，混淆食品营养概念，被推上舆论的风口浪尖，导致品牌形象受损，虚假宣传最终得不偿失。

据了解，本次《公告》严禁虚假宣传现象，明确规定"固体饮料标签、说明书及宣传资料不得使用文字或者图案进行明示、暗示或者强调产品适用于未成年人、老人、孕产妇、病人、存在营养风险或营养不良人群等特定人群，不得使用生产工艺、原料名称等明示、暗示涉及疾病预防、治疗功能、保健功能以及满足特定疾病人群的特殊需要等"。

当然，有关部门有针对性地加强对固体饮料市场的监管，维护正常市场秩序，很有必要。消费者也要擦亮眼睛，在选择产品时应注意产品标签标识内容，结合生活常识，理性购买，不要盲目相信广告宣传。

2.制定经过

2021年6月15日，国家市场监管总局发布《关于征求〈市场监管总局关于加强固体饮料质量安全监管的公告（征求意见稿）〉意见的通知》。

通知表示，为进一步加强固体饮料质量安全监管，督促落实企业食品安全主体责任，保障消费者食品安全和合法权益，市场监管总局起草了《市场监管总局关于加强固体饮料质量安全监管的公告（征求意见稿）》，现向社会公开征求意见。欢迎各有关单位和个人提出修改意见，并于2021年7月14日前反馈市场监管总局。

2021年9月24日，国家市场监管总局又发布《关于征求〈市场监管总局关于加强固体饮料质量安全监管的公告（征求意见稿）〉公开征求意见的反馈》。该反馈显示：征求意见期间共收到食品企业、相关社会组织提出的意见203条，主要集中在产品名称、警示信息、声称、过渡期等方面。经充分研究、论证，采纳相关意见建议，对《市场监管总局关于加强固体饮料质量安全监管的公告（征求意见稿）》进行了修改完善，下一步按程序推进相关工作。

表8　正式发布公告与征求意见稿的比对

序号	正式发布公告	征求意见稿
1	一、固体饮料生产企业应当严格按照食品安全相关法律法规和标准规范要求组织生产，具备与所生产产品相适应的生产条件和检验控制能力，严格过程控制，保证食品安全。	一、固体饮料生产企业应当严格按照食品安全相关法律法规和标准规范要求组织生产，具备与所生产产品相适应的生产条件和检验控制能力，严格过程控制，保障食品安全。
2	二、固体饮料产品名称不得与已经批准发布的特殊食品名称相同；应当在产品标签上醒目标示反映食品真实属性的专用名称"固体饮料"，字号不得小于同一展示版面其他文字（包括商标、图案等所含文字）。	（第二条前半部分）固体饮料产品名称不得与已经批准的特殊食品名称相同或相近。产品名称的邻近部位应当使用本展示版面最大字号醒目标示反映食品真实属性的专用名称"固体饮料"。
3	三、直接提供给消费者的蛋白固体饮料、植物固体饮料、特殊用途固体饮料、风味固体饮料，以及添加可食用菌种的固体饮料最小销售单元，还应在同一展示版面标示"本产品不能代替特殊医学用途配方食品、婴幼儿配方食品、保健食品等特殊食品"作为警示信息，所占面积不应小于其所在面的20%。警示信息文字应当使用黑体字印刷，并与警示信息区域背景有明显色差。	（第二条后半部分）并在同一展示版面标示"本产品不能代替特殊医学用途配方食品、婴幼儿配方食品、保健食品等特殊食品"作为警示信息，所占面积不应小于其所在面的20%，使用黑体字印刷。

序号	正式发布公告	征求意见稿
4	四、固体饮料标签、说明书及宣传资料不得使用文字或者图案进行明示、暗示或者强调产品适用于未成年人、老人、孕产妇、病人、存在营养风险或营养不良人群等特定人群，不得使用生产工艺、原料名称等明示、暗示涉及疾病预防、治疗功能、保健功能以及满足特定疾病人群的特殊需要等。	三、固体饮料标签、说明书及宣传资料不得使用文字或者图案进行明示、暗示或者强调产品适用未成年人、老人、病人、存在营养风险或营养不良人群等特定人群，不得使用生产工艺、原料名称等明示、暗示涉及疾病预防、治疗功能、保健功能以及满足特定疾病人群的特殊需要等。
5	五、鼓励行业协会等社会组织发挥行业引导和自律作用，规范企业生产、销售和宣传行为；鼓励学校加强未成年人食品安全和营养健康教育，倡导家长等消费者科学认知、理性消费。任何组织或个人若发现涉及违反本公告等规定的食品安全违法违规行为或侵犯消费者利益的，请拨打"12315"投诉举报。	四、鼓励行业协会等社会组织发挥行业引导和自律作用，规范企业生产、销售和宣传行为；鼓励学校加强未成年人食品安全和营养健康教育，倡导家长等消费者科学认知、理性消费。任何组织或个人若发现涉及违反本公告等食品安全违法违规行为或侵犯消费者利益的，请拨打"12315"投诉举报。

3. 四点要求

根据国家标准《固体饮料》（GB/T 29602—2013）定义，"固体饮料"是指用食品原辅料、食品添加剂等加工制成的粉末状、颗粒状或块状等，供冲调或冲泡饮用的固态制品。本次《公告》对"固体饮料"提出了四点要求：

要求一，产品名称。固体饮料的食品名称不得与已经批准发布的特殊食品名称相同；在产品标签上醒目标示食品真实属性名称"固体饮料"；"固体饮料"字号不得小于同一展示版面其他文字（包括商标、图案等所含文字）。

要求二，警示信息。适用范围包括，直接提供给消费者的蛋白固体饮料、植物固体饮料、特殊用途固体饮料、风味固体饮料、添加可食用菌种的固体饮料。标示"三要素"包括：一是标示在最小销售单元上；二是标示在同一展示版面上；三是标示"本产品不能代替特殊医学用途配方食品、婴幼儿配方食品、保健食品等特殊食品"。需要注意的是，警示信息用语内容不得进行任何变更及修饰，所占面积不应小于其所在面的20%，使用黑体字印刷并与警示信息区域背景有明显色差。

要求三，规范宣传。固体饮料标签、说明书及宣传资料主要应注意两点：首先是不得明示、暗示或者强调产品适用于特定人群，如未成年人、老人、孕产妇、病人、存在营养风险或营养不良人群等；其次是不得明示、暗示涉及疾病预防、治疗功能、保健功能以及满足特定疾病人群的特殊需要等。

要求四，过渡期。新规自2022年6月1日起实施。此前生产的产品，可在保质期内继续销售。

4.进口固体饮料二点要求

《公告》对进口固体饮料也提出了二点要求。一是需要确保如实申报，进口商或者代理人应在食品进口过程中向海关如实申报，确保申报品名与食品真实属性相符。二是需要确保标签合规，进口商应当负责审核其进口预包装食品的中文标签是否符合我国相关法律、行政法规规定和食品安全国家标准要求。审核不合格的，不得进口。

海关在进口预包装食品监管中，如发现进口预包装食品未加贴中文标签或者中文标签不符合法律法规和食品安全国家标准，进口商品不按照海关要求实施销毁、退运或者技术处理的，海关处以警告或者1万元以下罚款。

2022年5月20日，国家市场监管总局办公厅又发布了《市场监管总局办公厅关于延长固体饮料企业剩余包装材料使用时间的通知》（市监食生函〔2022〕722号），为严格执行《公告》，减少浪费，帮助企业纾困解难，经研究决定，固体饮料生产企业现有产品包装材料在2022年6月1日前未使用完毕的，可以延期使用至2022年12月31日。

案例点评

　　"固体饮料"是指用食品原辅料、食品添加剂等加工制成的粉末状、颗粒状或块状等，供冲调或冲泡饮用的固态制品。这类产品通常将水、糖、乳和乳制品、蛋或蛋制品、果汁或食用植物提取物等为主要原料，添加适量的辅料或食品添加剂，经过混合、加热、浓缩、干燥等工艺过程制成。固体饮料便于携带和储存，可以通过加水或其他液体迅速复原成饮品。固体饮料主要包括以下类别：

　　①风味固体饮料：添加了特定风味成分的固体饮料。

　　②果蔬固体饮料：以水果或蔬菜汁为原料的固体饮料。

　　③蛋白固体饮料：以乳及乳制品、蛋及蛋制品、其他动植物蛋白、氨基酸等为主要原料，蛋白质含量大于或等于4%的制品。

　　④茶固体饮料：以茶叶提取物为主要原料的固体饮料。

　　⑤咖啡固体饮料：以咖啡提取物为主要原料的固体饮料。

　　⑥植物固体饮料：以植物提取物为主要原料的固体饮料。

⑦特殊用途固体饮料：为满足特定人群生理需求而设计的固体饮料，如运动饮料等。

⑧其他固体饮料：上述类别以外的固体饮料，如植脂末、泡腾片等。

固体饮料行业自20世纪80年代开始起步发展，当时市场上的固体饮料种类相对有限，主要以传统的速溶咖啡、麦乳精等为代表。进入90年代，随着国民经济的提升和居民生活水平的改善，固体饮料行业迎来了快速发展。市场上出现了更多口味和类型的固体饮料，如奶茶粉、果汁粉、蛋白质粉等，满足了消费者多样化的需求。随着技术的进步，固体饮料行业开始注重产品的创新和多样化，出现了更多功能性成分的添加，如维生素、矿物质等，以满足消费者对健康和营养的追求。21世纪初，固体饮料市场进一步扩大，国内外品牌竞争激烈，消费者对固体饮料的认知度和接受度不断提高。数据显示，中国固体饮料市场规模从2014年的780亿元增至2019年的885.6亿元，并预计在2024年达到1051.6亿元，呈现出明显的上升趋势。固体饮料为消费者提供了多样化的选择，满足了不同消费场景的需求。例如，蛋白固体饮料可作为营养补充品，而果蔬固体饮料则方便了消费者在没有新鲜果蔬的情况下摄取所需营养。固体饮料行业还受益于年轻一代对时尚和消费体验的追求，固体饮料也满足了年轻人对于饮料口感和味道的追求，以及对包装和品牌形象的追求。

当然，固体饮料市场也存在一些问题。突出表现在虚假宣传、违法添加等，特别是冒充特殊食品生产销售，导致消费者产生一系列健康问题。食品安全法及《中华人民共和国食品安全法实施条例》中明确规定了国家对于特殊食品实行严格监管，后者第三十八条明确规定对保健食品之外的其他食品，不得声称具有保健功能。固体饮料市场中出现的问题，给消费者健康带来潜在风险。首先，这种行为严重侵犯了消费者的知情权和健康权益。在郴州永兴县的案例中，母婴店将"倍氨敏"蛋白固体饮料宣称为特殊医学用途配方食品销售，涉嫌虚假宣传，导致5名儿童出现营养不良、体重偏轻、身高偏矮等症状。这不仅对儿童的健康成长造成了不可逆转的伤害，也给家庭带来了巨大的精神压力和经济损失。其次，这类事件破坏了市场的正常秩序，影响了整个特殊食品行业的健康发展。它使得消费者对市场上的特殊食品产生怀疑，降低了公众对行业的信任度。同时，也给合规经营的企业带来了不公平的竞争。最后，此类事件对市场信任的破坏需要行业、企业和监管部门共同努力来修复。

《市场监管总局关于加强固体饮料质量安全监管的公告》的发布对固体饮料

行业产生了重要影响，并得到了业界的广泛关注和积极响应。

《公告》明确要求固体饮料产品标签上必须醒目标示"固体饮料"字样，且字号不得小于同一展示版面其他文字，这有助于消费者更准确地识别产品属性，避免与特殊食品混淆。同时，对于蛋白固体饮料、植物固体饮料等，还要求标示警示信息，明确告知消费者"本产品不能代替特殊医学用途配方食品、婴幼儿配方食品、保健食品等特殊食品"，所占面积不应小于所在面的20%，警示信息文字使用黑体字印刷，并与背景有明显色差。

《公告》强调固体饮料生产企业应严格按照食品安全相关法律法规和标准规范组织生产，具备相应的生产条件和检验控制能力，严格过程控制，保证食品安全。这强化了企业的主体责任，推动企业提升产品质量和安全水平。

《公告》严禁固体饮料标签、说明书及宣传资料使用文字或图案明示、暗示或强调产品适用于特定人群，或涉及疾病预防、治疗功能、保健功能等，这有助于遏制虚假宣传，维护市场秩序和消费者权益。

《公告》鼓励行业协会等社会组织发挥行业引导和自律作用，规范企业生产、销售和宣传行为，同时鼓励学校加强食品安全和营养健康教育，倡导消费者科学认知、理性消费。这有助于构建政府监管、企业自律、社会监督的共治格局。

《公告》的实施有助于推动固体饮料行业向更加规范、健康的方向发展。通过规范标签标识、强化企业责任、严禁虚假宣传等措施，可以提升消费者对固体饮料的信心，促进行业的可持续发展。

《公告》的颁布实施，需要确保各级市场监管部门严格执行公告要求，对违规行为进行及时查处。企业应积极响应公告要求，加强内部管理，确保产品质量和宣传的真实性。通过多种渠道加强消费者食品安全和健康知识教育，提高消费者的辨识能力。行业协会和社会组织应发挥更大作用，推动行业自律和规范发展。

国家市场监管总局在加强固体饮料管理的同时，也扩展保健食品备案剂型——粉剂。国家市场监管总局制修订了《保健食品备案产品可用辅料及其使用规定（2021年版）》和《保健食品备案产品剂型及技术要求（2021年版）》，明确将粉剂和凝胶糖果纳入保健食品备案剂型，并规定自2021年6月1日起施行。这意味着粉剂形式的保健食品可以在符合相关法规和标准的前提下进行备案，从而加强了保健食品的质量安全监管，并为消费者提供了更加丰富的产品选择。

　　将粉剂、凝胶糖果纳入保健食品备案剂型，丰富了保健食品的形态，为消费者提供了更多选择，同时也扩大了企业的市场空间。结合《公告》，两项法规的实施是国家市场监管总局为保障消费者健康、维护市场秩序、促进行业健康发展所采取的重要措施。通过加强监管、规范企业行为、提升消费者认知，可以有效遏制固体饮料市场的乱象，促进保健食品产业发展，保护消费者权益，推动固体饮料行业和保健食品产业的规范化和可持续发展。

案例四十四　电解质饮料国产新势力崛起

案例概述

近年来，电解质饮料市场发展势头迅猛，市场数据显示，2022年中国电解质饮料市场增速高达50%，天猫新品创新中心同期发布的《2022电解质饮料趋势报告》显示，电解质饮料以225%的销售额同比增速表现尤为突出，远超其他饮料品类，成为饮水赛道的新风口。

1.电解质饮料为什么这么香

自2022年以来，"健康"逐渐成为国民消费刚需。有关数据显示，2022年12月中旬，外星人电解质水在电商平台的单周销售环比增长1327%，到家平台单周销量增长1000%；12月1日至12日，电解质水在京东超市成交额增长超10倍，宝矿力水特、农夫山泉旗下的尖叫等产品均出现断货……百度指数显示，"电解质水"的搜索热度自12月5日开始攀升，一周内搜索指数同比激增7805%，堪称名副其实的"全民网红水"。

此外，根据天猫新品创新中心联合HCR慧辰发布的《2022电解质饮料趋势报告》，从2021年4月至2022年3月，功能饮料饮品是天猫平台饮料类目增长最快的品类，增速高达38%。其中，电解质饮料更是功能饮料品类中增长最快的细分赛道，增速高达225%。电解质饮料凭借其亮丽的销售额同比增速，一举超越能量饮料和维生素饮料，广受消费者青睐。

电解质饮料快速增长的背后，是消费跟风吗？其实不然，电解质饮料的魅力在于其健康且具备多元功能的配料。在对健康追求的过程中，消费者逐渐了解到电解质水的重要性。如在发烧生病时，人们可以补充电解质水来提高身体免疫力；在运动流汗、日常加班、户外运动等场景，则可以饮用电解质水，以维系身体体液平衡不可缺少的微量元素。综观各大电解质饮料品牌，譬如外星人、东鹏补水啦、尖叫、脉动等，这些电解质饮料基本富含多种电解质和维生素营养成分，具备快速补充电解质的功能，还提供了丰富的口味选择，满足了消费者多样化、个性化的需求。

此外，0糖0卡0脂肪也逐渐成了电解质饮料品牌新的风向标。这些动作的背后，反映着年轻消费者对健康饮食的不断追求，以及对控糖、减少摄入卡路里等需求的激增。无论是在日常生活中还是运动过程中，这些更健康的电解质饮料都为人们提供了一种方便、健康且令人愉悦的选择。

2.价格取胜，品牌产品之间的错位竞争

饮品市场，向来风云多变，每隔几年就有热门品类引爆市场。其中，"电解质水"自2022年成为饮品创新的关键词以来，吸引了越来越多的品牌布局，堪称火爆。在市场变得活跃的同时，产品的同质化问题不可避免，国产品牌看到电解质饮料的机会接踵而来，这意味着一种更卷的竞争局面来临，品牌方能否开局拿到好的结果，或将直接决定此后的市场地位。业内人士指出，消费者的购买决策往往受到多个因素影响，其中价格是一个重要的考量因素。当消费者认为某些品牌的高价策略是为了获取品牌溢价而非体现产品本身的价值时，他们会倾向于选择性价比更高的替代品。

比如，2022年上市的东鹏补水啦以4.5元的零售价格出现在市场上，引起了广大消费者的关注。产品上新之后，东鹏补水啦在价格与价值之间也似乎找到了平衡，商家分别推出555mL、1L两种容量规格，定价分别保持在4元、6元，这在某种程度上更符合消费者对于产品价格实惠与品质优秀并行的期望。相比之下，市场上一些主要的电解质水品牌如外星人和宝矿力水特，则以较高的6元零售价占据市场，脉动也以5元的价格寻求市场份额。

3.电解质饮料赛道内多方混战

2016年起实施的《饮料通则》显示，电解质饮料与运动饮料、维生素饮料、能量饮料和其他特殊用途饮料都被归于特殊用途饮料这一大类。在我国，长期以来，由于饮用场景有限，电解质饮料一直只能算作"小而美"的细分赛道，销售规模一直偏小。真正让电解质饮料走进国内大众视野的，是外资品牌。

1980年，以"能喝的点滴液"为理念，日本大冢制药株式会社研发出的电解质补充饮料宝矿力水特诞生。2002年，大冢在天津建设宝矿力水特工厂，并在2003

年将产品正式引进中国市场。作为运动饮料开创者的佳得乐（Gatorade），则在被百事集团收购后的2005年正式进入中国。

值得注意的是，尽管电解质饮料的发展历史悠久，但这一品类在国内的销售规模与品类发展历史却称不上匹配。在行业报告中，电解质饮料往往被归为运动饮料大类。咨询公司Fortune Business Insights的数据显示，2020年，全球运动饮料市场规模为262.4亿美元。同时，欧瑞咨询显示，作为赛道绝对龙头的佳得乐，2020年市场份额达到67.7%。

但即便是作为赛道领头羊，佳得乐在中国市场的销量也只停留在"小而美"程度。据《饮料文摘》（*Beverage Digest*）报道，2020年，佳得乐在中国的年销售额才突破10亿元。

与佳得乐销量形成鲜明对比的是红牛。红牛是能量饮料赛道龙头，在《饮料通则》中，能量饮料与电解质饮料同属特殊用途饮料。然而，根据中国红牛运营方华彬集团披露的数据，2019—2021年，红牛销售额均超过220亿元，是佳得乐销量的22倍。

4.电解质饮料市场迎来"第二春"

电解质饮料市场规模曾经较小的原因，或与其消费场景受到局限密切相关。

电解质饮料的用途，其实早已经过国内权威研究的认证。在大量科普报道中，在运动中和运动后饮用电解质饮料，有助于缓解出汗导致的电解质流失，比饮用普通矿泉水更有利于预防肌肉发生痉挛。此外，电解质饮料也适用于因生病而严重腹泻或呕吐后的场景。

但也有专业人士指出，如果运动没有造成钠、钾等溶质的流失，人们就喝进大量电解质饮料，则可能会打破人体水电解质的平衡。因此，比起主打提神解困、消费场景更加广泛的红牛等能量饮料，电解质饮料对饮用场景和状态均有较多限制，市场规模也因此偏小。

不过，随着新玩家的入局与国内消费趋势的变化，近年来，国内电解质饮料赛道的格局也有所改变。研究报告显示，超过50%的电解质饮料品牌在2022年集中进入市场，其中国产电解质饮料品牌正在强势崛起，并开始打破国际巨头的领先地位。

在电解质饮料赛道的发展过程中，作为新入局者的元气森林不容忽视。2020年，元气森林推出外星人电解质水品牌，并将品牌定位为电解质水赛道的创新者。

而问世仅2年，外星人电解质水的销量便已不容小觑。据元气森林官方信息，2022年前9个月，外星人电解质水销量已经突破10亿元。

"外星人电解质水的电商单周销量环比提升了1327%。从2022年12月10日开始，产品就出现了断货，为了保供，我们投入了两倍的产线和人力，在保证产品品质的基础上优化加速了生产流程，人员也加班加点，甚至增加了成本。"元气森林相关负责人对媒体表示。此外，天猫与京东平台上，宝矿力水特的产品介绍页也已经显示缺货或者库存紧张。

此外，以近一年商品交易总额看，外星人电解质水表现突出，位列天猫电解质饮料榜单第一，超过了宝矿力水特和佳得乐。与此同时，紧随在宝矿力水特与佳得乐之后的，是每日膳道和水力速两个国产品牌。同时，在有着较大年轻用户群体的小红书上，"电解质水"的笔记更是高达6万多篇，实际上，新冠疫情助攻向公众普及了"科学补水"的概念，让更多消费者看到了电解质水。伴随着全民运动潮的到来和消费者健康意识的增强，电解质水的消费场景已从"运动补水"走向"健康生活"，电解质水赛道势必能持续收获市场青睐。

案例点评

在时代的浪潮中，每一个细微的变化都可能成为推动行业前行的强大动力。近年来，随着消费者健康意识的日益增强与运动健身风潮的兴起，电解质饮料这一曾经相对小众的饮品类别，正以惊人的速度崛起，成为饮品市场上一颗璀璨的新星。

电解质饮料起源于1965年，佛罗里达大学为美式足球队发明了一款运动饮料，首次尝试在其中添加电解质成分。运动后饮用这款饮料，能维持运动耐力、维持体液平衡、快速补充水分和促进新陈代谢。这就是"佳得乐"的雏形。国内的电解质饮料起步稍晚。20世纪80年代，健力宝研发出一款添加碱性电解质的饮料。但受限于公众对该品类的认知，电解质饮料当年并没有打出名气。

在快节奏的现代生活中，人们越来越注重生活品质与健康管理。随着科学知识的普及，电解质维持人体水分平衡、促进新陈代谢、缓解运动疲劳等重要作用逐渐被大众所认知。电解质饮料，作为能够迅速补充人体因运动或高温出汗而流失的钠、钾、镁等矿物质及水分的饮品，自然成为追求健康生活人士的首选。2022年以来电解质饮料市场的爆发式增长，正是消费者对健康需求深刻变化的直接反映，也是市场敏锐捕捉并响应这一需求的结果。

事实上，电解质饮料市场的迅猛发展，离不开技术创新的有力支撑。从最初的简单添加电解质成分到如今的多元化、功能化、个性化发展，电解质饮料在配方、口感、包装等方面不断创新，以满足不同消费者的多样化需求。一些领先企业更是借助现代科技手段，如大数据分析、人工智能等，精准洞察消费者偏好，推出定制化产品，进一步拓宽了市场空间。同时，环保理念的融入，使得电解质饮料在包装材料上也更加注重可持续性，体现了企业对社会责任的担当。

当前，运动健身已成为一种广泛的社会现象，无论是城市白领还是在校学生，都积极参与到各类体育活动中来。运动过程中，人体会大量出汗，导致电解质流失，这时及时补充电解质饮料，对于恢复体力、提升运动表现具有重要意义。因此，运动健身热潮的兴起，无疑为电解质饮料市场注入了强劲动力。越来越多的运动爱好者开始将电解质饮料作为日常训练和比赛中的必备品，其市场需求的快速增长也就在情理之中了。

面对广阔的市场蓝海，国产电解质饮料品牌纷纷加大研发投入，通过产品创新来满足消费者的多元化需求。以脉动为例，其推出的"脉动+电解质"新品，首次提出1小时运动优良电解质配比，旨在更好地满足运动人群的需求。这一创新不仅体现在产品配方的科学优化上，还体现在包装设计的时尚活力上，进一步提升了产品的市场竞争力。

除了脉动，其他国产电解质饮料品牌也在不断创新。例如，外星人电解质水通过多渠道的营销策略和多元化的产品口味，迅速在市场中崭露头角。其独特的口感和健康的品牌形象赢得了众多消费者的喜爱。此外，农夫山泉推出的"等渗"电解质饮料也备受关注，其强调的"维持体液平衡"功能进一步丰富了电解质饮料的市场选择。

随着电解质饮料市场的不断扩大，品牌竞争也日益激烈。国产电解质饮料品牌要想在市场中脱颖而出，必须依靠强大的品牌实力、卓越的产品品质以及精准的市场定位。

首先，品牌实力是市场竞争的基石。国产电解质饮料品牌需要不断加强品牌建设，提升品牌知名度和美誉度。可以通过赞助体育赛事、开展公益活动等方式，加强与消费者的互动和沟通，树立积极向上的品牌形象。

其次，产品品质是赢得市场的关键。国产电解质饮料品牌需要注重产品研发和质量控制，确保产品的安全性和有效性。需要通过引入先进的生产技术和设备，提升产品的科技含量和附加值，满足消费者对高品质生活的追求。

最后，市场定位是品牌成功的关键。国产电解质饮料品牌需要精准把握市场需求和消费趋势，制定符合自身特点的市场定位策略；需要通过差异化竞争和精准营销，吸引目标消费群体的关注和购买。

当然，电解质饮料市场的快速发展并非没有挑战。随着市场的逐渐成熟，消费者对产品的要求也将越来越高，如何在保证品质的同时，持续创新以满足消费者日益增长的多元化需求，将是所有企业都需要面对的问题。此外，如何在激烈的市场竞争中保持领先地位，避免同质化竞争带来的价格战陷阱，也是企业亟须解决的难题。

然而，挑战往往与机遇并存。随着健康中国战略的深入实施和全民健身计划的持续推进，电解质饮料市场的未来前景依然广阔。企业应当抓住机遇，以消费者需求为导向，加强技术研发和品牌建设，不断提升产品附加值和市场竞争力。同时，政府和社会各界也应给予更多关注和支持，共同推动电解质饮料行业的健康发展，为人民群众提供更加优质、健康、便捷的饮品选择。

电解质饮料国产新势力的崛起是健康意识觉醒和市场需求变化的必然结果。在健康与创新的双重驱动下，国产电解质饮料品牌正逐步打破外资品牌的强势地位，成为市场中的一股重要力量。未来，随着市场的不断发展和竞争的日益激烈，国产电解质饮料品牌需要继续加强品牌建设、提升产品品质、精准把握市场需求和消费趋势，以更加优秀的表现赢得消费者的信赖和支持。我们有理由相信，在不久的将来，国产电解质饮料品牌将在全球市场中占据更加重要的地位，为人类的健康生活贡献更多的力量。

案例四十五　"轻断食+低GI饮食"受青睐　尚需科学定义丰富品类

案例概述 ●‥‥‥‥‥‥‥‥‥‥‥‥‥‥‥‥‥‥‥‥‥‥‥‥‥‥‥‥‥‥‥‥‥‥‥‥

在"健康中国2030"指导下，"控糖饮食""低GI饮食"等多种新潮的健康生活方式，在专家学者的大力倡导下，已越来越被大众所熟知。

基于这样的背景，2022年，媒体采访了国内权威的食物GI测试机构和专家，走访调研多家生产商，并对市面上多款产品进行了测评。调查发现，对于有体重管理需求的人群来说，"轻断食+低GI饮食"的方式更科学更有效。而针对糖尿病患者提出一些低GI饼干糕点不太好吃的问题，众多口感更佳的低GI米面类产品已推向市场。

1.什么是"轻断食"与"低GI饮食"

"轻断食"是目前体重管理中十分流行的一种方式。轻断食也称间歇性断食，间歇性断食需要在两餐间留出长长的间隔期，可以一周一次或两次。间歇性断食有很多衍生模式，常见的是5∶2模式，即1周内5天正常进食，其余2天（非连续）则摄取平常的1/4能量（女性约为500 kcal/d，男性约为600 kcal/d）的饮食模式。

GI（glycemic index）即血糖生成指数，指与标准化食物（通常指葡萄糖）对比，某一检测食物被人体摄入引起血糖上升的速率，反映了一个食物能够引起人体血糖生成的应答情况。简而言之就是可以用于衡量人体进食一定量富含碳水化合物的食物后，所引起的2小时内血糖变化大小。所谓低GI食品，国内标准将GI值≤55的食品称为低GI食品，低GI食品对血糖影响较小，有利于餐后血糖控制。

低GI食物具有低能量、高膳食纤维的特性，可使胃肠道容受性舒张，增加饱腹感，有利于降低总能量摄入，并且低GI饮食可降低餐后血糖峰值，减少血糖波动、胰岛素分泌的速度和数量，从而降低餐后血糖和胰岛素应答。

专家表示，在限制热量摄入的前提下，坚持低GI饮食有助于减脂。科学减肥，能量平衡是关键，即消耗的能量要高于摄入的能量，在这一基本原则下，还要注意均衡饮食和适量的体力活动，要"管住嘴，迈开腿"。科学合理的膳食营养干预，将"轻断食"和"低GI"相结合，结合运动干预，是目前国际公认最有效、最安全的减肥方法。

2.低GI食品发展情况

近年来，低GI食品逐渐成了一个热门市场，在全世界范围内都有着较快的发展。在澳大利亚和新西兰，低GI标识的应用十分广泛，不仅引导了健康饮食，也为促进低GI食品发展起到了重要作用。

南非GI基金会（GI Foundation）制定了4个标识，目的是引导消费者选择低GI、低脂和少盐的食品。"频繁食用性食品"：低GI，最少量脂肪；"经常食用性食品"：低GI，低脂；"特别对待食品"：中GI，低脂；"运动后食用性食品"：高GI。欧洲食品局（EFSA）目前还没有在欧盟范围内制定统一的GI标识，但部分欧洲国家自行使用了类似"低GI"的GI标识，如英国的一些大型连锁超市会在包装或店面上添加自己拟定的关于GI的标识。

国内也对低GI食品投入了较多的关注。2015年，原国家卫计委发布的《特殊医学用途配方食品通则》问答中指出，糖尿病病人用全营养配方食品应满足的其中一个技术要求就是低血糖生成指数（GI）配方，即GI≤55。2019年12月1日，国家卫健委发布《食物血糖生成指数测定方法》，对食品GI数值的准确性提供了重要保障，同时为我国预包装食品GI标识提供了依据和技术支持。

3.低GI食品市场前景

《中国居民营养与慢性病状况报告（2020年）》显示，18岁以上成人糖尿病患病率为11.9%，超重率和肥胖率分别为34.3%和16.4%。数据显示，目前，我国糖尿病患者已超1.3亿人，肥胖人群更是超过9000万人。

业内人士指出，很多糖尿病病人开始用低GI饮食替代日常饮食，以达到血糖控制的目标。目前健身圈也不再只流行低碳水、高蛋白等饮食模式，低GI饮食进入健康管理体系已有很长一段时间。随着科学研究对低GI饮食的不断加持，低GI饮食非常有希望成为预防和辅助治疗多种慢性疾病的膳食模式。

据媒体公开资料显示，2021年，我国低GI健康食品市场规模达1762亿元，年增长率超10%。京东数据则显示，2022年京东超市低GI食品成交额同比增长10倍，购买低GI食品的消费者数量同比增长8倍，预计2023年京东超市上经过认证的低

GI品牌数量增幅将达3倍，低GI食品市场前景广阔。

4.低GI食品人群基数庞大

上面提到，低GI食品可以为糖尿病人群、减肥人群、追求健康的人群等提供食品选择。而这些群体有着非常庞大的数量基础和消费需求，这为低GI食品的发展提供了比较坚实的基础。

我国是糖尿病患病大国，对于这部分人群，日常饮食需要格外注意，低糖无糖类食品逐渐受到青睐。然而并不是所有的低糖无糖食品都适合糖尿病人群食用，因此低GI食品成为新的选择。市场上的一些品牌企业主要瞄准的就是糖尿病群体，他们用低碳水的方式把高碳水主食"重做了一遍"，为糖尿病人群提供了低碳水的馒头、面条、面包、饼干等适合食品。

减肥和健身人群数量也愈发壮大。一方面是国内肥胖群体数量较大，摆脱肥胖状态、回归身体健康成为不少人的选择；另一方面存在身材焦虑和追求身体健康的群体不断增加，促使减肥、健身等需求越来越旺盛。

面对这部分消费群体，控糖同样是一个显著要求。不仅有来自自身对低GI食品的认知，还有医生、专家等的推荐，健康需求促使这部分人群开始选择低GI食品。

5.标准缺失，低GI食品该如何定义

什么样的食物才是低GI食物，是消费者非常关注的问题。目前，国内低GI食品市场仍面临缺乏统一标识和相关标准的问题。

国际上，澳大利亚是低GI食品相关法规最为成熟、标识体系及产品研发最为成熟的国家。通过GI测试的产品，可以依据当地法规进行低GI健康声称。而对于申请GI基金会标识的企业，有额外的营养成分含量要求。

目前，国内尚缺少统一规范的低GI食品认证机构管理标准及标识，至今也尚未明确任何有关低GI声称，以及实施预包装食品标签标识管理规范。我国在国家认证认可监督管理委员会备案的有低GI相关认证资质的机构有近10家，进行产品认证需采信来自GI测试机构出具的GI测试报告。目前多个认证公司均发布自有低GI食品认证标识，但标准并不统一，因此容易给消费者在购买低GI食品时造成困扰。

不过业内也正在积极推进相关标准建设，目前，中国食品工业发酵研究院拥有GI国际实验室并已在申请低GI食品相关标准，中国营养学会也就低GI在预包装食品的标识开展团标筹备。

6.低GI产品品类不断丰富

在低GI食品市场中，除了专门做低GI食品的品牌之外，还吸引了很多其他食品饮料企业的目光，他们也会重点推出某个或某些低GI食品，以此作为卖点吸引消费者目光，像伊利、蒙牛、达能等大型食品企业也纷纷布局低GI赛道。

随着越来越多的品牌关注低GI食品市场，推动了低GI食品的进一步丰富。以前"低GI"主要集中在医药领域，如今逐渐走向了功能食品市场，各种低GI食品陆续出现在市场，除了常见的饼干、米面、代餐粉、奶粉类产品等，还逐渐涵盖了烘焙、代餐、饮料、酸奶等众多品类，并适用于控糖、饱腹、控制体重、健康零食等场景。

比如慢糖家推出的慢糖饼干采用"慢糖碳水＋慢糖因子＋慢糖效应"钻研慢升糖配方，选用西藏隆子黑青稞，添加慢升糖谷物燕麦和亚麻籽，同时还添加了菊粉和抗性糊精。

君乐宝旗下的简醇酸奶全系9款产品均获得低GI食品认证。测试显示，简醇酸奶（0添加蔗糖）的GI值为20、GL值（血糖负荷）为1。从0添加蔗糖酸奶到低GI食品，简醇酸奶逐步升级为了更符合消费需求的模样。

好想你此前也推出了冻干食品清菲菲的升级版新品"低GI红枣银耳羹"，主要针对老年人和女性群体进行精准控糖，还具有高饱腹感、轻代餐的特点，在滋补的同时不对身体增加额外的负担。

总之，尽管我国低GI食品市场近年来呈现蓬勃发展的趋势，成交额和消费人群均迅速增长，但仍然存在标准缺失、低GI标识适用范围模糊、产品营养规范缺乏等问题，未来可能还需要品牌企业在多方面进行改进改良，以帮助和引导消费者更好地选择这类产品。

案例点评 ●‥‥‥‥‥‥‥‥‥‥‥‥‥‥‥‥‥‥‥‥‥‥‥‥‥‥‥‥‥‥‥‥‥‥

GI是glycemic index的缩写，翻译成中文叫血糖生成指数，或升糖指数、血糖指数，是加拿大学者Jenkins博士1981年首次提出的，表示富含碳水化合物的食物进入人体2小时内血糖升高的相对速度，反映食物引起餐后血糖波动的程度，是目前食品产品中唯一的生理指标。根据GI标准，食物被划分为低、中、高三个等级，其中GI值低于55的食物称为"低GI食品"。低GI食品产业在澳大利亚和新西兰发展较好，我国发展相对较晚，但近些年发展热度较高，澳大利亚有学者甚至提出，GI产业发展看东方。之所以近些年低GI食品受捧，是因为相对无糖、低糖、代糖这些概念，低GI显得更为科学、严谨。低GI除了对每份食物中可消化利用的碳水有要求，油脂也不能高于15%，换句话说，低GI食品对营养也是有严格要求的。同时，测试GI值有一个严谨的工作流程，而且还必须是通过人体测试，需要伦理报告。在澳大利亚有一个GI国际基金会，是一个公益组织，他们通过40年的研究总结发现：健康的低GI饮食对所有人群和整个生命阶段都有益，特别适合于血糖代谢异常人群、超重/肥胖人群、皮肤亚健康人群、心脑血管疾病人群、高尿酸/痛风人群和运动健康人群。全球低GI食品科学研究如火如荼，科学健康证据越来越多，低GI食品越来越受消费者青睐。

在我国低GI产业首先兴起的是乳品行业，近年来，低GI主食、副食发展更快些，低GI大米、低GI面条、低GI燕麦吐司、低GI营养欧包和低GI馒头接踵问世，但是价格相对较昂贵，品种还不够丰富，花色还不够多。同时，随着健康管理的诞生与拓展，低GI食品延伸到健康的饮食结构与健康生活方式，涌现了"低GI饮食模式""轻断食+低GI饮食模式"等膳食模式，主要应用于体重管理与血糖管理。这些都是消费者热衷追求的，有一种天然的好感，加上好的体验感，追求者甚多，喜爱者甚众。但也还存在诸多问题，如市场尚未形成强有力的品牌，尚须科学定义，相应的法规、标准和监管也有待提高。这些问题严重阻碍了低GI食品产业的发展。

首先，低GI食品、低GI饮食的科学性与实际应用效果受到多方面因素的影响。虽然国家卫健委已在2019年12月1日实施了WS/T 652—2019《食物血糖生成指数测试方法》，国际上也有ISO 26642：2010标准，规定了GI的测定方法，但实际应用中仍面临测试过程烦琐、受试者个体差异、测试条件限制、结果重复性等方面的挑战。此外，食物的加工方式（如烹饪方法）、食物的成熟度等因素都可能干扰"低GI饮食"的实际效果。到目前为止，我国还没有对GI测试实验室认可的标准，对GI测试缺乏监督管理，不同的测试机构对标准认知程度不一样，GI数值的准确性还存在不确定性。

与低GI食品相关联的"低GI饮食"和"轻断食"，目前也缺乏清晰的科学定义、完善的理论与实践体系，难以实现其标准化、科学性、实用性和潜在价值。市场需求高，跟高热度的瘦身与降糖宣传相关。据统计，中国成人中已经有超过一半的人存在超重或肥胖问题，成年居民（≥18岁）超重率为34.3%、肥胖率为16.4%，肥胖是导致糖尿病、高血压的重要诱因。在此背景下，以体重管理为核心的"低GI饮食""轻断食"等新型健康生活方式理念应运而生。已有研究发现，将"轻断食"和"低GI饮食"相结合能够对体重管理、代谢健康，甚至细胞修复产生积极影响，可以帮助人们更有效地管理体重，同时提升整体健康水平。然而，这一综合策略的长期效应及其对不同人群的适应性仍需更多的临床试验和长期跟踪研究，不同的轻断食模式（如16+8法、5∶2法、隔日断食法等）对个体的生理反应及适应性差异较大，需明确这些不同模式的具体机制、潜在风险与益处。同时，GI说明的是碳水化合物的特性与质量，如果不联系营养与风味，不足以展示产品的优质与喜好度，"轻断食"作为一个消费者推崇的减重膳食模式，如果不结合营养充足性与健康生活方式，无法体现膳食结构的有效性与科学性。因此，"轻断食"和"低GI饮食"作为两种各具特色却又相辅相成的健康饮食策略，其科学定义的精准阐述对于指导公众实践、优化健康效果至关重要，对推动健康饮食文化的普及也具有重要意义。

其次，要加强GI的科普，明确低GI食品的基本属性与健康效用，消费者才能正确认知低GI食品，正确选择低GI食品，正确消费低GI食品。根据丁香医生2022年对8047位大众和635位医生的调查，75%的大众听说过GI，认知很少，63%的医生听说过GI，认知稍高，但整体认知还是处于很低的水平。在认知水平很低的情况下，很容易出现跟风，或一刀切式地否定一切。因此，只有宣传GI的基本概念与消费理念，才能提高消费者的认知水平，让更多的人认识GI、认可GI、习惯GI。消费需求明确了，市场需求大了，企业会加大科研力度，开发更多不同品种、不同形态、不同功能、适合不同人群的低GI食品，低GI食品产业才会更加兴旺。低GI食品在消化过程中释放糖分的速度较慢，我们可以理解为食物到了肚子里讲究"慢慢来"，缓缓推进血糖水平，提升饱腹感，这对于预防肥胖、糖尿病等现代健康问题大有裨益。长期食用低GI食品可改善糖尿病人群的餐后血糖，降低健康人群的餐后血糖波动。因此，大力推动健康的低GI膳食模式，加强生命节律的研究，深入探索餐前负荷和第二餐血糖效应，倡导"低GI食品，低GI生活"，融入了均衡膳食、适量运动以及心理健康维护的全方位考量，可推动健康生活方式向科学化、个性化方向发展。

案例四十六　我国肉类产量创近十年新高

案例概述

2023年2月28日，国家统计局发布的《中华人民共和国2022年国民经济和社会发展统计公报》显示，2022年我国猪牛羊禽肉产量9227万吨，比上年增长3.8%，其中，猪肉产量5541万吨，增长4.6%；牛肉产量718万吨，增长3.0%；羊肉产量525万吨，增长2.0%；禽肉产量2443万吨，增长2.6%。禽蛋产量3456万吨，增长1.4%。牛奶产量3932万吨，增长6.8%。年末生猪存栏45256万头，比上年末增长0.7%；全年生猪出栏69995万头，比上年增长4.3%。

另经媒体统计数据，2022年我国肉类产量创近十年新高，其中猪肉和禽肉产量占总产量的比重维持在85%左右，牛羊肉占比相对较为稳定。

1.中国是全球最大的猪肉生产和消费国

长期以来，猪肉一直是中国餐桌上的主要肉类来源，2022年中国猪肉产量中，四川省约占8.7%，湖南省约占8.4%，河南省约占8.1%，云南省约占6.8%，山东省约占6.7%，同年表观消费量达5708.35万吨。从市场价格来看，2019年受非洲猪瘟影响，中国猪肉市场价格快速上涨，2020年中国猪肉市场均价达52.47元/千克，2021年随着生猪产能的增长，中国猪肉市场均价开始逐步下滑，2022年中国猪肉市场均价降至30.70元/千克。

中国不仅是全球最大的猪肉生产国和消费国，同时也是进口大国。

2019年6月非洲猪瘟疫情传播到中国，国内猪肉生产者担心传播范围扩大，在猪群尚未感染之前就已经扑杀了生猪，因此造成中国2019年猪肉产量下降，中国猪肉进口增幅明显。农业农村部数据显示，中国母猪和生猪存栏总数在2019年秋季触底后缓慢回升。非洲猪瘟对中国各地猪肉产量的影响仍在持续，而2019年末至2020年初暴发的COVID-19新型冠状病毒感染事件，更增加了猪肉市场的不确定性。数据统计，2020年中国鲜、冷、冻猪肉进口金额一度达到1187838万美元，创近十年来历史新高，随着中国生猪产能的恢复，中国鲜、冷、冻猪肉进口规模开始逐步减少；2022年中国鲜、冷、冻猪肉进口金额为383793万美元，出口金额为15050万美元。从进口来源地来看，中国主要从西班牙、巴西、丹麦、荷兰、加拿大、美国、法国、英国、智利、爱尔兰等地进口鲜、冷、冻猪肉，进口额分别为106864.6万美元、99505.6万美元、44434.9万美元、26528.9万美元、23394.5万美元、21253.9万美元、15331.5万美元、14621.9万美元、14196.4万美元和7865.7万美元。从出口目的地来看，中国鲜、冷、冻猪肉主要出口至中国香港、老挝、中国澳门等地，出口额分别为14342.5万美元、100.5万美元和590.5万美元。

未来随着人们健康意识的提高，对绿色、有机的猪肉产品需求将逐步扩大，截至2021年末中国绿色猪肉获证产品共计319个，产量完成3.78万吨，未来中国绿色、有机的猪肉产品需求有望进一步提升。

2.家禽出栏量稳步增加，生猪出栏量整体缩减

作为肉类生产的直接上游，畜禽活体的出栏量直接影响肉类产量。统计局数据显示，一方面，近十年家禽出栏量呈现稳步增加的趋势，年均复合增长率为2.73%，尤其是在2019—2020年生猪出栏量减少的两年增速较明显；另一方面，生猪出栏量则表现为减少迹象，2021—2022年虽不断恢复，但年均复合增长率为–0.23%。

2022年家禽出栏量达到161.4亿只，处于近十年最高水平；生猪出栏量为6.99亿头，较近十年最高点2014年的7.35亿头减少3600万头。所以，家禽（家禽主要分为陆禽和水禽两大类，包括鸡、鸭、鹅、鸽、鹌鹑等品种）出栏量创近十年新高，以及生猪出栏量继续恢复，是2022年我国肉类产量再上新台阶的主要原因。

3.我国精深加工肉制品产量占比低

中国虽然是世界上最大的肉类生产国，但肉类制品大多都是初加工产品，精深加工的肉制品却很少。主要问题表现为产品结构不合理，产品科技含量低，产品开发能力不足。可概括为三多三少，即高温肉制品多、低温肉制品少，初级加工多、精深加工少，老产品多、新产品少。这反映了中国肉类科技与加工水平较低，不能适应肉类生产高速发展和人们消费的需要，特别是肉制品产量仅占肉类总产量的3.6%，年人均不足2千克，与发达国家肉制品占肉类产量的50%相比，差距很大。中国肉类企业的发展面临着诸多问题，如肉类加工企业以中小企业为主，小企业达

1.9万家，规模以上企业仅4000多家，而像双汇、雨润等知名、大型企业更是屈指可数。自全球新冠疫情暴发以来，肉制品厂成为"热点"已不鲜见，也引发了人们对动物和肉制品传播病毒的怀疑和忧虑。

中国肉类工业主要包含畜禽的屠宰、肉的冷却、冷冻以及冷藏、肉的分割以及肉的包装营销等内容。随着我国肉类生产发展速度的不断提升，肉类生产加工储藏保鲜运输方面也有了飞速的进步，可以看出我国肉类加工技术水平以及质量都得到了较大的提高。

近几年肉类加工经历了从冷冻肉到热鲜肉到冷却肉的发展轨迹。具体表现为：速冻方便肉类食品发展迅速，成为许多肉类食品厂新的经济增长点；传统肉制品逐步走向现代化，传统的作坊制作向现代化工厂挺进；西式肉制品发展势头强劲；利用肉制品腌制、干燥成熟和杀菌防腐处理等高新技术，开发出低温肉制品、保健肉制品等。

4.肉类加工行业进入消费升级阶段

随着肉类食品产业的发展，肉类深加工的比例在不断增加，新的肉类加工厂也在不断涌现，这些企业就需要投入大量的加工设备。另外，20世纪90年代购入的大批国外设备已趋于淘汰，需要更新。因此，国内市场对肉类加工机械的需求量将会不断增大。

国内肉类加工50强企业所使用的主要设备均为进口，随着国内肉类机械制造业产品质量的提高，这些企业就会逐步采用国内的肉类机械，其需求额是很大的。从另一方面来说，大量进口设备对于肉类加工企业是一个沉重的包袱。因为固定资产的投入过大，将大大影响肉类产品的成本，使得企业在销售上无竞争力。

肉类工业发展的重要保障是肉类加工机械。早期我国为提高国内肉类深加工技术，开始从国外进口肉类加工设备。此后我国肉类加工企业开始认识和了解现代化的加工设备、工艺及产品；肉类加工机械制造厂家也开始接触先进的肉类加工设备，并开始借鉴国外的技术开发中国自己的产品。

时下，肉类加工行业进入消费升级阶段，低温肉制品行业用户持续增长，且从生产、研发技术到供应链、运输等环节各方面基建趋于完善。未来肉类加工企业为了取得行业领先地位，必须不断加大科研投入，努力改进生产工艺和生产方法，加强对食品的检验检测，加强对生产设备的改造和研发，从而提高产品的质量和品质。

从肉制品市场份额方面来看，低温肉制品市场份额持续提升，已经超过65%。

在全球范围内，我国肉制品消费量占比仍远低于其他发达国家肉制品消费量，其中发达国家的肉制品消费比例超过了70%，中国肉制品消费比例仅为13%，行业还有较大发展潜力。

近年来，速冻方便肉类食品发展迅速，成为许多肉类食品加工企业新的经济支柱，传统肉制品逐步走向现代化，西式肉制品发展迅速。猪肉加工作为肉制品加工中最主要的细分领域，猪肉的价格较大地影响了整个产业链环节。

据了解，我国屠宰及肉类加工行业市场参与者众多，行业集中度较低，行业内企业存在多、小、散、乱等现象，行业规范化治理对行业发展至关重要。行业主管部门为此相继出台了多项加强屠宰加工及流通销售等环节的整顿措施，并多次修订食品安全法、《中华人民共和国食品安全法实施条例》《食品生产许可管理办法》等法律法规，明确相关法律责任并逐步加大违反规定的处罚力度。各级地方政府也颁布了多项屠宰及肉类加工方面的管理条例，不断提高行业准入门槛。随着我国在屠宰及肉类加工行业的法律法规陆续出台并完善，目前政府、行业与企业等已经基本形成权责明确、分工清晰、运行高效的市场体系。

案例点评 ···

我国是世界最大的肉类生产国和消费国。20世纪90年代，我国跃升为世界第一产肉国，至今已30余年。从2022年肉类工业发展的总体状况看，我国肉类工业虽然经历了"双疫情"期间的波动，但时下已逐渐恢复产能，重新进入平稳发展的态势，产业正由"大"向"强"转型发展。主要呈现出以下特点：

1.肉类生产已走出"双疫情"影响，居民肉类供应保障充分

从肉类总产量上看，2022年我国肉类产量达到9227万吨，充分说明我国已从"双疫情"的阴霾中走出来。肉类产量不仅恢复到疫情前水平，还得到大幅增长。2018年我国暴发非洲猪瘟疫情，生猪存栏量和猪肉产量均出现大幅度下滑，导致猪肉价格快速上涨，严重影响市场有效供给。至2020年，受新冠疫情因素的叠加影响，猪肉产量由疫情前的5000多万吨降至4000多万吨，直接导致我国肉类总产量由8000多万吨降至7000多万吨。为应对疫情影响，主管

部门先后出台多项有效的防疫政策保护产业发展和供给安全，其中"调猪"转向"调肉"的措施重构了肉类产业格局。防疫体系健全、技术水平更高的规模化养殖场和屠宰加工企业逐渐显现出竞争优势，产业日益向规模化、集约化方向发展。规模化养殖场具备的补栏和生产能力，为我国快速走出非洲猪瘟疫情影响打下了良好基础。

从肉类生产结构上看，猪肉产量占比从2019年的54.8%逐渐恢复到2022年的59.4%，虽然还没有达到疫情前的比例，但整体而言猪肉作为我国居民第一大肉类消费品种的地位短期内仍难以撼动。非洲猪瘟疫情集中暴发期间，禽肉因生产周期短被视作最重要的替代品，是近年来出栏量稳步增加的重要原因。牛羊肉产量也有适度增加，极大丰富了我国居民的肉类供给结构。

2.肉类工业持续健康发展，进入提质增效发展新阶段

从肉类企业规模看，我国肉类中小型企业居多，规上企业仍偏少，产业转型升级任重道远。我国肉类工业的现代化发展经历了三个典型阶段：一是以火腿肠为代表的高温肉制品推动了肉类工业第一轮快速增长，代表企业包括河南春都、河南双汇等；二是在高温肉制品市场逐渐趋于饱和后，以熏煮香肠火腿为代表的高品质低温肉制品寻求到差异化发展路线，得到快速发展，推动了肉类工业的第二轮增长，代表性企业包括山东得利斯、江苏雨润、山东金锣等；三是几乎与低温肉制品发展同步，经冷却成熟的更具营养价值的冷鲜肉改变了我国以食用热鲜肉为主的消费格局，推动了肉类工业的第三轮增长，代表性企业包括河南双汇、江苏雨润、山东金锣等。

近年来，我国肉类工业主营业务收入增长放缓、企业利润出现下滑，究其原因，肉类消费市场属于内循环市场，而肉类工业属于充分竞争行业。充分竞争行业往往依赖于规模的扩张，规模化生产又受土地、劳动、资本等生产要素的影响。随着我国人口红利的逐渐消失及人工成本的不断上升，加之原料成本高、生产效率低、各种损耗大，产业经营成本越来越高，利润空间越来越小，产业发展进入提质增效新阶段。在各种因素的交错影响下如何走出高质量发展之路，是肉类工业未来面临的重大挑战。

3.产品形式同质化严重，供给侧结构性改革仍需深化

肉类深加工率偏低，是我国肉类工业长期存在的问题。从肉制品产品角度

来看，多数产品品类与形式常年不变，同质化严重，难以满足人民日益增长的美好生活需要，导致肉类消费量增长乏力，人均消费量常年维持在60千克左右。肉制品利润率高于屠宰加工，但是在我国肉制品加工体量还比较小，深加工率不足20%，与发达国家50%~60%的深加工率形成强烈反差。这一方面和我国居民以生鲜肉为主的饮食习惯有关，另一方面也说明了肉制品产品品类和品质不能满足消费需求。

当前，我国社会主要矛盾已经转化为人民日益增长的美好生活需要和不平衡不充分的发展之间的矛盾。绿色、有机畜禽产品及营养健康的加工肉制品已成为消费热点，改变市场供给的单一性，提升产品的安全健康及便捷等属性，加快这些高品质产品的有效供给、丰富不同人群的消费需求，是肉类工业供给侧结构性改革需要重点解决的问题。

4.推动产业高质量发展，仍需在科技创新上持续发力

我国肉类工业的高质量发展，最终依赖于产业的科技进步。目前，肉类工业存在的诸多问题，亟须产业界与科技界共同努力，在关键技术、共性技术上不断突破，攻克产业发展瓶颈，创新发展模式，推动产业从劳动密集型向技术密集型方向发展。

加强冷链物流建设，推动生鲜肉新型保鲜包装技术研发与应用。完善冷链物流入场、入户衔接，防止冷链中断，解决好"最后一公里"问题。开发推广生鲜肉真空贴体包装、气调包装、活性包装等新型包装技术与方式，延长保质期，提升产品品质。

完善畜禽肉及其制品分类分级标准，形成优质优价。当前，肉与肉制品缺乏完善的相关标准体系来客观、科学、有效地评价产品品质，使得食用农产品及其加工制品难以实现优质优价，进一步还会影响产业的经济效益和社会效益。完善肉与肉制品分级标准、产品标准，可以优先从牛羊肉品种入手，充分发挥标准在生产环节引导和规范畜产品生产的作用，从生产源头提高畜产品及其制品品质，有导向性地进行分类分级生产，同时利用分级标准提高在消费环节对肉与肉制品的质量安全监督。

持续推进"三品"战略，加快供给侧结构性改革。增加品种方面，中华传统特色肉制品资源是传统饮食文化瑰宝，在西式加工技术进入中国的同时，很多传统特色肉制品逐渐从市场消失。推动供给侧结构性改革，不仅需要开发全

新的产品，挖掘传统产品使其焕发新活力也是丰富供给侧的重要途径。建议支持、扶持中小型特色肉制品加工企业创新发展，形成一批具有代表性的传统特色肉制品产品系列和品牌。同时，鼓励企业发展预制调理肉制品、休闲肉制品等重点品类；以高新技术为依托，引导企业加强屠宰加工副产品的深度综合利用，开发新型食用调味料、食品配料、药物原料等；推动特色畜禽品种育种与商品化，实现从养殖、生产到加工的规模化，丰富产品结构。提升品质方面，需进一步规范市场秩序，形成优质优价的市场竞争环境，实现肉制品中淀粉、植物蛋白等非肉成分的减量添加。创品牌方面，建议在全国范围内引导培育3~4家主业清晰、链条完整、技术实力雄厚的千亿级肉类企业和品牌。

加快产业智能化水平，增强产业发展新动能。肉类工业是劳动密集型产业，利用数字化设计和制造技术，结合全程智慧物联和智能感知控制技术，对传统制造业进行改造，推动肉类生产智能化、集约化和标准化生产，有助于巩固传统制造业优势和地位，促进产业提质增效和高质量发展。

案例概述

2020年12月13日，妙可蓝多公告称，公司披露非公开发行股票预案，募集资金总额不超过30亿元，发行股票数量不超1亿股，拟全部由内蒙古蒙牛乳业（集团）股份有限公司（以下简称蒙牛）认购。公告显示，妙可蓝多董事会审议通过了非公开发行A股股票等相关议案。同时，蒙牛与公司现控股股东、实际控制人柴琇签订了合作协议。相关交易完成后，蒙牛将取得上市公司控制权。

此后，蒙牛再度增持妙可蓝多。2021年3月25日晚间，妙可蓝多公告显示，公司接到蒙牛通知，蒙牛3月11日至3月25日累计增持公司1.14%股权。本次权益变动完成后，蒙牛持有公司11.07%股份。

1.募增事项申请获证监会审核通过

妙可蓝多称，向蒙牛定向增发的募资事项申请，已经获得证监会发审委审核通过。企查查显示，妙可蓝多成立于1988年11月，注册资本约为4.09亿元，法定代表人为柴琇。经营范围：乳制品生产技术领域内的技术开发、技术咨询、技术服务、技术转让，食品流通。企查查股权穿透显示，该公司实际控制人为柴琇，最终受益股份约为19.33%。

妙可蓝多此次拟非公开发行股票募集资金总额不超过30亿元，蒙牛将以现金方式认购本次非公开发行的全部股票，并与公司签署了附条件生效的《股份认购协议》。

本次交易完成前，柴琇直接持有妙可蓝多7610.36万股股份，通过其控制的下属公司东秀商贸间接持有妙可蓝多528万股股份，合计持有妙可蓝多8138.36万股股份，持股比例为19.88%，为妙可蓝多控股股东、实际控制人，任妙可蓝多法定代表人、董事长。

根据公告，扣除发行费用后的募集资金净额全部用于上海特色奶酪智能化生产加工项目、长春特色乳品综合加工基地项目、吉林原制奶酪加工建设项目、补充流动资金。本次发行完成后，蒙牛将持有上市公司股份比例为23.80%；柴琇及其下属公司东秀商贸将合计持有上市公司股份比例为15.95%，上市公司控股股东将变更为蒙牛。

蒙牛承诺，自本次非公开发行完成之日起2年内，将本公司及其控制企业的包括奶酪及相关原材料贸易在内的奶酪业务注入妙可蓝多。同时蒙牛将确保妙可蓝多于本次发行完成之日起3年内退出液态奶业务，变为蒙牛的奶酪运营平台。值得注意的是，合并蒙牛旗下奶酪业务之后，妙可蓝多将直接超越百吉福成为国内奶酪行业龙头。

2.妙可蓝多此前曾出现财务问题

据悉，蒙牛旗下奶酪业务主要有和欧洲乳企阿拉福兹（ArlaFoods）共同成立的高端奶酪品牌爱氏晨曦，包括儿童奶酪棒、休闲奶酪、佐餐奶酪等，同时其还推出了高端奶酪和液体黄油。财报显示，2020年蒙牛奶酪业务收入为8.07亿元，一旦并购妙可蓝多，其整体奶酪业务收入将近30亿元。在业界看来，奶酪业务属于高毛利"蓝海"。公告显示，从2017年至今，妙可蓝多奶酪业务收入连续保持100%以上增长速度，占主营业务收入的比例由19.73%快速增加至71.63%，毛利贡献由29.70%上升至90.40%；同期，妙可蓝多其他业务收入及毛利占比迅速下降。奶酪赚钱的同时，妙可蓝多却也存在财务问题。证监会曾经发问询函指出，在2019年，妙可蓝多实控人安排控股子公司吉林广泽科技向其指定企业或其关联方拆出资金2.395亿元，占公司经审计净资产的19.66%。该事项未履行相应的审议程序，未予以账务处理，亦未在占用期间内的定期报告中进行披露。截至2019年末吉林广泽科技已收回上述占用资金本息合计2.494亿元。2020年3月25日，上海证监局对妙可蓝多，以及时任董事长、总经理柴琇，时任董事、副总经理、财务总监、董事会秘书白丽君采取出具警示函的行政监管措施。妙可蓝多回应称，发现违规事项后已督促控股股东及关联方采取有效措施，偿还资金占用本金及利息以消除对公司的影响；截至2019年末，资金占用方已向公司归还了全部占用资金2.395亿元及相应资金占用费990.99万元；同时对财务报表进行更正并公开披露，相关责任人也已辞去管理职务。

3."牛多了"组合并购一波三折

此前，蒙牛与可口可乐的合作，引发"可牛了"这个词语成为网上的热搜；此次与妙可蓝多的合作，又被业界誉为"牛多了"组合。

事实上，关于蒙牛要并购妙可蓝多的消息此前持续已久，早在2019年7月，市场就曾传出妙可蓝多要"卖身"于蒙牛的消息。到了2020年1月6日，妙可蓝多发布公告称，公司拟引入蒙牛集团为公司及下属全资子公司的战略股东。据称，蒙牛拟以14元/股的价格受让妙可蓝多5%的股份，合计对价2.87亿元。

战略投资后，蒙牛还意欲参与妙可蓝多定增。2020年3月，妙可蓝多发布了非公开发行A股股票预案，发行价为15.16元/股，发行数量不超5871万股。彼时，蒙牛作为拟引进的战略投资者，成为此次公司定增的认购方之一。

不过，此后的2020年8月，妙可蓝多又发布公告，终止此前发布的8.9亿元非公开发行股票预案。按照妙可蓝多方面的说法，因市场环境等情况发生变化，经公司审慎分析并与中介机构等反复沟通论证，公司拟向中国证监会申请终止前次非公开发行股票事项并撤回申请文件。

有接近这两家企业的业内人士指出，蒙牛当时"退出"定增有多方面原因。一方面，妙可蓝多彼时的股价不算高且不稳定；另一方面，妙可蓝多内部也有一些调整，不便蒙牛先进入。"所以那时，对于妙可蓝多来说，不是一个最好的出售机会。现在妙可蓝多的股价上来了且基本稳定，此时宣布定增可以获得较多的资金，用于上游供应链体系的建设。"

尽管此前和蒙牛的牵手一直处于"暧昧"状态，但2020年，妙可蓝多的股价累计实现了大幅度的增长。2020年1月初，其股价为将近15元，截至12月4日收盘，其股价已经上涨至39.17元，累计涨幅超160%。

4.蒙牛与妙可蓝多双方各取所需

你情我愿是走到一起的基础，对于蒙牛和妙可蓝多来说，此次收购基本是双赢的局面，双方各取所需。资本市场也给予了这次收购正向反馈，妙可蓝多的股票在2020年12月14日复牌后随即涨停。

妙可蓝多的官网资料显示，妙可蓝多主要从事乳制品的制造和分销，包括奶酪、液态奶、黄油、奶油、炼乳、奶酪片的生产。其系国内唯一一家以奶酪为核心业务的A股上市公司，总部设在上海，在国内建有4家工厂，分别位于上海、天津、长春和吉林。2020年前三季度，其实现营业收入约为18.76亿元，同比增长61.92%；归属于上市公司股东的净利润约为5284.47万元，同比增长348.5%。

柴琇在接受媒体采访时曾表示，妙可蓝多和蒙牛的合作是找到了"好人家"。在柴琇看来，蒙牛是行业翘楚，其在全球乳品行业当中拥有特别好的资源，后续会在战略上给予妙可蓝多很多支持，涉及国外资源整合、性价比更高的原料的采购。

妙可蓝多对外也称此次"牛多了"的组合，对蒙牛和妙可蓝多来说，是在双方合作基础上的升级，为上市公司创造更优的机制和更良好的内外环境，充分发挥产业平台对妙可蓝多的战略赋能与资源匹配。蒙牛对外则表示，本次投资符合蒙牛推动奶酪业务快速做大做强的战略，双方将在研发创新、市场开拓、品牌建设、产能布局、人才队伍等多方面实现业务补强。

数据显示，2019年我国奶酪行业品牌前五分别为百吉福、乐芝牛、安佳、卡夫和妙可蓝多，妙可蓝多为前五名中唯一一家国产品牌；其中在儿童奶酪领域，妙可蓝多品牌地位仅次于百吉福，为国产品牌第一。

据了解，低温和奶酪或许是未来三年整个中国乳业递增的主要赛道，存在刚需，而且产业结构的门槛也较高。所以，这对于企业打造核心竞争力、差异化能力，进而加宽护城河、提升利润等存在加持，红利非常多。对蒙牛来说，获得妙可蓝多的控制权，从业务端来看，不排除是其加大和伊利竞争力度的一个重要工具。

案例点评

当前乳制品市场存在的供需阶段性失衡、产品同质化突出、营养健康宣传不深入等问题，需要强化乳品科技创新，推动产业升级，积极探索我国乳制品结构优化的策略与路径。奶酪耐储存、方便食用、附加价值高，调节乳制品行业的生产加工，对于满足国民营养健康、推动奶业产业持续健康发展发挥着重要作用。

1. 我国奶品消费及奶业发展现状

（1）我国奶品消费情况

营养不均衡引发的健康问题受到社会的高度关注。研究表明，乳制品能够降低心血管疾病、肥胖等慢性病的风险，且乳制品中的营养物质的健康功效也不断被认知。《中国奶业质量报告（2022）》显示，2021年我国人均乳制品消费量折合生鲜乳为42.6千克，与1949年新中国成立初期0.45千克的水平相比，增幅近百倍。乳制品消费增长不仅丰富了食物结构，减少了对口粮的需求，而且改善了居民膳食营养水平，促进了居民身体健康。但我国人均乳品消费量与世界人均乳制品消费量相比，还有很大差距，仅为世界平均水平的1/3。

（2）当前奶业市场困境

中国奶业面临着2008年以来的最严峻挑战，2008年是奶粉质量安全问题，这次是奶业产能过剩的问题。受新冠疫情后经济增长乏力等因素影响，我国乳品消费市场疲弱，原料奶供应过剩，企业奶粉库存压力大。2024年6月下旬农业农村部发布的5月农产品供需形势分析月报显示，国内生鲜乳价格已连续27个月同比下降，下降持续时间为2010年以来最长的一次，奶牛养殖和乳品加工企业效益下滑或亏损严重。

（3）奶业发展的突出问题

当前奶业存在的主要问题是发展不均衡。一是奶源分布不均衡。受空间、资源和环境等因素影响，奶源分布相对集中，北奶南运、西奶东运等情况突出。2022年内蒙古、河北、黑龙江、新疆、宁夏、山东、河南、山西、辽宁、陕西前10强牛奶产量约3150万吨，约占全国牛奶产量的80%。二是奶品消费单一。我国乳品消费以液态奶为主，主要是喝奶，而其他国家有很多是以吃奶为主，除喝液态奶外，还吃奶酪、奶油、黄油、炼乳等各类干乳制品。此外，当前我国人均消费量距离中国居民膳食指南推荐的奶及奶制品日均摄入量300~500克标准尚有很大差距。

2.奶酪在推动奶业升级中的意义和作用

（1）奶酪的营养价值

奶酪又名干酪，是一种发酵的牛奶制品，其性质与常见的酸牛奶有相似之处，都是通过发酵过程来制作的，也都含有可以保健的乳酸菌，但是奶酪的浓度比酸奶更高，近似固体食物，营养价值也因此更加丰富。从奶制品营养价值对比情况来看，奶酪的蛋白质含量是牛奶的9倍左右，钙含量是牛奶的8倍左右，各种维生素含量都显著高于其他奶制品。随着液态奶逐步由温奶向巴氏奶消费升级的同时，酸奶、奶酪等更具营养价值的乳制品会受到广大消费者的欢迎。

（2）奶酪发挥重要的市场调节纽带作用

奶酪作为深加工的乳制品，具有营养价值高、方便运输、保质期长、耐储存等优势，对牛奶产能季节性过剩、液态奶储运等现实情况，可以有计划做好原料奶的加工处理，稳定奶牛养殖和乳品加工企业的收益。充分利用中国原料奶生产中国好奶酪，针对乳业上游供给过剩与下游需求不足的不匹配问题，发挥好重要的市场调节作用。

（3）奶酪发展前景广阔

奶酪在西方发达国家以及日韩，一直是一种生活必需品，奶酪的消费场景更多在于餐桌。自2018年妙可蓝多奶酪棒风靡市场迄今不过6年时间，奶酪在中国发展的时间还较短。受中国饮食文化和整个乳业发展水平的影响，中国奶酪一开始走上零食之路，下一步，需要大力发展奶酪产业、调整乳业结构、促进消费升级，引导奶酪成为餐桌消费主要产品，把奶酪生产作为乳业发展新的增长点和突破口。

3. 推动奶酪国产品牌的健康高质量发展

（1）提升国民对奶酪国产品牌消费信心

国内奶酪市场进口依赖度较高，目前仍以外资品牌占据主导地位。从生产端看，2000年以前国内的大型乳制品厂商中仅有三元食品涉足奶酪生产，直到2008年之后，伊利、蒙牛、光明等乳制品龙头才逐步开始涉及奶酪生产。2019年国内奶酪市场除妙可蓝多外均为外资品牌。蒙牛和妙可蓝多双方合作，将在研发创新、市场开拓、品牌建设等多方面进一步增强，对于提高国产品牌的市场份额，树立对国产奶制品的消费信心发挥着重要作用。

（2）积极发挥头部企业的引领带动作用

作为奶酪行业的领军企业，妙可蓝多的积极探索不仅为自身发展开拓新增量，也为其他乳业巨头在奶酪业务领域的拓展提供了参考与借鉴。随着蒙牛和妙可蓝多的合作，对于强化经营主体培育、夯实联农带农基础，健全利益联结机制、提升联农带农效益，完善帮扶支持体系、强化联农带农保障，创新联农带农模式、拓展联农带农路径，加强舆论宣传引导、增强联农带农意识等方面，进一步强化奶业发展联农带农、完善联农带农机制也将发挥重要作用。

（3）推进奶酪行业的提档升级

奶酪产业发展有利于促进奶牛养殖发展，有利于稳定奶业发展，同时也有利于增加乳品消费。应立足提档升级，大力发展奶酪，提升产业链和供应链的现代化水平，加快推进产业一体化经营，推动奶业产业链供应链多元化发展，增强产业链供应链自主可控能力，健全产业链供应链利益联结机制。一方面把好奶酪质量关，提升产品品质；另一方面，加强宣传，扩大奶酪消费，从生产端和消费端同时发力，加快推动奶酪发展上台阶、提水平，为全面振兴中国奶业贡献力量。

黑龙江公布十起知识产权典型案例
"双汇肉粒王"侵权金锣"肉粒多"

案例概述

2021年4月26日，媒体从黑龙江高院新闻发布会上获悉，2020年，黑龙江全省法院共受理知识产权民事、行政、刑事一审案件1641件，审结1552件，结案率94.6%。受理知识产权民事一审案件1585件，审结1508件，结案率95.1%。会上还发布了全省法院2020年知识产权司法保护状况白皮书及十大典型案例。在众多案件中，大庆金锣文瑞食品有限公司（以下简称大庆金锣公司）与华懋双汇实业（集团）有限公司（以下简称华懋双汇公司）的不正当竞争纠纷案尤为引人注目，成为当年知识产权保护的典型案例之一。

1.外包装整体结构近似，"双汇肉粒王"被诉不正当竞争

据了解，"肉粒多"商品是大庆金锣公司等金锣关联企业生产销售的火腿肠产品。自2010年起，大庆金锣公司持续进行宣传推广，"肉粒多"商品名称、包装、装潢与大庆金锣公司等金锣关联企业之间已在市场建立起稳定联系，具有较高的市场知名度和较大的影响力。

2017年，大庆金锣公司发现，华懋双汇公司生产销售的"双汇肉粒王"商品，名称与大庆金锣公司的"肉粒多"商品名称近似，二者都是以长方形塑料包装袋塑封包装，包装袋的构图、颜色及各要素组合后的整体结构近似。

大庆金锣公司认为华懋双汇公司的行为构成不正当竞争，起诉到哈尔滨市中级人民法院，要求法院判令华懋双汇公司立即停止生产、销售侵权商品，赔偿大庆金锣公司经济损失及合理开支300万元，并在相关报纸上刊登声明消除不良影响等。

2.一审：相近似的包装、装潢，易导致混淆、误认

一审法院经审理认为，具有区别商品来源的显著特征的商品的名称、包装、装

潢，应当认定为反不正当竞争法规定的"特有的名称、包装、装潢"。本案中，虽然"肉""粒""多"三字为描述肉类产品的常用字样，但将这三个字独创性地组合在一起作为商品名称，使得该名称在全国范围内为相关公众普遍知悉和认可，具有区别商品来源的作用，则具有显著性。

就火腿肠商品而言，覆盖于商品表面用以保护商品的外包装以及在商品或者包装上附加的文字、图案、色彩及其排列组合所构成的装潢，在其能够区别商品来源时，即属于反不正当竞争法保护的特有包装、装潢。虽然"肉粒多"产品自上市以来，其包装装潢式样发生过微调、具有不同版本，但其整体设计元素及其排列方式基本没有变化。此外，大庆金锣公司的"肉粒多"火腿肠自推出市场以来，通过持续的广告宣传和品质保证，已经在消费者心中建立了清晰的品牌形象。该产品名称和包装设计具有独创性，且在市场上具有辨识度，为大庆金锣公司带来了显著的经济效益和品牌价值。

然而，华懋双汇公司推出的"双汇肉粒王"，在名称和包装设计上与"肉粒多"存在明显的相似性，这种近似使用引起了市场混淆，侵犯了大庆金锣公司的合法权益。具体表现在以下两个方面：

一是商标与包装的显著性。"肉粒多"的名称和包装设计因其独创性和市场认可度，具有显著地区别商品来源的作用。华懋双汇的"双汇肉粒王"在未经授权的情况下，使用了与"肉粒多"近似的名称和包装设计，构成了对大庆金锣公司知识产权的侵犯。

二是消费者混淆的可能性。华懋双汇的"双汇肉粒王"与"肉粒多"在视觉和听觉上的高度相似，极易导致消费者在购买时发生混淆，误认为两者存在某种关联或者"双汇肉粒王"是"肉粒多"的升级版或同类高质量产品。因此，普通消费者在不特别注意的情况下，难以区分两者的包装设计，存在较高的混淆风险。

据此，一审法院判决，华懋双汇公司停止使用"双汇肉粒王"商品名称、包装、装潢的不正当竞争行为，赔偿大庆金锣公司经济损失及为制止侵权行为所支付的合理开支150万元，并在《中国知识产权报》《生活报》上刊登消除影响的启事。

3.各执己见，双双提起上诉

对于法院的一审判决，大庆金锣和华懋双汇公司均提出上诉。

大庆金锣公司在上诉请求中提出：请求二审法院，改判华懋双汇公司赔偿大庆金锣公司经济损失及合理支出300万元，一、二审诉讼费用由华懋双汇公司承担。

案件中，大庆金锣公司称，"肉粒多"知名商品的包装形式，为大庆金锣公司独创，大庆金锣公司及其关联公司对"肉粒多"知名商品的宣传进行了巨大投入，华懋双汇公司无须任何宣传投入及市场推广，即轻松搭便车，其获得的巨大利润属于不当得利。

大庆金锣公司另称，被诉侵权产品自2016年5月上市，至本案起诉共计17个月，造成大庆金锣公司的经济损失达3000万元，远多于大庆金锣公司主张的300万元的赔偿数额，一审法院判决150万元赔偿明显过低。

对于一审判决，华懋双汇公司也提出了上诉请求：请求依法撤销一审判决，发回重审或者改判驳回大庆金锣公司的全部诉讼请求，一、二审诉讼费由大庆金锣公司承担。

华懋双汇公司称，一审判决认定，大庆金锣公司具有本案原告主体资格，没有事实和法律依据，应予驳回。一审判决认定，大庆金锣公司的"肉粒多"产品名称构成知名商品特有名称，并禁止华懋双汇公司使用"双汇肉粒王"产品名称，均没有事实与法律依据。"肉粒多"这一产品名称不具有特有性，不应受到反不正当竞争法的保护。

另外，一审判决认定，大庆金锣公司的"肉粒多"产品包装、装潢构成"知名商品特有的包装、装潢"，"双汇肉粒王"产品所使用的包装、装潢与之近似、造成混淆，同样缺乏事实和法律依据。理由为，"肉粒多"产品的包装属于该类商品惯常、通用的包装形式，不具有特有性。"肉粒多"产品装潢，也不是知名商品特有的装潢。与大庆金锣公司"肉粒多"产品的装潢相比，涉案"双汇肉粒王"产品装潢既不相同亦不近似，不构成混淆。

再者，按照大庆金锣公司诉求300万元赔偿数额的一半，判决华懋双汇公司赔偿150万元，一审相关判决缺乏依据，且明显过高。

最后，一审判决华懋双汇公司消除影响，此判决缺乏事实根据。

4.二审：认定初审结果，维持原判

对此，二审法院认为，首先，华懋双汇公司举示的新证据，不能否定"肉粒多"名称的特有性。

其次，华懋双汇公司主张，二者存在商标不同、字数及排列行数差异明显、"双汇肉粒王"产品包装具有镂空设计等不同之处，但上述不同之处，均对火腿肠包装袋的整体视觉效果，不具有显著性影响。

本案中，"肉粒多"产品自上市以来，其包装、装潢式样虽然发生过微调，具有不同版本，但其整体设计元素及其排列方式基本没有变化。

经过多年的销售、宣传，大庆金锣公司的"肉粒多"产品，以长方形塑料包装袋塑封包装，以黄色、绿色为主色调，上部有白色较大字体"肉粒多"字样，下部有切开的火腿肠及数个大小不等的粉色肉粒，为显著特征的包装、装潢的整体形象，已被相关公众所普遍知悉，使消费者将"肉粒多"产品及其包装、装潢与大庆金锣公司及其关联公司形成特定联系，可以认定为知名商品特有的包装、装潢。

因此，在被诉侵权行为发生时，华懋双汇公司在火腿肠产品上使用"双汇肉粒王"名称，易导致相关公众与"肉粒多"知名商品混淆、误认，违反了反不正当竞争法相关规定，构成不正当竞争行为。

经审理，二审法院认为，一审法院判决华懋双汇公司承担消除影响的侵权责任并无不当。

此外，关于赔偿数额问题。本案一审中，大庆金锣公司举示了2016年1月、2017年2月的销售明细，意在证明其利润下降损失为3000万元以上，但该证据系大庆金锣公司单方作出，不能证明大庆金锣公司因侵权受到的损失。

由于华懋双汇公司实际获利及造成损失均难以确定，如因侵权所获得利益，和大庆金锣公司因被侵权所受损失等，经综合考虑有关因素，包括华懋双汇公司的主观过错程度、侵权行为性质、侵权经营规模、侵权地域范围、侵权行为持续时间、侵权获利能力，侵权商品的种类、销售数量和价格，华懋双汇公司给大庆金锣公司造成的经济损失等侵权后果，大庆金锣公司"肉粒多"商品的声誉和知名度，大庆金锣公司为制止侵权行为所支付的合理开支等，一审法院酌情判决，华懋双汇公司需赔偿大庆金锣公司150万元并无不当。

综上，二审认定一审初审结果，维持原判。

案例点评 ⸱⸱⸱ ✑

　　商标作为公司的一种重要无形资产，对企业的经营与发展起着至关重要的作用，所以商标权也自然成为品牌企业一项重要权利。但在社会实践中，一些享有品牌产品的企业，在日常经营中，因商标权利意识较弱，有意或无意地违反商标法侵犯他人商标，并造成商标侵权而引发纠纷。

　　商标侵权的最常见的形式即为侵权商标与被侵权商标的"相似"与"混

淆"。在商标法中，两个商标的混淆是判断是否构成商标侵权行为的重要因素，而混淆的前提是"相似"。当相似达到一定程度，以致让公众无法区别两个相近似商标时，就会发生混淆。被混淆的商标可能存在割裂商标与商品或服务之间的联系，并导致相关公众在购买商品或选择服务时产生对商品或服务来源的误认或关系误认，使商标所特有的指示商品或服务来源的基本功能被破坏。那么，到底什么是商标混淆？

1.什么是商标混淆

商标混淆，指将与注册商标相同或近似的标记用于相同或类似的商品之上，使消费者误认为使用该标记的商品来自注册商标权人。商标法第五十七条第二项规定了商标混淆的情形，即未经商标注册人的许可，在同一种商品上使用与其注册商标近似的商标，或者在类似商品上使用与其注册商标相同或者近似的商标，容易导致混淆的。

一般消费者通常对商标的混淆表现为记忆模糊。如某英文商标，由于两商标均无含义，字母组合及视觉效果近似，读音不易区分，易使消费者因记忆模糊产生误差而造成混淆。另一种为联想性混淆，表现为两商标虽有区别，但形式上类似，消费者虽不会将两商标误认为同一商标，但有可能误认为两商标同源。如两商标虽读音和含义上都存在区别，但两者均以相同的背景的图形和文字的组合商标，并用于相同或类似商品上时，易使消费者认为二商品的来源相同，进而造成误认。商标的识别功能是体现商标核心价值的本质属性，而混淆则是对商标识别功能的实质破坏。而商标的近似或相似则是指在商标法上，两商标在文字的字形、读音、含义或图形的构图、着色、外观等方面存在近似，或者文字和图形组合后的整体排列组合方式和外观近似，或者其三维标志的形状和外观近似，或者其颜色或颜色组合近似，使用在同一种或者类似商品或服务上易使相关公众对商品或服务的来源产生误认。商标近似并不必然意味着侵权成立，关键在于是否具备"混淆可能性"。如果商标近似的程度达到了混淆的程度，那么可以认定为商标侵权。此时，商标权所有人可以向商标管理部门申请商标无效宣告，以保护自己的合法权益。

2.什么是近似

商标近似是指两商标相比较，文字的字形、读音、含义，或者图形的构图及颜色，或者文字与图形的整体结构相似，易使消费者对商品或者服务的来源产生混淆。就文字商标而言，一般需要结合音、形、义三个方面来考察。图形商标则主要以外观为准。一般说来，商标的音、形、义有一项近似即可判定两商标近似，但还需结合使用情况，以市场实际赋予三者的权重具体分析。

依据上述法律规定和商标相似与混同的概念来分析本案例可以看出，法院认定华懋双汇公司生产销售的"双汇肉粒王"商品侵犯了大庆金锣公司生产销售的"肉粒王"商品的知识产权。

其具体表现为：一是商标与包装的显著性。"肉粒多"的名称和包装因其独创的设计而获得市场认可，具有显著的区别商品来源的作用。而反观华懋双汇的"双汇肉粒王"，其在未经授权的情况下，使用了与"肉粒多"近似的名称和包装设计，构成了对大庆金锣公司知识产权的侵犯。

二是消费者混淆的可能性。华懋双汇的"双汇肉粒王"与"肉粒多"两种商品，于消费者而言，在视觉和听觉上会产生高度相似的感觉，极易导致消费者在购买时发生混淆，从而误认为两者存在某种关联或者"双汇肉粒王"是"肉粒多"的升级版或同类高质量产品。因此，普通消费者在不特别注意的情况下，难以区分两者的包装设计，存在较高的混淆风险。虽然华懋双汇公司的"双汇肉粒王"商标标识存在商标不同、字数及排列行数差异明显、"双汇肉粒王"产品包装具有镂空设计等不同之处，但上述不同之处均对火腿肠包装袋的整体视觉效果不具有显著性影响。因此，法院判决，华懋双汇公司停止使用"双汇肉粒王"商品名称、包装、装潢的不正当竞争行为，并登报消除影响的启事。同时，判决赔偿大庆金锣公司经济损失及为制止侵权行为所支付的合理开支150万元。

由此可以看出，司法判断商标是否近似的标准，是站在公众的视角。一方面是因为消费者在购买商品时，往往不会将两种商品放在一起比对商标，而更多的是凭模糊的记忆去选购，这样的选购习惯，就会造成将侵权商标产品作为自己想要购买的商品购入；另一方面是因为对商标近似的判断有图形、文字、排列等标准作参考，但在实务中完全抄袭的并不多见，更多的是近似，而近似的程度更多的是依靠主观判断。所以，这就需要从消费者的视角来考察是否可能达到混淆的程度。

商标权的保护是知识产权司法保护的重要组成部分。商标权即知识产权也是财产权，犹如一个硬币的两面，其中蕴含一个企业品牌的形象、商誉、文化、社会公信力等无形的财产价值在里面。而加强商标权的保护就是通过构建商标权利保护体系，强化商标权利的维护以营造良好的营商环境，以达到培育良好的法治化的知识产权市场的目的，从而为完善我国社会主义的法治市场经济作出贡献。

案例四十九　**成本上升　食品企业纷纷提价缓解压力**

案例概述

2021年11月4日，据加加食品集团股份有限公司（以下简称加加食品）公布的信息，鉴于各主要原材料、运输、能源等成本持续上涨，为了更好地向消费者提供优质产品和服务，促进市场及行业的可持续发展，经公司研究并审慎考虑后决定，对加加酱油、蚝油、料酒、鸡精和醋系列产品的出厂价格进行调整，上调幅度为3%~7%不等，新价格于2021年11月16日00:00正式执行。

另据了解，最近一段时间以来，除加加食品涨价外，海天味业、祖名股份、涪陵榨菜、安井食品等多家食品上市企业也陆续宣布产品涨价。原材料成本上升、净利润承压，或是食品企业纷纷涨价的共同原因。

1.以成本上涨为由纷纷调价

据悉，进入2021年以来，原材料、人工、能源、运输等成本大幅上升，是导致食品企业提价以减少自身价格压力的主要因素。

例如酱油和豆制品生产需要的大豆，根据国家统计局数据，2020年第一季度到2021年第三季度，大豆价格上涨54.23%。其中，2020年12月下旬大豆价格达到5056.7元/吨，到2021年10月下旬，大豆价格则达到5423.8元/吨。除了食品原材料外，包材原料价格也大幅上涨，11月聚乙烯同比上涨19.19%，瓦楞纸同比上涨14.76%。作为食品包材"刚需"的纸箱，2021年价格上涨幅度和调价频率更为明显，从2021年5月开始，国内纸类生产企业已经发起三轮涨价。第一轮在2021年5月，5月中旬的不到一周时间内，浙江省、河北省、山西省、江西省、陕西省等地的造纸企业相继发布涨价函，价格普遍上调了约200元/吨；第二轮在8月份，国内各主要纸企再次密集发布涨价函；第三轮则是在9月下旬，山鹰纸业、玖龙纸业等宣布涨价，涨价幅度为50~200元/吨。

研报显示，自2021年第三季度，多家食品行业上市公司就以成本上涨为由调高产品价格。据不完全统计，自2021年10月份起，已有海天味业、涪陵榨菜、克明食品、祖名股份、加加食品、海欣食品、天味食品、安井食品、洽洽食品、安琪酵母等十多家食品类上市公司发布涨价公告。公告涨价的企业中，涨价幅度主要在3%~10%的区间内。

2021年10月12日，海天味业公告称，对酱油、蚝油、酱料等部分产品的出厂价格进行调整，主要产品调整幅度为3%~7%不等，新价格于10月25日开始实施，并带动起本轮食品行业的涨价潮。

随后，包括天味食品、李锦记、恒顺醋业及加加食品等调味品行业跟进涨价。粮油方面，巨头金龙鱼虽然未明确产品是否涨价，但涨价"味道"明显，该公司表示"目前价格上涨幅度尚未完全覆盖原料上涨的幅度，后期需要关注原料的走势以及消费情况"。

11月8日，祖名股份公告称，对部分植物蛋白饮品（主要是自立袋豆奶）的出厂价进行上调15%~20%不等，新价格自2021年11月15日起正式执行。祖名股份表示，原辅料及能源价格上涨导致成本上升，当下除了黄豆价格持续上涨外，大豆油、糖、包材等其他各类原辅料价格均出现不同程度涨价，柴油、水电气等也开始上涨。

11月14日，涪陵榨菜公告称，对部分产品出厂价格进行调整，各品类上调幅度为3%~19%不等，价格执行于11月12日开始实施。涪陵榨菜表示，基于主要原料、包材、辅材、能源等成本持续上涨，以及公司优化升级产品带来的成本上升，对部分产品出厂价格进行调整，各品类均有一定的上调幅度。

在2021年上半年业绩说明会上，涪陵榨菜高管虽然对涨价持谨慎态度，但该公司也指出，2021年上半年，原料价格总体上涨了20%~30%，原料在成本中占比大概40%左右，原料价格的变化自然会对下半年的毛利产生影响。该公司还引据重庆涪陵区的榨菜原料青菜头价格，指出2021年青菜头销售均价达到1250元/吨，同比增长71%，创历史新高。

当时涪陵榨菜方面认为，2021年初由于部分地区的青菜头原料因自然灾害出现短缺，导致青菜头价格上涨，这属于特殊情况下的非常规价格波动，预计2022年原材料价格将会回落至合理区间。"公司在今年新成立了原料营运分部，着力强化大宗原料的发展、收购、加工、运营等工作，加强公司原料成本管控能力。"然而，涪陵榨菜的涨价很快来到。

此外，洽洽食品方面表示，"此次提价主要是希望可以覆盖成本的上涨，也希望可以提升净利率"。

安井食品董秘表示，"2021年以来，食品饮料行业面临三大压力：原材料价格上涨、人工成本提升和制造费用增加。特别是原材料价格上涨，促使下游企业不得不通过提价予以应对"。

与雀巢比肩的全球知名植脂末供应商佳禾食品则表示，目前，食品企业都在陆续提价，包括雀巢和其他巨头。如今原材料处于高位状态，后期会随着原材料的走势，择日作出提价的举措。

克明食品也在发布公告称，对各系列产品上调价格，公司将于2021年12月1日起执行新的价格政策，但未提及涨价幅度。

2.众多企业净利润大幅下跌

事实上，食品行业面临的业绩压力也可以从三季报数据中窥见一二。据统计，2021年三季度，食品行业中除了小部分公司毛利率实现正增长，大部分公司毛利率及其增幅比例皆呈现下降趋势。

2021年，加加食品前三季度实现营业总收入12亿元，同比下降24.2%；归母净利润185.7万元，同比下降98.7%。三全食品三季度营收50.8亿元，同比下降2.39%；归母净利润3.86亿元，同比下降32.42%。恒顺醋业前三季度营收为13.6亿元，同比小幅下滑6%，但净利润却暴跌41.6%。

桃李面包和安琪酵母毛利率下滑则最为明显。桃李面包前三季度实现毛利率26.2%，同比下降16.5个百分点；安琪酵母前三季度实现毛利率29.6%，同比下降10.6个百分点。

值得注意的是，三全食品2021年前三季度营收和净利润双双下降。三全食品2021年前三季度实现营收为50.8亿元，同比减少2.39%；归属于上市公司股东的净利润为3.86亿元，同比减少32.42%。其中，第三季度营收为14.41亿元，同比减少2.27%；归属于上市公司股东的净利润为1.08亿元，同比减少8.98%。

数据分析指出，从三季报来看，乳制品、调味品、休闲食品受上游成本上涨影响，毛利率环比有普遍下滑；受上游原材料上涨的影响，近期一些主流食品企业对商品进行调价，2021年上游原材料价格上涨会进一步向下游传导，更多企业有涨价的预期。

3.食品价格上涨具有暂时性

国家统计局数据显示，2021年11月CPI（居民消费价格指数）同比上涨2.3%，创下年内新高，食品价格上涨成为带动CPI上涨主因。CPI重回"2区间"，也让公众对物价上涨的预期有所升温。

据了解，从2006年起至2011年，中国共出现了4次PPI（工业生产者出厂价格指数）的大幅上涨，也带动了食品饮料行业出现了4次涨价潮。回顾前3次涨价潮，发现第三轮涨价潮的情况与本轮最为相似，均是由PPI向CPI的传导。

业内人士指出，提价效应大约会在1年的时间体现，主要表现为公司净利润率的提升，部分盈利能力改善的企业，会迎来股价的长斜率上涨。另外，前一段时间寒潮以及国内新冠疫情散发对交通运输造成影响导致鲜菜价格上涨，也对食品价格上涨也起到重要作用。但这种上涨并不是趋势性的。一方面，2021年整体生产条件相对有利，极寒天气并没有频繁出现；另一方面，国内对疫情的有效控制，让物流和供应链体系能够获得充足保障。因此，本轮食品涨价具有一定季节性和突发性，企业供应链会有所准备，能够部分化解。从长期看，全球变暖、气候变化等考验将长期存在，要求企业从优化原材料来源、供应链管理、食品加工等整个流程多方面提升自身竞争力。

当然，"产品升级"也是本轮食品行业涨价潮不可忽视的另一个原因。洽洽食品在公告中称，基于瓜子系列产品升级带来产品力提升，以及伴随的原料及包装辅材、能源等成本上升，对公司葵花子系列产品及南瓜子、小而香西瓜子产品进行出厂价格调整。涪陵榨菜同样表示基于主要原料、包材、辅材、能源等成本持续上涨，以及优化升级产品带来的成本上升，对部分产品出厂价格进行调整。

业内人士指出，此次食品企业集中调价可以看作是刚性涨价。虽然之前许多企业试图通过内部调整来抵消成本压力，但面对原材料价格的持续上涨以及企业自身的经营需求，提价似乎成为目前的必然选择。

案例点评 •·· ✐

1.涨价的周期性与趋势性：历史规律与当前环境的双重作用

从历史规律来看，食品行业的涨价往往具有一定的周期性。当原材料、能源、运输等的成本上升时，企业为了保持盈利能力，会倾向于提高产品价格。

这种涨价行为往往会在行业内形成连锁反应，引发整个行业的涨价潮。例如，本次涨价潮中，海天味业的涨价行为就带动了其他调味品企业的跟进。然而，这种涨价并不是无限制的，当成本上涨的压力得到缓解或市场供需关系发生变化时，价格也会相应调整。当前，食品企业再次面临成本上升的压力，涨价潮的再次出现，既有历史规律的重复，也有当前经济环境的特殊性。

从趋势性角度看，原材料价格上涨是全球性现象，受到多种因素如供需关系、国际贸易形势、自然灾害等的影响。这些因素往往具有不确定性，使得原材料价格上涨的趋势难以预测。从长期来看，食品价格的上涨趋势往往与经济发展、人口增长、消费升级等因素密切相关。然而，在短期内，由于天气、疫情、政策等不可控因素的影响，食品价格可能会出现较大的波动。因此，企业在制定价格策略时，需要综合考虑长期趋势和短期波动因素，以制定出既符合市场需求又有利于企业长期发展的价格政策。

在市场经济中，价格是最直接、最有效的市场调节手段。食品企业涨价后，市场会根据供需关系自动进行调节。如果涨价幅度过大，超出了消费者的承受能力，就会导致销量下降，进而迫使企业调整价格策略；反之，如果涨价幅度合理，且市场需求旺盛，企业就能够通过涨价实现盈利增长。因此，企业在涨价时需要充分考虑市场反应和消费者接受程度，制定合理的价格策略。

2."三品"的升级需求

在当前消费升级的大背景下，消费者对食品品质的要求日益提高，迫使企业不断加大在产品研发、原材料采购、生产工艺改进等方面的投入，以提升产品品质。然而，这些努力往往伴随着成本的显著增加。例如，加加食品在公告中提到，涨价原因之一是为了更好地向消费者提供优质产品和服务。这表明，企业为了提升产品品质，不得不承担更高的原材料成本、研发成本及生产成本。

品牌是企业在竞争激烈的市场中脱颖而出的关键。食品企业为了维护品牌形象和市场份额，往往需要在品牌建设上投入大量资源，如广告宣传、营销推广等。这些投入同样增加了企业的运营成本。当成本压力增大时，企业倾向于通过涨价来转嫁部分成本，以维持品牌价值和市场竞争力。

随着消费者需求的多元化，食品企业纷纷推出多样化产品以满足不同消费者群体的需求。然而，品种多样化也意味着生产线的增加、原材料采购的复杂化以及库存管理的挑战，这些都会增加企业的运营成本。在成本压力下，企业可能会选择对部分高成本或低利润的产品进行涨价，以优化产品结构，分摊成本压力。

当然，在种种压力导致涨价潮的情况下，食品企业如何保持和提升品质、品牌和品种优势显得尤为重要。首先，企业需要加强品质控制和管理，确保产品质量稳定可靠。这不仅能够提升产品的市场竞争力，还能够增强消费者的信任度和忠诚度。其次，企业需要注重品牌建设和推广，通过品牌形象的塑造和品牌价值的提升来增强消费者的品牌认知度和认同感。最后，企业还需要关注产品品种的创新和拓展，以满足不同消费者的需求和偏好。通过不断推出新品和优化产品结构，企业可以保持市场活力和竞争力。

3.行业可持续发展的路径探索

第一，技术创新与产品升级。技术创新和产品升级是推动食品行业可持续发展的重要动力。通过引入新技术、新工艺和新材料等措施，企业可以提升产品品质、降低生产成本并满足消费者多样化的需求。例如，洽洽食品在公告中提到基于瓜子系列产品升级带来的成本上升而进行价格调整，这表明产品升级不仅是企业应对成本压力的有效手段之一，也是推动企业可持续发展的重要途径。

第二，绿色生产与可持续发展。绿色生产和可持续发展是当前全球经济发展的重要趋势。食品企业应积极响应国家环保政策和社会责任要求，通过推广绿色生产方式、减少污染物排放和合理利用资源等措施来实现可持续发展。这不仅有助于提升企业形象和市场竞争力，也有助于促进整个行业的可持续发展。

第三，供应链管理与成本控制。企业还需加强供应链管理，通过优化采购渠道、降低库存成本、提高生产效率等手段，有效控制成本。同时，加强与供应商的合作与沟通，建立长期稳定的合作关系，确保原材料的稳定供应和质量安全。这将有助于企业在面对成本上升等外部压力时，保持更加灵活和稳健的经营状态。

案例五十

食品消费趋势：线下转移线上激增　在线鲜食需求显著增长

案例概述

2020年暴发的新冠疫情给人们的健康带来了威胁，也导致了公众出行不便等问题。但与此同时，消费者的健康意识快速崛起。这些因素的叠加，导致公众的食品消费行为发生了变化。数据显示，2021年以来，食品消费呈现出线上生鲜消费明显、便利化需求强烈等特点。

1. 2021年线上生鲜消费明显

近年来特别是新冠疫情发生以来，我国以线上交易为特征的生鲜电商市场快速增长，线上生鲜行业整体保持高速增长的发展态势。据国家统计局主管的中国市场信息调查业协会发布的《2020线上生鲜行业报告》，2020年预计市场规模将达到2475.7亿元，同比增长高达48.9%，增速远高于过去三年。2021年上半年生鲜电商交易规模约2362.1亿元，预计年底达4658.1亿元，同比增长27.92%。进入2021年，生鲜线上化趋势明显增强，已经成为当下生鲜零售市场的主要增长动能。

另外，从2014年至2020年，我国生鲜电商交易规模（增速）分别为：290亿元（123.07%）、542亿元（86.89%）、914亿元（68.63%）、1402.8亿元（53.47%）、1950亿元（39%）、2554.5亿元（31%）、3641.3亿元（42.54%）。

国家统计局数据显示，2021年，全国网上零售额达13.1万亿元，同比增长14.1%，增速比上年提升3.2个百分点。其中，实物商品网上零售额达10.8万亿元，首次突破10万亿元，同比增长12.0%，占社会消费品零售总额的比重为24.5%，对社会消费品零售总额增长的贡献率为23.6%。在网上零售商品中，生鲜电商食品是一个重要版块。

据商务部相关负责人介绍，根据商务大数据监测情况，2021年我国网络零售市场消费升级趋势明显，健康、绿色、高品质商品越来越受到消费者青睐。其中，有机蔬菜、有机奶、有机食用油销售额同比增长127.6%、24.1%和21.8%。

业内人士指出，近年来，我国线上生鲜市场之所以快速增长，主要有以下三方面的原因。

一是生鲜电商行业新机遇。2020年初，新冠疫情突然袭来，导致人们出行不便，很多人到人多的商超、农贸市场购物的次数减少。这种因素的存在，为生鲜电商发展提供了极好的机遇，使得线上生鲜商品的采购需求激增，生鲜线上化也成为当时生鲜零售市场的主要增长动能。随着渗透率的加强，消费者使用电商形式购买生鲜食品的习惯逐渐养成，生鲜电商行业迎来发展机遇。

二是线上购物符合年轻人的消费习惯。随着消费升级，以80后、90后为主的年轻用户群体逐步成为线上商品的消费主力，已经将网购作为日常生活一部分的年轻一代消费者，为了应对快生活的节奏，他们更习惯通过线上下单，由商家将生鲜商品送到家门口。用户从关心物美价廉到个性化和注重服务体验，生鲜渠道也在加速向线上转移，与此同时，行业也对原产地标准化、产品品牌化和供应链覆盖能力提出了更高的要求。

三是完善生鲜农产品供应链。近年来，我国加快了农村电商体系建设，助力生鲜农产品快速走上全国百姓餐桌。2021年全国农村网络零售额达2.05万亿元，比上一年增长11.3%，增速提升2.4个百分点。全国农产品网络零售额达4221亿元，同比增长2.8%。"数商兴农"深入推进，农村电商"新基建"不断完善。

当前，在完善农产品供应链、推动农产品上行等方面，各大电商平台积极作为，努力发挥重要作用。例如，大型生鲜电商企业在全国对接多个农特产产地及产业带，直接连接大型优质蔬菜基地，共建多个现代化、标准化、智能化农场；开设助农馆和特产馆，帮助偏远地区和欠发达地区的农产品、手工业产品拓展销路。

2. 生鲜产品消费年轻化趋势明显

2020年，受新冠疫情影响，"宅"在家中网上采买成了大多数人的首选，在一定程度上培养了用户线上消费习惯，加速了线上生鲜电商的发展。目前，线上平台已成为年轻消费者购买生鲜的重要渠道之一。数据显示，2020年前三季度，线上生鲜品类中，猪牛羊肉、乳品饮料、禽肉蛋品、果蔬、海鲜水产占比较多。其中，猪牛羊肉及其制品的订单量占比为23.4%，乳品饮料的订单量占比为19.9%，禽肉蛋品的订单量占比为19.1%，冷冻、冷鲜类食品逐步成为生鲜电商首选。

随着消费层次的升级，消费群体逐步转向80后、90后为主的消费大军，生鲜产品消费人群年轻化趋势越来越明显。一方面，能够满足消费者足不出户吃上拿手菜"美食心愿"的方便菜，受到越来越多年轻家庭的喜爱；另一方面，生鲜配送行业也随之进一步崛起，2021年春节期间，盒马鲜生、京东到家等平台实现高速增长。

3.便利化需求日益强烈

疫情的影响和工作生活压力的上升显著改变了消费者的生活节奏，人们对于便捷的需求日益强烈。又快又美味，成为更多人的选择，包装食品、自热食品等品类开始加速成长。

主营生鲜食品、方便食品和饮品的正大食品，便曾在2020年双11前夕，携手社交电商头部平台"蜜源"推广旗下速食饺子，创下了开售10小时便成交超过2万单，售出超过170万只饺子的记录，最终为自身品牌商品迅速提升知名度与销量。

天猫数据显示，2020年2月至11月，天猫平台上的海鲜丸类、包点/面点类、水饺/馄饨、汤圆/元宵等速冻品类，平均销售额同比增长近400%。速冻食品行业在A股有至少8家上市公司，同时，新锐品牌不断涌现，锚定都市消费人群，以高端食材为核心卖点，借力天猫平台完成消费者教育，实现了品牌人群快速扩张。速冻食品正在撑起大市场，面向新方向。

此外，天猫数据显示，"快手菜"在2020年的搜索量同比提升了近8000%。截至2021年3月，企业名称或经营范围中包含"预制食品、食品半成品"的国内企业已超1.6万家，在披露了成立日期的企业中，2018—2020年成立的"快手菜"企业数占比高达48%，但对比海外成熟市场，国内市场还有很大的提升空间。

4.到家配送完成"最后500米"

新鲜食材不仅要保证送得到，还要保证送得安全。面对挑战，多家食品企业作出了相应的应对措施。

不少常用盒马邻里的消费者发现，在盒马App的确认订单页面，除了原有的到店自提方式，多了个"送货上门"的按钮。在填写地址后，可选择第二天的三个时段配送到家；每单收取3元运费，达一定门槛可免配送费。

盒马邻里负责人表示，在"一刻钟便民生活圈"的号召下，盒马邻里作出送货上门的便民服务新尝试，这次在疫情场景下发挥了很大的作用。经过近半年的试跑，全国大部分盒马邻里自提点已陆续上线送货上门服务，配送范围一般为自提点附近500米内的小区。

在疫情防控背景下，饿了么则是一方面推出减免佣金举措，2022年3月2日首批投入2000万元现金，对所有中高风险区域内商家减免佣金，并且不设任何门槛、无须额外审核、以现金形式发放，实实在在地缓解商家经营压力；另一方面积极保障供给，目前已联合生鲜电商品牌、线下菜场，以及超市商家，在供给充足的同时价格不上扬，确保市民在线上也可以买到日常所需的物资商品。

"目前来看，上海各前置仓刚需品类的平均备货量达到了日常的1.5~2倍，供应较为充足。"叮咚买菜用户服务中心负责人介绍，公司特别成立了一支近30人的跨部门保供专项组，将保供需求列为最高优先级别。在采购、生产、物流各环节由专人对接，分拣、包装、运输各岗位人员24小时运转，并且基于全国直采供应链，确保能够按时按点、保质保量地为居民提供新鲜食材。

针对蔬菜、米面粮油等需求量大的商品，美团买菜相关站点实现了库存加倍，并增加了配送车辆与配送频次，库存充足，供给稳定。为了给上海居民提供更多时鲜好货，美团买菜还特别上架20种新鲜春菜，让市民们在这段特殊时期里不仅吃得到，而且吃得好。

案例点评

在时代的洪流中，每一场突如其来的挑战都是对社会结构与民众生活方式的深刻重塑。2020年暴发并在全球蔓延的新冠疫情，不仅对人类健康构成了前所未有的威胁，也悄然间改变了人们的日常行为模式，尤其是食品消费领域，正经历着一场前所未有的变革。在这场变革中，线上生鲜消费的蓬勃兴起与公众健康意识的显著提升，深刻体现了科技与生活的深度融合，共同绘制出一幅新时代食品消费的新图景。

疫情之下，"少聚集、少流动"成为社会共识，这不仅限制了人们的出行自由，也直接冲击了传统零售业，尤其是依赖人流量的线下食品市场。面对这一困境，互联网以其独有的优势，迅速填补了市场空白，推动了食品消费从线下到线上的大规模转移。线上生鲜平台凭借其便捷性、安全性及丰富的商品种类，迅速赢得了消费者的青睐，成为疫情期间保障民生的重要力量。

数据显示，新冠疫情暴发后，线上生鲜平台的用户数量激增，订单量屡创新高。从新鲜果蔬到肉禽蛋奶，从进口海鲜到地方特产，各类生鲜商品通过冷链物流迅速送达千家万户，极大地满足了人们居家的日常饮食需求。这一转变，不仅缓解了线下市场的压力，也为食品行业带来了前所未有的发展机遇，加速了零售业态的数字化进程。

疫情如同一面镜子，映照出人类对于健康的深切渴望与反思。面对生命的脆弱与健康的宝贵，公众的健康意识迅速觉醒，并直接体现在食品消费的选择上。消费者不再仅仅满足于饱腹之需，而是更加注重食品的营养价值、安全卫生及健康益处。这一变化，促使食品行业加速向高品质、绿色健康的方向转型。

随着人们健康意识的觉醒，线上生鲜平台，有机蔬菜、低糖食品、功能性饮品等健康类产品销量持续攀升，成为消费者的新宠。同时，随着消费者健康知识的普及，越来越多的人开始关注食品的来源、生产过程及添加剂使用情况，倾向于选择那些能够追溯源头、生产过程透明的产品。这种趋势，不仅推动了食品行业的供给侧改革，也促进了农业生产的绿色化、标准化发展。

事实上，在快节奏的现代生活中，时间成为人们最为宝贵的资源之一。疫情之下，这种对时间效率的追求被进一步放大，体现在食品消费上，就是便利化需求的显著增强。消费者希望能够在最短的时间内，以最便捷的方式获取到高质量、安全可靠的食品。线上生鲜平台凭借其即时配送、预约购买等服务，完美契合了这一需求，让"宅家享美食"成为可能。

尤其值得注意的是，这股生鲜消费热潮正以前所未有的速度拥抱年轻一代。80后、90后作为消费主力军，其对于便捷、高效、品质生活的追求，正悄然改变着生鲜市场的格局。方便菜的热销，不仅是对传统烹饪方式的一次革新，更是年轻一代对高效生活方式的认同与拥抱。生鲜配送服务的快速崛起，更是将"即需即达"的便捷体验推向新的高度，让新鲜与健康触手可及。

同时，随着技术的不断进步，线上生鲜平台也在不断优化用户体验，通过大数据分析、智能推荐等技术手段，为消费者提供更加个性化、精准化的购物体验。这种基于大数据的精准营销，不仅提高了消费者的购物效率，也促进了商家与消费者之间的深度互动，增强了用户黏性。

展望未来，线上生鲜消费将持续保持高速增长态势，成为食品消费领域的重要力量。同时，随着消费者对健康、安全、便利等需求的不断提升，食品行业将更加注重产品品质、供应链优化及技术创新，推动整个产业链条的升级与重构。

具体而言，以下四个方面值得关注：一是食品安全追溯体系的进一步完善，确保每一份食品都能"来源可查、去向可追"；二是农业生产的智能化、绿色化发展，提高农产品的产量与品质；三是冷链物流技术的不断突破，降低生鲜产品的损耗率，提升配送效率；四是线上线下融合发展的新模式探索，为消费者提供更加多元化、便捷化的购物体验。

以长期主义视角来看，食品消费领域的变革是时代发展的必然产物，也是民众健康意识觉醒的直接体现。线上生鲜的崛起，不仅为人们的生活带来了极大的便利，也促进了食品行业的转型升级与高质量发展。我们有理由相信，在科技与健康的双重驱动下，未来食品消费领域将呈现更加多元化、个性化、便捷化的新面貌，为人们的生活增添更多色彩与可能。让我们携手并进，共同迎接这个充满机遇与挑战的新时代。

后　记

经过课题组同仁的共同努力，2021—2022年度对我国食品行业重大舆情和产生的衍生事件剖析研究为主要内容的《舌尖上的观察——中国食品行业50舆情案例述评（2021—2022）》结题付梓了。这项研究的内容跨越两年的时间，为此，课题组成员搜集整理了大量的资料，从研究的客观性出发，设计并组织了公众的投票推选，组织和协调多位专家的点评工作，同时也撰写了相应的案例点评，等等，课题组成员为此付出了大量艰苦细致的劳动。

研究中的50个案例涉及很多专业领域，为此，我们特别邀请中国社会科学院、国家食品安全风险评估中心、国家市场监督管理总局发展研究中心、农业农村部农产品质量安全中心、中国食品发酵工业研究院、中国疾控中心营养与健康所、中国营养学会、青岛市市场监督管理局、北京市第一中级人民法院、中国农业大学、英国牛津大学、中国肉类食品综合研究中心、新华网、中国食品报、河北医科大学、中国营养保健食品协会等单位的专家学者和专业资深人士，从各自的专业领域，多学科、多视角和多维度对案例进行剖析和点评，他们专业精彩的剖析和点评是本书亮点之一。在此，特别感谢（按姓氏笔画）马玉霞、王京钟、朱蕾、刘颖、刘光明、刘建华、杜锐、杨月欣、何计国、胡沛、段盛林、修宇、高静、郭海峰、郭朝先、黄胜辉、曹庸、粘新、韩兴林、臧明伍等专家学者的参与、帮助和支持。如果本书有疏漏、不足或错误之处，当然是课题组的责任，敬请批评指正。

特别感谢国家行政学院出版社的领导和编辑对本书出版的指导和帮助。

作者

2024年11月